北部湾经济区
海岸带环境承载力研究

杨　静　翁士创　韩保新　**著**

中国海洋大学出版社
·青岛·

图书在版编目（CIP）数据

北部湾经济区海岸带环境承载力研究 / 杨静，翁士创，韩保新著 . —青岛：中国海洋大学出版社，2017.12（2020.12 重印）

ISBN 978-7-5670-1719-1

Ⅰ．①北… Ⅱ．①杨… ②翁… ③韩… Ⅲ．①北部湾－经济区－海岸带－环境承载力－研究－广西

Ⅳ．① X321.267

中国版本图书馆 CIP 数据核字(2018)第 040565 号

出版发行	中国海洋大学出版社
社　　址	青岛市香港东路 23 号　　　　　邮政编码 266071
出 版 人	杨立敏
网　　址	http://pub.ouc.edu.cn
电子信箱	j.jiajun@outlook.com
订购电话	0532-82032573（传真）
责任编辑	姜佳君　　　　　　　　　　　电　　话 0532-85901984
印　　制	青岛海蓝印刷有限责任公司
版　　次	2017 年 12 月第 1 版
印　　次	2020 年 12 月第 2 次印刷
成品尺寸	170 mm ×230 mm
印　　张	20.25
字　　数	380 千
印　　数	1 ～ 1000
定　　价	128.00 元

序言

近年来我国新一轮沿海地区区域发展战略逐渐上升为国家战略，其中重化工等高污染、高风险产业成为沿海重点发展产业，海岸带环境系统面临着巨大的压力。在此背景下，基于海岸带环境承载力评价来判断海岸带环境系统能否承载经济快速发展带来的环境压力成为沿海地区可持续发展首要关注的问题，也是战略环境评价技术方法研究的重点。

北部湾区域地处南海北部 18°45′～24°3′N、107°11′～111°44′E，是我国大西南地区的出海口，包括广西壮族自治区的南宁市、北海市、钦州市、防城港市，广东省的湛江市和茂名市，海南省的海口市、澄迈县、临高县、儋州市、洋浦经济开发区、东方市、乐东黎族自治县和昌江黎族自治县等，是"中国－东盟自由贸易区""泛珠三角区域合作""广西北部湾经济区""海南国际旅游岛""西部大开发""大湄公河次区域经济合作"等国家战略的指向区域。同时，北部湾区域拥有我国"最后的洁海""最具生物多样性的湾区"和"重要的黄金渔场"，其生态质量的优劣将直接关系到我国西南和南海沿海中长期生态安全格局。

本专著以海岸带环境系统为研究对象，遵循生态优先保护、陆海统筹、科学性、可操作性、综合性和代表性的原则，按照"驱动力—压力—承载力—状态—响应"的结构主线，构建海岸带环境承载力指标体系，并提出指标量化和评价的思路与方法。在此基础上，以北部湾经济区重点产业发展战略为评价对象，构建反映区位生态环境特征的北部湾经济区海岸带环境承载力指标体系，并以海岸带环境承载力为约束，围绕重点产业的结构、布局和规模三大核心问题，提出北部湾经济区重点产业优化发展的调控建议。通过实证研究，进一步阐明构建的海岸带环境承载力指标体系与评价方法在沿海产业优化的应用。

本专著的主要研究成果与结论包括以下几点：

第一，研究探讨了海岸带环境承载力的概念和特征，并将海岸带生态服务能力纳入承载力指标体系组成中，提出以脆弱海岸带生态系统／生境作为生态服务能力的表征载体，用"脆弱生态环境敏感性指标"具体表述，从而更全面、准确地反映海岸环境承载状态。

第二，运用 DPCSIR 概念模型，构建了战略环境评价的海岸带环境承载力指标体系，包括资源供给能力、环境纳污能力和生态服务能力三大子系统，驱动力、压力、承载力、状态、响应五类目标层，涉及产业、人口、经济、岸线、滩涂、主要水污染物、典型生态敏感区等七大要素指标层。本专著构建的指标层能较好地反映未来产业发展的增长变量和海岸带环境系统关键限制因素的定量或半定量关系。

第三，从生态系统环境敏感性角度，提出了脆弱生态环境敏感性指标的半定量表征与评价方法。同时，结合承载率评价法、状态空间法，提出了新的海岸带环境承载力定量评价方法，即以单要素的资源供给能力承载率、环境纳污能力承载率作为分向量参与向量模计算，把脆弱生态环境敏感性指标作为向量模系数考虑，从而使海岸带环境承载力更符合实际地反映出潜在的生态风险。

第四，采用所构建的海岸带环境承载力指标体系与评价方法，进行了北部湾经济区沿海重点产业发展战略的海岸带环境承载力实证研究。研究结论主要有以下几点：

（1）北部湾海岸带资源环境优势明显，海域环境质量与海洋生态现状良好，排海营养物质的环境容量、密集分布的保护区域典型物种生境等生态敏感性是制约沿海产业集聚区重点产业发展的关键因素。

（2）在国家宏观政策的支持下，北部湾区域各城市的发展定位呈现强烈的重化工业发展趋向，石化、钢铁、林浆纸（含造纸）、能源、生物化工等产业成为未来10年重点发展产业。沿海产业集聚园区是区内发展的主要承载空间，但产业规划存在一定程度的雷同。伴随着重点产业的大规模发展，区域海洋水环境压力均较现状大幅增加，岸线资源、滩涂资源和典型生态系统等均面临前所未有的压力。

（3）海岸带环境承载力分析结果表明，博贺新港区、洋浦经济开发区、企沙工业区的适应性很高，钦州港经济技术开发区、东方化工区、东海岛经济开发区（石化、钢铁区）的适应性较高，铁山港工业开发区、澄迈老城开发区的适应性一般，临高金牌港开发区适应性低，其余地区的适应性较低。

（4）海岸带环境承载力评价结果表明，远期情景三发展战略实施的三个主要限制因素为沿海生态保护和旅游资源的制约较大、主要排污区海域氨氮超载明显、海域累积环境风险影响较大。其中，茂名河西工业区、茂名乙烯区、湛江临港工业园区、北海高新区、合浦工业园区、钦州港经济技术开发区的海岸带环境承载力状态表现为超载，须采取相应的应对措施。

第五，以海岸带环境承载力为约束，提出了北部湾经济区重点产业优化发展的调控建议，主要包括有差别的区位发展方向，并在布局和规模上给出了指导意见，研究成果将为北部湾沿海地区的政府决策提供科学依据。

本研究对丰富和完善海岸带环境承载力评价的理论与实践具有重要

的意义,对区域大尺度战略环境评价技术方法进行了较好的探索和实践,丰富了我国战略环境评价技术体系,也为北部湾经济区重点产业发展战略的制定和实施提供科学的依据,对沿海地区产业发展的环境承载力研究有一定的指导和示范作用。

本研究在环境保护部五大区战略环评项目组的组织协调下,得到了粤、桂、琼三省区人民政府以及相关厅局和地方政府的大力支持,获得了项目各参与单位的无私支持,得到了专家顾问团队的悉心指导。本专著成书过程得到了中山大学张仁铎教授、环境保护部华南环境科学研究所宋巍巍正高工的热忱帮助,在此一并表示衷心的感谢!

由于作者水平有限,书中难免存在不足之处甚至可能出现错误,欢迎读者批评指正。

著者

2017 年 11 月于广州

第 2 章

海岸带环境承载力评价的基本理论与方法研究 023

第 5 章

北部湾经济区驱动力与压力分析 127

第 **1** 章

绪论

1.1 研究背景及意义

海岸带是陆地与海洋交互作用的过渡地带，环境资源优势非常明显，是全球生态系统最活跃的动态区域[1]，是人类活动最集中、经济最发达的地区。海岸带陆地面积不到地球表面积的 10%，人口却占全球人口的 60% 以上[2]。

我国自北而南有 1.8 万多千米的大陆海岸线，北起辽宁省的鸭绿江口，南至广西壮族自治区的北仑河口，海岸带面积 31 万平方千米。

一方面，海岸带是我国人口密度最大的地区，也是劳动力效率最高的经济发达地区。全国有 70% 以上的城市、40% 以上的人口和 60% 以上的 GDP 分布在不到国土面积 15% 的沿海地区，包括在我国经济格局中占据重要位置的环渤海经济区、长江三角洲经济区和珠江三角洲经济区[3,4]。可见，海岸带是当今人类生存和发展的重要区域，在人类生产生活中占据重要地位。

另一方面，海岸带是地表生态系统最脆弱的区域[5]，也是受人类活动影响极为突出的区域[6]。由于海岸带范围相对狭窄，海岸带的资源数量和自我调控能力是相对有限的。随着当代科学技术的加速发展、经济活动的不断扩张，人类对海岸带的开发利用和影响达到了较高的程度。在人类活动的胁迫下，海岸带资源被无序地开发和不合理地利用，海岸带环境质量退化增速，引发了一系列的生态问题[7-10]：海平面上升、海水入侵、海岸带侵蚀、渔业资源退化、生物栖息地面积减少、污染加重、环境灾害频发、土地资源破坏等。2003 年 8 月 15 日 *Science* 报道，海洋正面临着前所未有的生态压力。波士顿 2008 年所发布的全球海洋生态状态图显示，人类活动已严重危害到海洋生态系统，海洋损毁面积已达到海洋总面积的40%以上。而80%以上的人类开发活动集中在海岸线两侧的海岸带区域，因此，海岸带是海洋生态系统中受人类活动影响最突出、生态环境破坏最严重的区域。全球人类活动的影响和自然因素的变化，使得人类赖以生存的海岸带生态环境面临着严峻的形势，海岸带经济进一步发展遇到瓶颈。科学地开发与利用海岸带资源、实施海岸带综合管理已成为共识，也是沿海地区可持续发展的一个重大的科学问题[11,12]。

协调海岸带环境承载力与社会经济发展的关系，成为实现海岸带可持续发展的关键所在。为此，国家和地方各级决策制定的过程中需要将环境纳入考虑范围，在决策的源头用环境保护和社会经济发展双赢的眼光，寻求二者的最佳结合点，建立环境与发展互利的综合决策机制，实现海岸带的可持续发展[13]。因此，科学评估海岸带环境承载力无疑成为政府科学决策的基础，对于保障沿海地区可持续发展具有重要的科学和现实意义。

北部湾经济区是我国第一个重要国际区域经济合作区，是"中国－东盟自由贸易区""泛珠三角区域合作""广西北部湾经济区""海南国际旅游岛""西部大开发""大湄公河次区域经济合作"等国家战略的区域，是与东南亚地区开展区域经济合作的重要节点，是国家面向东盟的重要门户与南海开发战略的前沿地带。随着《广西北部湾经济区发展规划》《海南西部地区开发建设规划纲要（2010—2020年）》《关于推进海南国际旅游岛建设发展的若干意见》《珠江三角洲地区改革发展规划纲要（2008—2020年）》等一系列国家发展战略的实施，北部湾经济区的开放、开发已上升为国家发展战略，更成为我国沿海经济发展的重要引擎及新增长极。其中，广西北部湾经济区经济增长最为迅速，短短5年的时间就跻身全国大港行列，主要经济指标保持较快增长，占广西壮族自治区GDP的比例提高到39.4%，初步形成以石化、冶金、林浆纸、电子、能源、生物制药、轻工食品为主的产业布局。

同时，北部湾经济区拥有我国"最后的洁海""最具生物多样性的湾区""重要的黄金渔场""最便捷的西南出海大通道"等特有的自然生态优势，是全球生物多样性保护的关键地区。特有的自然生态优势和地位使得北部湾沿海地区的环境保护与经济发展的矛盾显得尤为突出，因此选择北部湾经济区进行海岸带环境承载力评估的研究实证，无论从解决科学问题的角度还是从现实需求上，都具有非常深刻的意义。

1.2 海岸带的概念

1.2.1 海岸带的独特性

全球海岸带形成了一条长而窄的连接陆地与海洋的边界。海岸带是全球变化的信息库[14]，是地球表层岩石圈、水圈、大气圈和生物圈物质和能量交换活跃，各种因素作用影响最为频繁，变化极为敏感的地带，是海水与海岸相互作用、具有海陆过渡特点的独立的环境体系，亦是受人类活动影响极为突出的地区[6]。海岸带变化本质上是全球和区域驱动力和压力在不同时空尺度上作用的结果。海岸带开发和其他人类活动所带来的变化改变了物质通量，对海岸生态系统结构和功能产生了一定影响[7]，包括改变甚至完全破坏某些特定生境。海岸带系统的行为通常为非线性方式，所以相关研究必须既考虑因果关系又考虑复杂网络体系，应从多学科（包括社会学、人文地理学、人类学以及政策科学）角度出发，开展整体性的研究。

从生物地球化学角度，可以认为海岸带是由水平梯度交换和流动主导的区域，但其垂直尺度上与大气、土壤和地下水的相互交换作用也维持并影响着地球系统的重要过程[1]。时间尺度和变化对海岸带的动力学与自然功能至关重要，海岸带的状态并不是稳定不变的，而是在对各种作用力做出响应的情况下随着时间而改变，包括日变化（如潮汐、降雨和河流入海流量的日变化）、季节性变化（如气候变换）、年际变化（如渔获量的年际变化）、年代际变化（如厄尔尼诺－南方涛动）以及千年际变化（如海平面变化）。世界大河三角洲前缘河口（large-river delta-front estuaries），包括我国的黄河口与长江口，是大陆与海洋之间物质交换的重要界面，在海洋生物地球化学方面具有全球性影响，是研究未来全球气候变化的重要场所[15]。

1.2.2 海岸带的定义及空间界定

海岸带是人类认识地球的基线，从政治、经济、军事各个角度来讲，海岸带都是最活跃的龙头地带。然而，海岸带范围的划分千差万别，至今还没有一个被一致认可的定义。

1.2.2.1 各国政府对海岸带的定义

沿海政府管理者和学术界对海岸带的定义存在较大分歧。政府大多从管理实践出发，将海岸带定义为一条宽度为几百米到几千米不等的海陆相邻区域或者以海陆交界点（通常以高潮线为起点）向陆地延伸的固定或可变距离范围。其范围的大小取决于管理的内容、目标和与海岸线延伸相关的地理特征。

美国于 1972 年颁布的世界上第一部海岸带综合性管理法规——《海岸带管理法》明确了海岸带的定义：临接若干沿岸州的海岸线和彼此间有强烈影响的沿岸水域(包括水中的及水下的土地)及毗邻的滨海陆地(包括陆上水域及地下水)。这个地带从海岸线延展到足够控制岸边的陆地，包括岛屿、过渡区与潮间带盐沼、湿地和海滩。美国各州对海岸带的定义又各有不同。例如，罗德岛、特拉华、佛罗里达、夏威夷四州都位于海岸带，得克萨斯州的海岸带定义为海岸往内陆不超过 30 英里，路易斯安那州的海岸带定义为海岸往内陆 16 ~ 32 n mile[16]。

澳大利亚昆士兰州政府 1995 年颁布的《海岸保护与管理法》将位于高潮线和低潮线之间的地带定义为海滩[17]，而海岸则指海滩本身及其周边相邻的区域。海岸带资源包含海岸带的自然资源和人文资源，海岸带湿地包括潮间带湿地、河口、盐碱滩、沿海灌木丛、红树林、浅滩、湖泊及淡水溪流。

墨西哥 2006 年颁布的《墨西哥海洋和海岸可持续发展的国家环境政策》提出海岸带是以下三个区域的综合：①陆地区域，这个区域被沿海自治市镇和靠近沿海自治市镇的内陆自治市镇覆盖；②海洋区域，淹没在水下区域往上到 200 m 等深线处；③所有墨西哥岛屿的组合[18]。

《韩国公有水面及海岸带管理法纲要》中对海岸带的定义为"以海岸线为基准的海上一部分和背后陆地的一部分为对象而区划的地域"。

不同国家对海岸带的界定情况见表 1-1。

我国在国家层面的法律法规中，还没有明确提出海岸带的概念。1985 年开展的全国海岸带和海涂资源综合调查规定了海岸带调查工作的范围为海岸线向陆延伸 10 km，向海延伸到 15 m 等深线。2002 年施行的《中华人民共和国海域使用管理法》第二条对"海域"提出了界定："本法所称海域，是指中华人民共和

表 1–1　不同国家对海岸带的界定

国家（地区）	陆上界限	海上界限
美国（加利福尼亚州）	平均高潮位以上914.4 m	
美国（康涅狄格州）	平均高潮位以上304.8 m	
巴西	平均高潮位以上2 000 m	平均高潮位以下12 000 m
以色列	1～2 000 m范围内变化	平均低潮位以外500 m
澳大利亚南部	平均高潮位以上100 m	海岸基线外3 n mile
西班牙	最高潮位或风暴潮以上500 m	12 n mile领海范围
哥斯达黎加	平均高潮位以上200 m	平均低潮位

资料来源：蔡程瑛，Scura L F. 海岸带综合管理的策略和方法[M]. 周秋麟，顾得宇，李立，等，译.北京：海洋出版社，1993.

国内水、领海的水面、水体、海床和底土。本法所称内水，是指中华人民共和国领海基线向陆地一侧至海岸线的海域。"此后各省区在开展海洋功能区划和海洋开发规划时，陆域一侧的规划范围基本与海岸带调查范围相一致，只是在掌握上不拘于 10 km 界线，而是根据行政区划的完整性，有的以沿海县、市为界。

　　近几年，我国沿海各省相继颁布了海岸带保护与利用管理条例，对海岸带的界定综合考虑了自然特征与行政管理需求。例如，2017 年颁布的《福建省海岸带保护与利用管理条例》第二条："本条例所称海岸带，是指海洋与陆地交汇地带，包括海岸线向陆域侧延伸至临海乡镇、街道行政区划范围内的滨海陆地和向海域侧延伸至领海基线的近岸海域。海岸带具体界线范围由省人民政府批准并公布。"

1.2.2.2　学术界对海岸带的定义

　　上述政府间划定的海岸带边界，是根据其特定沿海地区的特点及管理需要制定相应的政策、制度等，并不具备普遍适用性。相对于政府对海岸带的定义而言，定义具有广泛适用性的海岸带的边界对学术研究意义重大。

　　早期以 Johnson D. W. 为代表，海岸带被界定为高潮线之外的陆地部分的海岸。索伦森和麦克里里把海岸带定义为界面或过渡地带，即受相邻海域影响的陆地和受相邻陆域影响的海洋[19]。20世纪80年代后，随着地球系统科学越来越被学术界重视，国际地圈生物圈计划（International Geosphere-Biosphere Program, IGBP）将海岸带定义为"由海岸、潮间带和水下岸坡三部分组成，其上限向陆是200 m等高线，向海是大陆架的边坡，差不多是-200 m等高线"[20]，使海岸带的范围进一步拓宽，地域更为明确。有学者从海岸地貌学角度将海岸（coast）界定为现在正在相互作用着和由于曾经相互作用而形成的海陆之间的地带。也有学者认为"海岸线是陆海相连的狭长区域，海岸带为陆地与相连之海水交融的区域，陆地的推移及其开发利用直接影响海洋的推移与开发利用，反之亦然"[21]。

全国科学技术名词审定委员会对海岸带定义的共同特点是海岸带指"海洋与陆地相互交接的一定宽度的地带"，但未确定具体宽度。在地理学一级学科中，对海岸带界限的表述是"其上界起始于风暴潮线，下界为波浪作用下界，亦即波浪扰动海底泥沙的下限处"。在海洋科技学科中对海岸带界限的确切表述是"海岸带范围从激浪能够作用到的海滩或岩滩开始，向海延伸至最大波浪可以作用到的临界深度处（最大波长的1/2）"[22]。

国内学者邵正强认为海岸带是从海岸线向陆延伸至地形面貌有了首次较大转变为止的全部陆地区域。徐质斌认为海岸带是海洋与陆地的交替过渡地带，包括沿着海岸线的陆地、潮水出没的滩地、陆地向海面以下的延伸三部分。赵怡本认为海岸带是一个辐射的概念，又是一个扩散的概念，凡在行政区划上拥有海岸线或河口岸线的县市均划入海岸带地区范围。也有学者把海岸带作为海洋的一部分来进行界定，认为海洋由海岸带、海底、海水和海洋生物四大单元所组成，海岸带是陆地与海洋的交接地带，是海岸向陆、海两侧扩展的有一定宽度的带状区域，由彼此相互强烈影响的近岸海域和滨海陆地组成[23]。也有学者认为，海岸带实际上是指海岸线向海、陆两侧扩展一定距离的带状区域，兼有海、陆生态特征，不仅具有自然属性，而且具有社会属性。

1.2.2.3 海岸带的划分标准

海岸带之所以没有一个完全统一的定义，关键在于国内外对于海岸带向陆地和向海洋延伸范围的界定存在差异。而海岸带边界划定必须考虑地理、地质、生态、环境、经济、技术、政治、文化等诸多因素，涉及多种学科、众多部门，这种高度综合的问题十分复杂棘手。

联合国《千年生态系统评估报告》将海岸带定义为"海洋与陆地的界面，向海洋延伸至大陆架的中间，在大陆方向包括所有受海洋因素影响的区域，具体边界为位于平均海深 50 m 与潮流线以上 50 m 之间的区域，或者自海岸向大陆延伸 100 km 范围内的低地，包括珊瑚礁、高潮线与低潮线之间的区域、河口、滨海水产作业区以及水草群落"[24]。

但是，就海岸带的具体地理范围而言，目前得到广泛认可的是经济合作与发展组织（OECD）的操作原则，即海岸带的界定需要根据具体的问题和管理目标来决定[25]，符合具体问题具体分析的哲学原则。

1.3　环境承载力的概念及其研究进展

承载力（carrying capacity）理念最早出现于 18 世纪末人类统计学领域，其概念转借于工程地质领域，现已经成为我国常用的描述发展限制程度的概念之一[26]。目前，因分类标准的差异，承载力可分为不同的类型[27]，有关承载力的概念亦较多。要总结环境承载力的研究进展，有必要明确几个常见的承载力相关概念：资源承载力、环境容量、环境承载力、生态承载力、区域承载力等。

众多有关承载力的综述内容往往提及英国学者马尔萨斯、比利时数学家 Verhulst、美国生态学家 Odum、以美国学者 Meadows 为首的"罗马俱乐部"、美国学者 Hardin 等著名学者和组织及其有关承载力的代表作，他们对承载力理论和应用的发展做出了突出贡献。1798 年，马尔萨斯提出了资源环境对人口增长的限制理论，后来 Verhulst 将马尔萨斯的基本理论用逻辑斯蒂方程的数学形式加以描述。Odum 第一次为承载力概念赋予了准确的数学含义，承载力即逻辑斯蒂方程中的常量 K，表示一定资源空间下承载人口的最大值，又称为负载量或承载量[28]。20 世纪 60 年代末至 70 年代初，"罗马俱乐部"的《增长的极限》引起了世人对地球承载能力的普遍关注。1968 年，日本学者首次在环境科学领域提出了"环境容量"的概念，以此表达环境的纳污能力，为制定某区域污染物总量控制提供了可量化的最大负荷量。1995 年，Arrow 等学者在 *Science* 上发表《经济增长、承载力和环境》一文，进一步提高了国内外诸多学者对承载力研究的关注度。纵观承载力概念 200 多年的发展历史，这一从工程地质领域假借的概念现在已经发展为描述发展限制最常用的概念之一，以马尔萨斯思想为基础，基于种群承载力研究构成了承载力概念的框架[27]。

自我国学者 1991 年研究福建湄洲湾开发区环境规划时采用了承载力的概念以来，有关这一概念的研究逐渐增多。汪诚文等曾概述了我国学者有关环境承载力的研究成果，并指出目前各类研究成果存在的主要问题在于概念的落脚点不明确，进而使得定量化研究所包含的内容和采用的方法差别较大[29]。

目前有关承载力的研究大致可分为单要素承载力和综合承载力。各类单要素承载力如土地资源承载力、水资源承载力等是目前研究最多也是最深入的。综合承载力并不单纯是把各种单要素资源汇总。当今的承载力研究中，资源承载力和环境承载力都不是对原本意义上的资源单要素和环境单要素的各自综合，而是对资源要素和环境要素的全面综合。

以下分别对资源承载力、环境承载力、生态承载力与区域承载力概念的产生和发展做简要的介绍及评价。

1.3.1 资源承载力

资源承载力（resource carrying capacity）是指一个国家或地区资源的数量和质量对该区域空间内人口的基本生存和发展的支撑能力。资源承载力的研究关注点落于自然资源领域，主要包括土地资源、水资源、矿产资源、森林资源等。由于研究对象和研究的侧重点不尽相同，对各种资源承载力的定义有一定的差别，量化的方法也不甚统一。

土地资源承载力是目前研究最多的承载力类型之一[30]，指在一定时间内，特定地理区域在可预见的自然技术、经济及社会诸因素综合制约下的土地资源生产能力，以及所能持续供养的具有一定生活水准的人口数量。在土地承载能力的众多方面中，最受关注的是对粮食消费的承载能力。

水是人类生存和社会经济发展的最基本条件，水资源对经济结构与生产力的布局和发展规模起着决定性作用，此外，水还是维持生态系统最为关键的因素。因而继土地承载力研究之后，水资源承载力也是研究最多的资源承载力类型[31-34]。一般来说，从水资源支撑社会经济系统持续发展能力的角度看，水资源承载力就是指"在某一具体的历史发展条件下，以可以预见的技术、经济和社会发展水平为依据，以可持续发展为原则，以维持生态环境良性发展为条件，经过合理的优化配置，水资源对该地区社会经济发展的最大支撑能力"[35]。

矿产资源是人类创造社会财富的起点，人类对矿产资源特别是不可再生矿产资源的承载力研究也是资源承载力的主要研究领域之一[36]。

1.3.2 环境容量

环境容量（environmental capacity）概念最初从电工学中的电容量概念而来，于 20 世纪 60 年代由日本环境学界提出，1975 年发展到定量化。1986 年，联合国海洋污染科学问题专家组（GESAMP）给出了国际上较为接受的环境容量定义：环境容纳某种特定活动或活动速率而不造成无法接受的影响的能力[37]。环境容量概念在 20 世纪 70 年代被引入我国。周密等认为环境容量应由两部分构成：环境标准与环境本底之差确定的基本环境容量和由该环境单元的自净能力确定的变动环境容量（同化容量）[38]。目前国内较为广泛接受的环境容量的定义为一定水体环境在规定的环境目标下所能容纳的污染物量。海洋环境容量主要应用于沿海地区污染防治工作，尤其是入海污染物总量控制工作，一般认为海洋环境容量是"维持某一海域的特定生态环境功能所要求的海水质量标准，在一定时间内所允许的环境污染物最大入海量"[39,40]。20 世纪 70 年代，污染物排海总量控制相继在发达国家一些重要海湾推行，通过污染物排海总量控制并结合工程综合治理措施，一些被污染海域的环境得到了一定程度的恢复和改善，如美国的纽约湾、日本的濑户内海、欧洲的波罗的海等。为有效利用近海海洋环境容量，推动沿海地区社会经济可持续发展，我国于 20 世纪 90 年代开展海洋环境容量研究，实施排海污染物总量控制。但由于入海污染源排放总量的不确定性和海洋环境的复杂性，这些工作目前还处于研究向应用发展的阶段[41]。

1.3.3 环境承载力

环境承载力（environmental carrying capacity）概念是从环境容量概念演化来的，自 20 世纪 70 年代起就广泛应用于环境管理与环境规划。其概念核心主要包括两个方面：① 某区域环境对污染物的容纳能力；② 某区域环境在自然环境不受破坏的前提下对人类开发活动的最大支撑强度。

国外关于环境承载力的研究稍早于国内。Bishop 是国外较早提出环境承载力概念的学者之一，他在《环境管理中的承载力》一书中提出，环境承载力表明在维持一个可以接受的生活水平前提下，一个区域所能永久地承载人类活动的强烈程度[42]。1978 年，Schneider 等提出环境承载力是指在不发生显著的环境退化的情况下，自然或社会环境系统所能承受人类开发活动的能力。概念中明确包括发展性的正向因子，又存在起限制作用的负向效应[43]。1991 年，世界自然保护联盟（IUCN）、联合国环境规划署（UNEP）和世界自然基金会（WWF）在联合发表的《保护地球》报告中指出，地球或任何一个生态系统所能承受的最大限度的影响就是其承载力；人类可以借助技术来增大这种承载力，但往往是以降低生物多样性和破坏生态功能作为代价的；这种承载力也不可能无限地增大[44]。2003 年，Chou 等提出，环境承载力指环境系统在不发生损害性变化或变化处于可接受范围内的条件下，环境系统同化某种人类活动带来的负荷影响的能力[45]。但国外学者仅在概念上对环境承载力做了进一步描述，对环境承载力的研究基本延续早期单要素承载力的研究。关于环境承载力研究的文献报道不多，为数不多的文献较多采用"生态足迹（ecological footprint）"方法评价环境承载力[46,47]。

在我国，环境承载力概念是在 1991 年被首次提出的。我国学者在《我国沿海新经济开发区环境的综合研究——福建省湄洲湾开发区环境规划综合研究总报告》中提出，环境承载力是"某一时期，某种环境状态或条件下，某一区域环境对人类社会经济活动支持能力的阈值"。该报告同时明确指出，"某种环境状态或条件"是指现实或拟定的环境系统结构不发生明显转变的前提条件[48]。之后，曾维华在这一概念的基础上，进一步明确了"某种环境状态或条件"的含义，即"环境系统结构不发生质的改变，环境功能不遭受破坏"[49]。1997 年，唐剑武等学者将环境承载力定义为"某一时期，某种环境状态下，某一区域环境对人类社会经济活动支持能力的阈值"[50]，这里的"某种环境状态"是指环境系统结构不向明显不利于人类生存方向转变，这一定义同样也是从主体与客体两方面反映"平衡范围"[51]。1998 年，有学者提出环境容载力概念，认为环境容载力应包括环境容量、环境质量和环境承载力。其中，环境容量是指对自然和人文系统排污的容纳能力，表达的是环境系统的自然属性；而环境承载力是指环境系统所能承受人类社会经济活动的能力，表达的是环境系统的社会属性。环境容载力概念被认为是环境承载力、环境容量两个概念的有机结合[52,53]。尽管如此，对资源承载力和环境承载力的研究仍然没有整体考虑人类活动与生态系统二者关系，因而也很难得到动态性和整体性的结论。生态承载力的概念随着可持续发展理论的提出也应运而生。

1.3.4 生态承载力

生态承载力（ecological carrying capacity）常常也被称为资源环境承载力、生态环境承载力、生态系统承载力。

国外生态承载力相关研究的出发点大多是种群生态学。从动物生态学角度，Bailey 等将承载力细分为经济承载力和生态承载力。其中，经济承载力是通过动物的质量和生境状况来定义；生态承载力指在无干扰条件下种群与环境所处的平衡点，在种群数量无较大影响的情况下，生态承载力仅由有限的生境资源决定[54,55]。Andrew 等人认为生态承载力可以通过在特定时期内，植被所能提供的最大种群数量来反映[56]。

我国的专家学者对生态承载力的研究始于 20 世纪 90 年代。国内多位学者评述了生态承载力的内涵。杨贤智等定义生态环境承载力为生态系统承受外部扰动的能力，可以反映系统结构与功能的优劣，是生态系统的客观属性[56,57]。基于环境承载力的理论，王中根等认为区域生态环境承载力可综合反映生态环境系统的物质组成、结构，其具体含义是指在某一时期、某种环境状态下，某区域生态环境系统对人类社会经济活动的支持能力[58,59]。2004 年，夏军等进一步明确了生态环境承载力的概念：在满足一定生态环境保护的准则和标准下，在一定的经济、技术水平条件下，在保证一定的社会福利水平的要求下，利用当地和调入的水资源和流域"社会－经济－生态环境"系统及其他资源与环境条件，维系良好的生态环境所能够支撑的最大人口数量及社会经济规模[60]。高吉喜则提出生态承载力的概念，认为生态承载力是生态系统自我维持与调节的能力，是资源与环境子系统的供容能力及其可维育的具有一定生活水平的人口数量和社会经济活动的强度；同时给出了生态承载力与资源承载力、环境承载力、生态弹性力三者的关系，其中资源承载力是基础条件，环境承载力是约束条件，而生态弹性力是支撑条件[61]。张传国等与高吉喜的观点相近，认为生态承载力是生态系统自我维持与调节的能力，是在不危害生态系统的前提下，资源与环境的承载能力以及资源和环境系统本身的弹性力大小，生态承载力也是以资源承载力、环境承载力、生态系统弹性力三者来综合反映[62]。付会在总结前人研究的基础上，提出海洋生态承载力的概念并阐明其特征。他认为海洋生态承载力应包括四方面，即资源可持续供给能力、生态环境纳污能力、人类支持力和生态弹性力。在此基础上，他以青岛市为例进行了海洋生态承载力评价[63]。综上，大多数生态承载力概念都认为，生态承载力实际上有两层含义：一是生态系统自身的承压能力，即生态系统自身的维持与调节能力；二是来自社会经济的压力，即社会经济子系统的人口规模数量与发展程度。

1.3.5 区域承载力

区域承载力（regional carrying capacity）一般指特定区域的所有资源总和可提供给该区域综合发展的能力。1972 年，"罗马俱乐部"利用系统动力学模型构建了著名的"世界模型"，用以评价全世界的资源（包括水、粮食、土地、矿产等）、环境与人类的关系，并在此基础上预测，认为全球经济不可能无限增长，将于21 世纪中期达到极限，进而提出经济"零增长"发展模式[64]。Slesser 提出了一种资源环境承载力计算方法，即 enhancement of carrying capacity options（ECCO）模型。该模型基于"一切都是能量"的假设前提，将所有要素折算为能量，采用系统动力学模型，模拟预测不同发展情景下人口与资源环境承载力的变化关系，进而确定资源、环境发展的优选方案。该方法在一些国家的应用效果良好，得到联合国开发计划署（UNDP）的认可[65,51]。"生态足迹"法是最早由加拿大生态经济学家 William Ress 和 Mathis Wackernagel 于 20 世纪 90 年代初提出和完善的一种用以衡量区域可持续发展状态或程度的方法。它主要有两方面的估算：一方面估算某一区域实际的生物承载力，作为可持续发展的状态；另一方面估算一定规模的人口和经济发展条件下，人类对资源的消耗、人类废弃物同化所必需的生态生产力、土地和水域面积大小，进而分析区域可持续发展程度。"生态足迹"法具有较强的生态偏向性，仅考虑社会经济决策对环境的影响，从环境角度强调社会经济发展可持续程度[66-68]。

我国学者在 20 世纪 90 年代开始以资源、环境等要素构成的综合体为研究对象开展区域承载力研究。北京大学的王学军提出"地理环境人口承载力"，把载体的范围由单一生产要素扩展到多要素，包括"生产的物质和全体环境要素"，并综合研究了我国各省区地理环境承载力潜力[30]。该研究首次将承载力作为一个系统来研究，思路值得借鉴。毛汉英等提出"区域承载力是指不同尺度区域在一定时期内，在确保资源合理开发利用和生态环境良性循环的条件下，资源环境能够承载人口数量及相应的经济社会总量的能力"，并采用状态空间法研究分析环渤海地区的区域承载力，同时结合系统动力学模型预测了 1999—2015 年环渤海地区区域承载力的变化趋势[51]。狄乾斌等提出海域承载力的概念，即"一定时期内，以海洋资源的可持续利用、海洋生态环境不被破坏为原则，在符合现阶段社会文化准则的物质生活水平下，通过海洋的自我调节、自我维持，海洋所能够支持人口、环境和社会经济协调发展的能力或限度"[69]。基于此概念，他们提出了海域承载力评价指标体系框架以及各指标量化方法，进而开展对辽宁海域承载力的定量化研究[70]。苗丽娟等借鉴区域承载力研究思路与方法，结合我国海洋生态环境的实际情况，构建了包括承压和压力两类指标的海洋生态环境承载力评价指标体系[71]。刘容子等指出了海洋承载力的内涵与构成，同时给出了海洋资源的资源量和实物量的量化方法，并以货币化方法对海洋生态服务功能和海洋资源的价值进行量化，进而研究环渤海地区海洋资源对社会经济的承载力[72]。

本书认为海岸带环境承载力是指在一定时期内，海岸带环境系统结构不发生明显改变、功能不遭受破坏的前提下，某一区域海岸带环境系统对人类活动作用支持能力的阈值。海岸带环境承载力是某一特定区域的环境承载力，应该说是区域承载力的一个子集。区域承载力研究范畴包含广义的资源环境要素如大气、水、土地、森林、矿产、生物等，而本书所指海岸带环境承载力更侧重于海岸带特有的资源环境要素，主要包括滩涂、岸线、海水、海岸带典型生物及重要生境。

1.4　环境承载力的量化方法研究进展

环境承载力的评价是以承载力量化或半定量研究为基础的，但目前国内外对环境承载力的评价尚未形成统一、成熟的方法。已有的环境承载力评价方法可归

为三大类：单要素评价法、指标体系法和系统模型法。

1.4.1　单要素评价法

环境承载力评价的单要素评价法主要有逻辑斯蒂法、短板效应法。逻辑斯蒂法多用于种群、人口数量的增长限度分析，短板效应法的依据则是木桶原理。二者相较而言，短板效应法更适合于环境承载力评价。

对于环境承载力而言，一个地区的环境承载力的大小由这个地区承载力最小的要素决定，称为短板效应法。短板效应法需要对环境承载力的各个单要素分别进行分析研究，取单项承载潜力中最小的因子，通过系数修正作为综合承载潜力值。短板效应法广泛地用于旅游环境承载力的研究[73,74]，在区域规划方面的环境承载力研究也有案例实证[75]。田成川认为，按短板效应法，环境承载力中最薄弱的环节决定总体承载力，因而为减少不确定性和不可比性，不需要对各环境要素进行量纲统一[76]。

1.4.2　指标体系法

指标体系法适用于指标层次较为复杂的环境承载力评价。目前常用的指标体系法主要包括矢量模法、承载率评价法、状态空间法。

1.4.2.1　矢量模法

矢量模法是目前应用较多的环境承载力评价方法之一。其基本原理[49]：环境承载力为 n 维发展空间中的一个矢量，环境承载力矢量因地区不同或人类活动作用方向的不同而有所差异，因此在同一的人类活动作用方向前提下，通过环境承载力矢量大小的比较可以获知不同地区环境承载力的大小。由于环境承载力各单要素分量各有不同量纲，应对环境承载力的各单要素进行归一化处理，归一化后所得向量的模即为环境承载力的大小。曾维华等采用其提出的矢量模法对湄洲湾开发区各规划小区的环境承载力进行量化比较，进而提出各规划小区工业适宜发展的方向[49]。刘仁志等[77]、汤晓雷等[78]在此基础上针对模的大小和单因子超载情况分别进行了修正完善，并且刘仁志等采用修正的矢量模法对宁波市各区的环境承载力进行了比较研究。矢量模法的计算过程简单，易于比较不同地区环境承载力的相对大小，但由于对各单要素进行归一化处理，环境承载力的大小是个相对值，不能真实反映某一地区的环境承载力实际状况。

1.4.2.2　承载率评价法

承载率评价法是目前比较流行的一种承载力评价方法。该方法一般是先计算出各单要素的承载率，然后确定各单要素的权重，乘以相应的权重后直接求和得出综合承载率。唐剑武等于 1997 年明确提出承载率评价法 [50]，并对山东某市的环境承载力进行评价分析，判别该市经济发展是否已超出环境承载力。同期，彭再德等 [79]、洪阳等 [80] 也对这一方法进行研究。高吉喜在生态环境承载力量化中采用承载率评价法实现了对资源、环境和生态弹性的综合承载指数的计算 [61]。承载率评价法计算简单，计算得出的综合承载率可以反映出研究区域环境与经济发展的协调程度，可以直观看出区域发展现状与理想状态的差距。

1.4.2.3　状态空间法

状态空间法是用欧氏几何空间定量描述系统状态的一种较有效方法。欧氏几何空间可由表示系统各要素状态向量的三维状态空间轴构成。状态空间中承载力曲面上任何一点与坐标原点连线在曲面上投影的矢量模数可表示环境承载力大小，高于曲面的点表示人类活动已超出区域资源、环境承载能力，低于曲面的点表明区域资源、环境可承载人类活动。状态空间法在生态承载力研究中得到广泛应用 [81]。毛汉英等应用状态空间法对环渤海湾地区进行了综合评价 [51]。状态空间法可以较准确地判断某区域某时间段的承载力状况，但所需资料较多，定量计算也较为困难。

1.4.3　系统模型法

目前环境承载力评价采用的系统模型法主要为系统动力学模型方法和多目标最优化模型方法。

1.4.3.1　系统动力学模型方法

系统动力学模型方法是目前较为重要的环境承载力定量评价方法。系统动力学是一门认识系统问题和解决系统问题的交叉综合学科，综合了系统理论（system theory）、控制论（cybernetics）、信息论（information theory）、决策理论（decision theory）与计算机模拟（computer simulation）等学科内容。系统动力学模型方法基于系统行为与内在机制间相互紧密的依赖关系，并结合历史观测信息，构建动态仿真模型，对各种可能引起系统变化的影响因素进行比较，发掘出系统变化形态的因果关系，从而为决策提供科学依据。系统动力学模型方法属于过程导向的方法，适用于多变量、复杂性系统的研究。早在20世纪70年代，"罗马俱乐部"就采用系统动力学模型方法开发出闻名的"世界模型Ⅱ"。ECCO模型也是基于系统动力学模型方法计算资源环境承载力，该模型综合考虑发展、人口、资源与环境的关系，模拟分析不同发展方案下人口与承载力之间的动态响应关系，从而提出可满足人口、环境与资源条件的发展目标决策。系统动力学模型仿真技术与软件开发也有较大的发展，软件功能的不断完善也促进了系统动力学模型的推广应用。在国内，系统动力学模型方法在水环境承载力评价中应用较为广泛，也取得了较好的效果[82,83]。但由于系统动力学模型方法是基于历史实测信息的总结分析，因而对历史数据要求较多；参变量不好控制，有时可能会出现结果不合理的情况。

1.4.3.2 多目标最优化模型方法

多目标最优化模型方法是一种多目标优化决策分析方法。其基本途径是把求解多目标问题转化为求解单目标问题，然后利用单目标模型的方法，求出单目标模型的最优解，以此作为多目标问题的解。

由于环境系统功能与结构的变化，环境承载力也会相应发生变化。环境承载力的随机动态变化特征决定其随机变化性，同时由于环境系统自身的复杂性和开放性特征，以及人类认识的局限性，要对环境承载力进行明确定量是非常困难的，这也给环境承载力的量化带来模糊不确定性。为充分考虑环境承载力的不确定性特征，国内学者采用不确定性多目标最优化模型方法构建环境承载力多目标规划模型，寻求指标体系中各要素的承载力都可最大限度利用的发展方案。郭怀成等应用不确定性模糊多目标规划模型对云南洱海流域进行了可持续发展环境规划研究，通过对流域内各种有关的人类行为时空分布的建模与求解，得到在不同子区和不同时段的优化方法[84]。曾维华等在北京市通州区战略环境影响评价研究中，建立区域环境承载力不确定性多目标优化模型，并依据模型优化结果提出通州区适宜的人口、经济规模与产业结构发展建议[85]。但多目标最优化模型要求数据量大，且模型求解存在一定难度。

综上分析，当前环境承载力定量评价方法较多，各有长处和不足。环境承载力具有复杂性、不确定性和影响因素多样性等特征，因此环境承载力定量评价方法应依据研究区域的特点和可获取的数据资料情况进一步研究确定。

1.5 海岸带环境承载力研究存在的主要问题

随着人类对自然干扰的日益频繁，海岸带环境承载力研究作为海岸带环境综合管理的有效手段，越来越受到重视。然而其真正兴起至今不到 30 年，仍然存在许多问题与缺陷，主要体现在以下方面。

第一，海岸带环境承载力的含义尚未明确，指标体系未能体现海岸带环境特征。海岸带环境承载力的提出仅有 20 多年，至今仍缺乏一个普遍为大家所接受的定义。描述海岸带与承载力二者关系的概念很多，如海岸带环境承载力、海岸带环境承载能力、海岸带承载力等。这些概念的承载体和承载对象各有不同，提出的指标体系内容也有所差别。熊永柱等提出的"海岸带环境承载力"的承载体是海岸带环境系统，承载对象是人类社会和经济活动，指标体系主要包括承载体的各要素，但仅有陆地环境系统要素[86]。王忠蕾等提出的"海岸带环境承载能力"的承载体是海岸带资源与环境子系统，承载对象是海洋人地系统内社会经济子系统，指标体系包括承载体的承压指标、承载对象主动行为的潜力指标、承载对象带来的压力指标，但在具体的实例应用中缺乏海域环境系统指标[87]。刘康等提出的"海岸带承载力"的承载体是海岸带资源和环境，承载对象是人口与产业，指标体系包括承载体、承载对象及承载对象作用三方的压力指标、状态指标，以及承载对象主动行为的响应指标[88]。

可见目前尚没有大家可接受的统一的海岸带环境承载力的定义。现有的海岸带环境承载力指标体系很少体现出海岸带的海陆过渡地带的特征，海岸带环境承载力的指标体系内容也不完善，因此有必要梳理海岸带环境承载力的含义，建立一套操作性强的指标体系。

第二，缺乏系统的海岸带环境承载力定量评价方法，难以真正起到指导人类活动的作用。实施环境承载力评价可以为海岸带管理提供有用的科学依据，这是人们已经形成的共识。有关海岸带与承载力的研究虽然很多，但环境承载力的定义目前仍未有统一的界定，指标体系也尚未完善，因此在评价方法上也存在认识的差距。在战略环境评价领域，环境承载力的研究主要包括综合环境承载力研究和环境要素（包括土地、水环境、大气环境等）承载力研究两方面[89]，对于海岸带生态服务能力的研究很少有人涉足，目前并没有系统的海岸带环境承载力定量评价方法。熊永柱等在进行广东省海岸带环境承载力评价时，评价指标仅有陆地环境系统，同时基于各指标值的历史数据进行分析[86]。王忠蕾等进行黄河三角洲环境承载能力评价时，亦缺乏海域环境系统指标，仅评价了现状环境承载能力状态[87]。二者都没有体现出海岸带有别于陆地环境系统的特征，亦没有实现未来社会与经济发展状态下的环境承载力评价，较难体现出社会经济与环境协调发展的理念。刘康等提出的"海岸带承载力"及其评价指标体系缺乏数据支撑，并且没有进行实证分析[88]。

可见目前的海岸带环境承载力评价大多是对过去与现状海岸带环境承载力的回顾，较难满足未来社会与经济发展状态下环境承载程度的评价，使得环境承载力研究成果难以用于指导未来海岸带的人类社会经济活动，而只有建立在这一基础上的海岸带环境承载力的研究才能体现出其对社会经济与环境协调发展的作用。

第三，以环境承载力为约束的沿海地区经济发展调控措施研究不足。目前，海岸带环境承载力研究主要集中在理论基础和指标体系的构建，真正将环境承载力研究成果用于指导海岸带人类社会经济活动的实例很少，因而真正以环境承载力为约束的沿海地区经济发展调控措施研究不足，导致海岸带环境承载力难以融入决策源头，研究成果很难为决策提供有价值的支撑。

第四，海岸带环境承载力评价缺少动态评估研究。时间性是环境承载力评价的限定条件之一，时间性限定条件反映了环境承载力的动态性，体现在环境承载力大小随着时间和人类生产力水平的变化而变化。环境系统的发展处于一个动态平衡的过程中，这就要求环境承载力评价要将其动态性考虑在内。目前缺少全面、系统的海岸带环境承载力动态评估。

1.6 研究区位

1.6.1 地理位置

北部湾经济区地处南海北部的北部湾沿海和琼州海峡至湛江、茂名沿海地区，位于107°11′～111°44′E、18°45′～24°3′N，包括广西壮族自治区的南宁市、北海市、钦州市、防城港市，广东省的湛江市、茂名市，海南省的海口市、澄迈县、临高县、儋州市、洋浦经济开发区、东方市、乐东黎族自治县、昌江黎族自治县等（以下分别简称为广西片区、广东片区、海南片区）。北部湾区域西南面与越南接壤，西北面和北面分别与广西壮族自治区的崇左、百色、河池、来宾、贵港、玉林等市相邻，东北面与广东省云浮市、阳江市相连，南面与海南省的白沙、琼中、屯昌、文昌、安定等市县相接。

北部湾位于我国南海的西北部，是一个半封闭的海湾，东临我国的雷州半岛和海南岛，北临我国广西壮族自治区，西临越南，为中越两国陆地与我国海南岛所环抱。

北部湾经济区总面积82 100 km²，约相当于广西壮族自治区、广东省和海南省总面积的18.2%。其在桂、粤、琼所占面积分别为42 500 km²（相当于广西壮族自治区面积的17.9%）、24 000 km²（相当于广东省面积的13.69%）和15 700 km²（相当于海南省面积的44.85%）。

北部湾经济区地处华南经济圈、西南经济圈和东盟经济圈的接合部，是我国西部大开发地区唯一的沿海区域，也是我国与东盟国家既有海上通道、又有陆地接壤的区域，是面向东盟的重要门户和西南腹地的出海大通道。

1.6.2　研究范围

本书研究的海岸带包括海岸线向陆域侧延伸至临海的县行政区划范围内的滨海陆地和向海域侧延伸至领海基线的近岸海域，包括南宁、北海、钦州、防城港、湛江、茂名、海口及海南西部7个县（市、区）的行政区划范围及其近岸海域。

陆域范围包括广西壮族自治区的防城港市、钦州市和北海市（以下简称西部或西翼），广西壮族自治区的南宁市（以下简称北部），广东省的茂名市和湛江市（以下简称东部或东翼），海南省的儋州市、临高县、昌江黎族自治县、乐东黎族自治县、东方市、洋浦经济开发区、海口市区及澄迈县（以下简称南部），以及铁山港至雷州半岛西南侧等沿海地带（以下简称中部）。

海域范围包括上述陆域范围的全部近岸海域，即从广西壮族自治区沿岸至海南省莺歌海的北部湾海域、琼州海峡，到广东省茂名市和湛江市的近岸海域。

1.7 研究内容

本书以海岸带环境系统为研究对象，先从基本理论与方法入手，提出海岸带环境承载力的概念和特征，按照"驱动力—压力—承载力—状态—响应（DPSIR）"的结构主线，将产业、人口、经济、海岸带资源、海域环境、海岸带生态服务功能纳入海岸带系统，构建海岸带环境承载力指标体系，并提出指标量化和评价的思路与方法。在此基础上，以北部湾经济区重点产业发展战略为评价对象，构建反映区位生态环境特征的北部湾经济区海岸带环境承载力指标体系，并以海岸带环境承载力为约束，围绕重点产业的结构、布局和规模三大核心问题，提出北部湾经济区重点产业优化发展的调控建议。主要的研究内容有以下几方面。

1.7.1 海岸带环境承载力的概念和内涵探析

基于海岸带、环境承载力二者的本质和内涵，在前人已有的研究成果基础上，结合战略环境评价对环境承载力的需求，分析海岸带环境承载力的内涵与特征，并明确战略环境评价中的海岸带环境承载力评价指导原则，为海岸带环境承载力指标体系和评价模型的构建提供理论基础。

1.7.2 海岸带环境承载力指标体系和评价模型构建

根据海岸带环境承载力的内涵，结合战略环境评价中环境承载力的任务，将海岸带生态服务能力纳入承载力指标体系中，构建战略环境评价的海岸带环境承载力指标体系，包括资源供给能力、环境纳污能力和生态服务能力三大子系统，以及驱动力、压力、承载力、状态、响应五类目标层，涉及产业、人口、经济、岸线、滩涂、主要水污染物、典型生态敏感区等七大要素指标层。同时，提出生态服务能力表征指标的半定量方法，并结合承载率评价法、状态空间法，提出新的海岸带环境承载力定量评价方法，从而使海岸带环境承载力更符合实际地反映出潜在的生态风险。

1.7.3 北部湾经济区重点产业发展的海岸带环境承载力评价实证

将构建的海岸带环境承载力指标体系和评价模型，具体应用于北部湾经济区产业发展战略的海岸带环境承载力实证研究，细化的研究内容包括以下几方面。

——识别经济社会发展中出现的海域性、累积性生态环境问题，判别关键制约因素，在此基础上构建北部湾海岸带环境承载力指标体系；

——梳理和分析重点产业发展规划，分析资源环境压力现状，并基于产业发展规划情景进行压力预测研究；

——分析岸线和滩涂资源承载力、海域化学需氧量（COD）、氨氮可利用环境容量、脆弱生态环境敏感性等，评价海岸带环境承载能力和空间分布特征；

——结合压力预测结果，进行不同规划情景的环境承载力评价，解析沿海经济发展水平与环境保护之间存在的主要矛盾。

1.7.4 基于海岸带环境承载力的北部湾经济区产业优化发展建议

以海岸带环境承载力为约束，提出产业发展规模、结构和布局调整建议，并提出沿海重点生态敏感区及主要海洋生态功能区保护建议，为北部湾经济区重点产业发展战略决策和规划提供科学依据。

1.8 研究技术路线

研究技术路线（图1-1）分为三部分：一是海岸带环境承载力的理论与方法研究；二是海岸带环境承载力指标体系构建与评价方法研究；三是北部湾经济区重点产业发展战略的海岸带环境承载力实证研究，具体包括北部湾经济区生态环境现状与演变趋势分析、北部湾经济区海岸带环境承载力预测评价、基于海岸带环境承载力评价结果的重点产业优化发展建议。

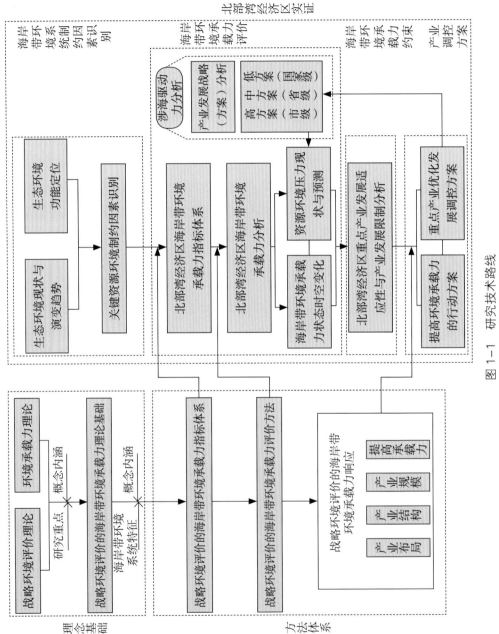

图 1-1　研究技术路线

第**2**章

海岸带环境承载力评价的基本理论与方法研究

2.1 环境承载力理论及其在战略环境评价中的研究重点

2.1.1 *环境承载力理论*

2.1.1.1 环境承载力的概念

承载力的概念最早于生态学领域提出，之后相继广泛应用于各种单要素的资源和环境条件。资源方面有土地资源承载力、水资源承载力、森林资源承载力、矿产资源承载力等，环境方面有大气环境承载力、水环境承载力等。

环境承载力概念的提出，是对单一的资源与环境要素的全面综合。国外环境承载力的概念最早由 Bishop 于 1974 年提出 [42]，但国外学者仅对环境承载力在概念上进行描述，对环境承载力这一综合要素的研究报道不多。我国学者在环境容量研究的基础上提出环境承载力。曾维华等于 1991 年第一次系统提出环境承载力概念及其表征方法体系 [90]，此后，环境承载力受到了国内外学者的普遍重视。1998 年，曾维华等将环境承载力概念进一步明确为"在一定时期与一定范围内，以及在一定自然环境的条件下，维持环境系统结构不发生质的改变，环境功能不遭受破坏的前提下，环境系统所能承受的人类活动的阈值" [49]。

汪诚文等从总结分析环境承载力概念研究概况出发，基于环境承载力的本质研究，提出环境承载力的概念：环境承载力是指在某一时期，现实的或拟定的环境结构在不发生明显改变的前提条件下，某一区域环境对人类活动作用支持能力的阈值 [29]。这一环境承载力概念把落脚点定位在人类活动作用，清晰表达了环境、环境承载力、人类活动三者之间的逻辑关系，即环境决定环境承载力，环境承载力直接决定人类活动对环境的作用。

2.1.1.2 环境承载力的框架模型

合理的研究框架模型有利于人们更好地理解信息传递、能量流动的结构。就环境承载力评价而言，其框架模型应能有助于指标的分类与确定，涵盖评价指标体系、评价结果以及结果对调控的反馈，从而揭示人类活动与环境二者间的内在联系。

我国学者在DPSIR模型的基础上进一步发展起来了环境承载力理论的"驱动力—压力—承载力—状态—影响—响应（DPCSIR）"模型（图2-1）。

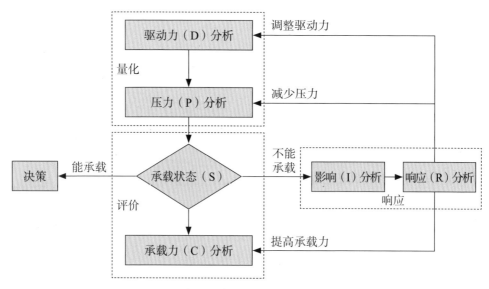

图2-1 环境承载力理论的DPCSIR模型原型

（资料来源：汪诚文等，2011）

DPCSIR模型包括三方面的内容：环境承载力的量化、环境承载力的评价与环境承载力的响应。该模型较完整地反映了人类与环境系统二者间的关系，从环境系统本身的角度对环境承载力进行量化，从承载对象的角度量化人类对环境系统的压力，结构清晰。同时，DPCSIR模型也为人类活动作用与环境承载力之间的矛盾提供了最优解决途径。

DPCSIR模型将环境承载力的研究对象界定为环境系统，而非生态系统（源于生态学的承载力研究对象），是环境科学领域中承载能力的回归，与环境规划和战略环境评价中的环境承载能力理念是一致的，也增强了环境承载力在环境规划和战略环境评价中的针对性和可操作性。实际上，DPCSIR 模型在城市环境承载力研究和工业园区水资源承载力评价研究中均得到较好的应用[91]，证明了该框架在环境科学领域研究方法论上具有一定的优越性。

2.1.1.3 环境承载力的组成

环境承载力的本质是环境系统的组成与结构的外在功能表现。为体现出环境承载力的本质，应从环境系统本身的角度对环境承载力进行量化。但由于环境系统的复杂性和人类对环境系统认知的不足，很难直接对环境系统的组成与结构进行量化，在具体应用中，可从环境系统对人类的各种不同支持功能进行环境承载力量化。基于环境系统对人类社会经济活动的支持功能，环境承载力有 3 个基本组成：资源供给能力、环境纳污能力与生态服务能力（图 2-2）。

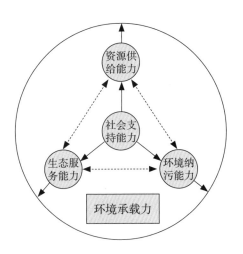

图 2-2　环境承载力组成示意图

（资料来源：汪诚文等，2011）

资源供给能力一般包括土地资源承载力、岸线资源承载力、矿产资源承载力、水资源承载力、森林资源承载力等。

环境纳污能力一般包括地表水环境容量、海域环境容量、大气环境容量等。

生态服务能力一般包括大气调节、气候调节、养分循环、基因资源供给、娱乐和文化服务等。在实际管理应用中，用植被、湿地及自然保护区等生态用地面积及其比例表达更具操作性。

环境承载力同时具有可调控性，即人们可以通过各种经济技术手段改善环境系统的结构和功能，从而提高环境承载力。在人类活动作用超过环境承载力且难以对规划方案进行调控时，人们可以采取水资源优化配置、排污口优化布局、提高污水回用率等措施。这些措施需要财力、人力与技术多方支持，因此环境承载力除了上述必要的三个组成外，可视具体情况增加第四个组成，即社会支持能力。考虑到数据的可获取性，一般以人均 GDP 及环保投资占 GDP 的比例等指标进行社会支持能力的量化。

2.1.2 战略环境评价及其研究内容

2.1.2.1 战略环境评价的概念

战略环境评价（strategic environmental assessment，SEA）概念最初是在 1989 年作为环境影响评价（EIA）的延伸被提出的。目前国际上广泛引用的战略环境评价定义有以下两种表述：① 战略环境评价是对政府政策、规划、计划及其替代方案，进行正式、系统、全面的环境影响评估，并将包含评估结论的书面报告用于决策过程[93]。② 战略环境评价是对拟议政策、规划、计划所造成的环境影响进行评估的系统化过程，以确保在决策的早期阶段将环境与经济和社会放在同等地位考虑[94]。可见，战略环境评价是环境（或可持续发展）参与决策的一个有效途径，其最终目的是保护环境和促进可持续发展[95]。

在我国，战略环境评价主要包括三方面，即区域环境影响评价（REIA）、规划（计划）环境影响评价和政策环境影响评价，2003 年实施的《中华人民共和国环境影响评价法》（以下简称《环评法》）以法律形式确立了我国战略环境评价的地位，标志着我国战略环境影响评价的正式起步。在我国规划环境影响评价管理中，政策环境影响评价是规划制定部门自愿开展的。规划环境影响评价是按照《环评法》要求开展的，其具体适用范围、评价对象、评价内容、管理程序都有明确的法律规定。规划环境影响评价是我国目前战略环境评价实践的主体。在具体管理中，凡调控期为五年或五年以上的部署和安排，不论名称为"计划"还是"规划"均属于规划。我国现阶段主要通过推进规划环境影响评价来推进战

略环境评价 [96]。根据《环评法》，规划环境影响评价就是以可持续发展为目的，对规划（计划）实施后可能造成的环境影响进行分析、预测和评估，提出预防或者减轻不良环境影响的对策和措施，并进行跟踪监测的方法和制度。

2.1.2.2 战略环境评价的主要内容与工作程序

根据《规划环境影响评价条例》，规划环境影响评价应至少包括两方面内容：①规划实施对环境可能造成影响的分析、预测和评估。主要包括资源环境承载能力分析、不良环境影响的分析和预测以及与相关规划的环境协调性分析。②预防或者减轻不良环境影响的对策和措施。主要包括预防或者减轻不良环境影响的政策、管理或者技术等措施。

《规划环境影响评价技术导则总纲》（HJ 130—2014）是我国环保行政主管部门推荐的技术导则。该导则明确了规划环境影响评价的一般原则、工作程序、方法、内容以及文件编制要求。其推荐的规划环境影响评价工作程序见图 2-3。

2.1.3 环境承载力在战略环境评价中的研究重点

2.1.3.1 环境承载力与战略环境评价的关系

环境承载力与战略环境评价二者关系紧密，且具有许多相似之处：二者研究的落脚点都是人类活动对环境系统的作用（或影响）；在最终目标上，都是为了促进可持续发展，促进社会经济与环境的协调发展；在研究对象上，都是研究环境系统；在评价内容上，都是评价人类活动对环境系统各个要素的影响；在评价结果的作用上，都是用以指导人类活动的调控措施。环境承载力可以在阈值的基础上较真实地度量和表达规划对环境的累积影响 [97]；同时，环境承载力是资源与环境要素的全面综合，可以较全面地反映规划对环境系统的整体影响。因此，环境承载力评价在战略环境评价中得到了广泛应用。

2.1.3.2 环境承载力在战略环境评价中的研究重点

一方面，环境承载力分析被认为是解决累积影响、有效融合战略规划与战略环境评价的重要手段，但目前战略环境评价中环境承载力的研究停留于现状分析，缺乏对环境承载力的定量描述，因而如何应用相关模型进行环境承载力定量分析是当前研究的热点问题。另一方面，目前国内外战略环境评价中的环境承载力研究仅侧重于单要素的承载力分析，如何在战略环境评价中建立起区域社会经济发展与环境承载力间紧密的关联也是当前战略环境评价技术方法研究的重点[98]。

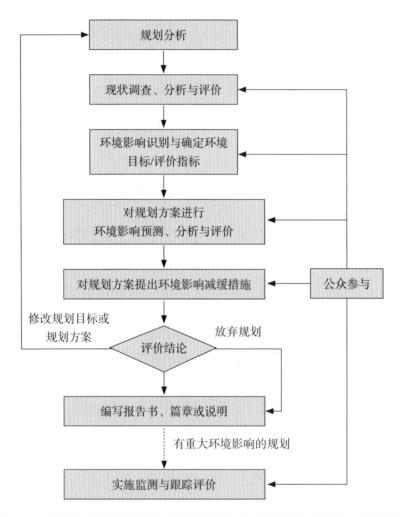

图2-3 《规划环境影响评价技术导则总纲》推荐的规划环境评价工作程序

基于战略环境评价的任务与要求，战略环境评价中环境承载力评价的主要任务包括以下四项：

——主要生态环境现状问题与关键制约因素分析。基于环境主要生态环境现状与趋势变化分析，明确区域生态环境功能定位；识别经济社会发展中出现的长期性、累积性生态环境问题与环境关键制约因素。

——战略规划分析与对环境压力的预测。基于战略规划发展的梳理分析，估算规划实施给环境系统带来的资源环境压力。

——环境承载力评价。对环境承载力进行量化，进而评价战略规划实施后的环境承载力状态，说明环境承载力能否承载拟定的规划方案，提供沿海拟定规划方案调整的依据。

——基于环境承载力为约束的规划调整方案与建议。结合环境承载力评价结果，提出拟定规划方案的调控措施（针对规模、结构和布局等）和区域资源环境效率提高后的优化调整建议。

其中，前两项是环境承载力评价的基础工作，后两项是环境承载力评价的主要内容。

2.2 海岸带环境承载力评价指标体系构建

2.2.1 海岸带环境系统的特征

海岸带位于陆地与海洋的交接过渡地带，包括海岸及其毗连水域，其组成一般有河流三角洲、海域、平原湿地、海滩、沙丘、红树林、潟湖及其他地理单元[99]，物产资源丰富。同时，海岸带所处的地理区位使其受到来自陆地、近海和大洋三方的多种自然营力的直接作用，加上陆海之间物理、化学、生物因素的相互作用，造就了海岸带独特的环境系统特征。

2.2.1.1 资源丰富、地理类型多样、生物多样性丰富

丰富多样的海岸带资源，包括海岸带区域的土地资源和淡水资源、岸线港口资源、海洋生物资源、渔业资源、矿产资源、盐沼资源、沙滩资源、海水化学资源、海洋能源、自然景观资源和滨海旅游资源等，自古以来为人类开发和利用，孕育了成熟的农业文明、工业文明和港口文明等。

海岸带是海陆交接地带，在陆、海、气界面的交互作用下，海岸带成为地球上能量流动、物质循环和信息交换最为集中、最为频繁的区域[100,101]。

海岸带资源的一个重要基础是海岸带所处的特殊地理区位，涵盖了多种地理环境，包括海岸线、浅海滩涂、湿地、盐田、珊瑚礁、芦苇地、草地、潟湖、养

殖塘、海滩、海岸带土地、海岛陆域土地、河口、海湾、海峡等[102]。

在此基础上，海岸带形成了众多独特的生境与生态系统，包括潮间带、潟湖、河口、湿地、盐沼、海草场、红树林和珊瑚礁等。海岸带生态系统有着较高的生产力和生物多样性，千百年来向人类社会输送着丰富的海洋生物资源，包括近海水产品、药用植物、香料植物等[103,104]。同时，海岸带生态系统也表现出极强的脆弱性，尤其在海岸带经济高速发展与扩张的当今时代，各种生态环境问题日趋严重。

2.2.1.2 水是最重要的载体

海岸带环境的形成同其受到地–气–海耦合力的强烈作用有着密切关系。其中，水在海岸带环境的形成与维持中起着十分重要的载体作用。

首先，海岸带地理地貌的形成同水动力作用以及海水侵蚀作用等有着密切的关系，径流、波浪及极端气候等时刻塑造着海岸线与海岸带沉积物环境，并形成了诸如河口三角洲、潟湖、海滩等地理环境。其次，水是生命的载体，生命从水中演化而来。在不同生境中，水呈现出不同的理化特性，承载着物质、温度、光照、压力及动力特性等，水成为海岸带各种生境和生态系统的重要基础。再次，水是海岸带多种能源的形成基础，包括潮汐能、温差能及基于水、气间的热交换产生的风能等。水、气间作用还形成了海岸带各种典型气候及天气，如风暴潮等。此外，水动力特性及其形成的冲淤环境是港口岸线等开发利用中主要的环境因子，海岸带的水体还分担着人类经济与社会发展所需环境容量的一大部分，受纳着大量的污染物。

2.2.1.3 脆弱性是最突出的特征

一方面，海岸带生态系统处于地球上海、陆、气三大系统的物质、能量和信息交换最频繁且最集中的区域，不可避免地暴露在陆、海、气相互作用的动力敏感地带，容易受来自陆地（径流、地下水）、海洋和大气等动力作用的影响[105]，从而受到物理、化学、生物和地质等多种过程的制约。因此，海岸带生态系统表现出极强的反应灵敏性，而对外力、内力的过度敏感，必然导致海岸带生态承受力的相对脆弱性[106]。

另一方面，海岸带生态系统经过长期的生态适应与发展，形成了具有多种生态系统类型的多功能、多界面、多过程的过渡型生态系统。如此复杂的海岸带生态系统，一旦所承受的外界压力超出其生态阈值，比其他生态系统更易发生连锁反应，形成恶性循环，生态平衡失调后将极难恢复到原有的稳定状态。

海岸带生态系统的脆弱性正是表现在抵抗力弱和恢复力弱等方面[107]。而我国海岸带地区急剧增长的人口和经济压力，使海岸带生态环境更加脆弱和敏感，表现为天然湿地大量丧失、红树林和珊瑚礁生态系统退化或消亡、重要海洋生物的"三场一通"（产卵场、索饵场、越冬场及洄游通道）遭到破坏、海洋生物疾病多发、生物入侵及有害赤潮频发等等，海岸带生物多样性锐减、海洋渔业资源严重受损等生态问题日益严峻。

2.2.1.4　海岸带最大的压力来自人类的陆地活动

海岸带受到陆地、大气及海洋三大系统的耦合力，其生态环境条件变化极为剧烈，致使生态系统极易受到破坏。随着海岸带人口的日益密集和区域经济的高速发展，人类活动对海岸带的影响也越来越大，人类因素对海洋带环境压力的胁迫影响程度已逐渐超越自然因素[108]。

人类活动的影响主要来自陆地的各种活动。大多陆源污染物入海时需经过海岸带，海岸带是入海污染物的最先接收者。80% 以上的入海污染物来自陆源排放、生物入侵、围海造地、沿海防护措施与港口建设、资源的开采和利用等，造成海岸带生态环境严重恶化，表现为近岸水体污染日益严重、海岸湿地大面积减少、珊瑚礁和红树林等海岸带生态系统严重退化、海洋生物资源匮乏和结构失衡等。

概括地说，人类活动或直接改变了海岸带的物理和化学环境，或对海岸带土地利用和土地覆被变化造成巨大影响，因而日益成为海岸带环境压力的主要来源。

2.2.2　海岸带环境承载力的概念与特征

2.2.2.1　海岸带环境承载力的概念

汪诚文提出的环境承载力概念较好地阐明了环境承载力的环境决定性以及人类活动与环境系统之间的关系，这与环境影响评价概念的落脚点是一致的。根据汪诚文提出的环境承载力概念及其内涵，结合海岸带的特征，本书认为海岸带环境承载力是指在一定时期内，海岸带环境系统结构不发生明显改变、功能不遭受破坏的前提下，某一区域海岸带环境系统对人类活动作用支持能力的阈值。

海岸带环境承载力是研究某一特定区域的环境承载力，应该说是区域承载力的一个子集。区域承载力研究范畴包含广义的资源环境要素如大气、水、土地、森林、矿产、生物等，而本书所指海岸带环境承载力更侧重于海岸带特有的资源环境要素，主要包括滩涂、岸线、海水、海岸带典型生物及重要生境。

海岸带环境承载力研究内容主要包括海岸带环境承载力指标体系的构建、海岸带环境承载力的量化、海岸带环境承载力的评价、以海岸带环境承载力为约束的减缓措施建议。其中，指标体系的构建是环境承载力研究的核心内容。

2.2.2.2 海岸带环境承载力的特征

海岸带环境承载力不同于陆域环境承载力或某一资源的环境承载力，这是由海岸带这一载体的特性所决定。海岸带环境承载力展现出以下特征：

——海岸带环境承载力研究区域具有难确定性，或者说海岸带环境承载力研究具有因地制宜性。海岸带受到海洋地质和陆地地质双重作用的影响[88]，演化背景具体化且差异化，所在区域的社会经济发展状况亦有所差异，因此必须依据区域演化背景及社会经济发展状况对研究区域进行界定。例如，我国海岸带是依据区域具体的地形、经济及技术条件等来划分的。而陆域环境承载力，如湖泊环境承载力的研究区域的界定则较简单直观。

——海岸带环境承载力具有显著的客观性。具体的海域承载力主要取决于该海域的自然属性，不同自然属性的海域具有不同的生态系统结构与功能，表现出对内生扰动及外来压力的适应和恢复能力的差异性[109]。例如，河口海湾等半封闭性海域比开放性海域的环境承载力要低很多，而生物多样性高的海域比生物多样性低的海域具有更高的资源与环境承载力[110]。

——海岸带环境承载力还具有一定的动态性与发展性。这归根结底是由海岸带各资源环境要素的动态发展特性和其区域自然、人口、社会及经济的特性所导致的。海岸带环境承载力的承压方本身具有一定的自我调节能力并处于动态平衡中。同时，海岸带环境承载力的压力部分，即在不同时期内和不同区域间海洋人地系统内社会经济子系统的发展能力均受到人为决策的影响，表现出一定的可变性。

2.2.3 产业发展战略及其对海岸带环境的影响

改革开放以后，我国临港产业开始由原材料资源自给自足向以港口为依托发展进口原材料加工业和重化工业转变，钢铁产业、石化产业、原材料加工业等逐渐向港口聚集。我国海岸带北部岸带、中部岸带和南部岸带临港产业布局发展均呈现出一定的趋势：在外向型经济发展的带动下，大、中、小港口城市逐渐成为港口组群；众多依托大型港口的大型临港工业区陆续兴起；临海工业发展重点向重化工、机械、能源、冶金、原材料加工等工业倾斜；滨海旅游业也日益成为沿海城市一大产业。

临港产业发展主要以资源开发、空间利用及污染物排放等方式影响海岸带环境，造成海洋资源耗减、滨海湿地丧失、海洋理化环境特征变化及海水环境污染等问题。其中，临港工业对海岸带环境影响最为突出。临港工业以重化工业为主要产业。重化工业通常规模大、工序多，需占据大量土地，围填海工程规模巨大，造成滨海湿地大量丧失、海洋生物的"三场一通"遭到破坏等问题。同时，重化工业所排放的废水成分十分复杂，对水体污染严重。这些压力均导致海岸带生态系统退化问题日益严重。

可见，临港产业若一直保持如此强劲的发展势头，对海岸带环境承载力的消耗强度保持增长状态，势必引发临港产业发展的基础即海岸带环境的崩溃。因此，临港产业的结构和布局亟待优化，如进行技术改造、落实节能减排、进行产业升级、推进信息化与工业化融合、培育战略性新兴产业等等，以降低单位经济活动对海岸带环境承载力的消耗强度，实现对海岸带环境资源的可持续开发与利用。

2.2.4 海岸带环境承载力评价指导原则

近年来，我国新一轮沿海地区区域发展规划不断上升为国家战略，其中港口、临海产业、城市"三位一体"的互动发展布局成为核心主线之一，凸显出我国在未来世界经济发展格局中的战略发展诉求。港口建设、临海产业布局以及沿海城市化都是人类改造海岸带环境的活动，这些活动如果不遵循自然发展规律，超出海岸带环境系统可承受的范围，无疑将对海岸带环境系统造成不利影响。因此，对于产业发展而言，海岸带环境承载力评价应以海岸带可持续发展理念为指导，以"生态优先，协调发展"为目标，特别要注重动态保护生物多样性、注重陆海统筹，在确保区域环境质量不恶化和生态状况不退化的基础上，积极推进环境友好型产业的规划和建设，促进区域生态环境与社会经济系统的全面、均衡和可持续发展。

海岸带环境承载力评价过程要遵循如下原则。

——生态优先保护原则。绝对优先保护海岸带重要生态敏感区、珍稀濒危物种及其生境和关键资源等。这些因素对开发活动具有"一票否决"作用，应禁止在生态敏感区进行非保护性的开发活动。相对优先保护海岸带亚生态敏感区和重要资源，主要包括海滨风景旅游区、人体直接接触海水的海上运动或娱乐区、与人类食用直接有关的工业用水区等，应限制在这些区域进行开发活动。若确需开发，应在审慎的前提下，寻求减缓措施以使损失最小化。

——陆海统筹原则。海岸带生态系统为人类提供了大量重要的服务功能，而陆地人类活动作用是海洋生态系统受到的最大压力，因此在评估和调控陆地人类活动作用时，要充分考虑并发挥与陆地相邻接的海洋资源环境特征与优势，要加强沿海地区的陆地发展和海洋发展与保护的统筹。

——科学性与可操作性原则。海岸带环境承载力评价应能客观反映海岸带环境的真实状况，因此所选取的指标和量化方法要有科学依据、内涵明确、表达规范。同时，要考虑实际应用中基础数据采集和指标量化的难易程度，尽可能实现数据易收集、来源准确，量化模型易于掌握。

——综合性和代表性原则。根据海岸带特征、产业发展规划对海岸带的作用特征，指标筛选和承载力综合评价过程中既要全面反映海岸带环境承载力的影响因素，亦要抓住关键制约因素，突出代表性，这样既可以减少工作量，也能满足海岸带环境承载力评价需要。

2.2.5 海岸带环境承载力评价指标体系构建

构建指标体系的第一步是确定其概念模型。基于研究目的不同，所选择的概念模型也有差异，相应地，指标的选择方法、指标的分类与评价方法也有不同。但每一种指标体系概念模型的宗旨都是相同的，即使指标体系能正确描述研究对象的实际状态，从而能为决策提供科学依据。产业发展海岸带环境承载力评价要能根据产业发展规划（方案）对未来的海岸带环境系统质量做出预测，确定分析产业发展的增长变量和海岸带环境系统的关键限制因素的定量关系，进而对规划（方案）给出评价结论并提出调控方案或建议，这就需要构建的指标能够将产业发展增长与环境系统限制因素定量或半定量关联，这正是产业发展海岸带环境承载力评价必须解决的关键问题。

本书借鉴我国学者发展起来的环境承载力理论的 DPCSIR 概念模型[29]，构建海岸带环境承载力评价指标体系。DPCSIR 模型的指标包括五大类：承载力指标（C）、驱动力指标（D）、压力指标（P）、状态指标（S）与响应指标（R）。DPCSIR 模型反映的是人类社会经济活动与环境系统协调的关系，而本书建立的海岸带环境承载力评价指标体系将为产业发展的环境评价服务，关注的是产业布局、结构和规模的环境合理性，并对此提出应采取的减缓环境影响的措施，两者关注的角度和内容不同。在构建海岸带环境承载力指标体系时，响应指标将作为调控方案或措施反馈给产业发展决策，只考虑压力类和承压类两类指标，不考虑响应类指标。

2.2.5.1 承载力指标（C）

承载力指标的含义与组成已在前面内容中说明，不再赘述。对于产业发展战略环境评价而言，基于海岸带环境特征及其对社会经济与产业发展的环境制约因素梳理总结，同时考虑到指标对调控措施的反馈作用、所需数据的获取与量化的难易程度，海岸带环境承载力指标的资源供给能力指标一般包括海岸带特有的岸线资源承载力、滩涂资源承载力；环境纳污能力指标一般包括海域 COD 可利用环境容量、氨氮（NH_4^+-N）可利用环境容量；生态服务能力指标一般包括海岸带重要生境的服务能力，可用重要生境面积或面积比例表示；社会支持能力指标一般包括人均 GDP、环保投资占 GDP 比例。在产业发展规划中，社会支持能力指标一般是设计值，很难直接与产业发展的驱动力指标、压力指标挂钩，因而产业发展战略环境评价的海岸带环境承载力指标体系不考虑社会支持能力指标。

——资源供给能力。岸线资源承载力和滩涂资源承载力可分别以适宜利用的岸线长度、适宜围填的滩涂面积来表示。岸线资源和滩涂资源都属于海岸带特有的空间资源，但同时也是不可再生资源。其承载力大小以其剩余的可利用量来衡量，剩余可利用量越大，对产业发展的承载能力越高。

——环境纳污能力。基于目前我国环境管理的需求，海岸带环境纳污功能以海域 COD 可利用环境容量和海域氨氮可利用环境容量表示。海域环境容量是指某一确定的环境水体在规定的环境目标下可容纳的污染物质的量，其大小与水体特征（水文条件蕴含的自然功能）、水质目标（与人类使用功能有关）、污染物特性（对功能的影响因子，包括种类及时空分布）等有关。以环境基准值作为环境目标的控制指标所得到的是自然环境容量，以环境标准值作为环境目标的控制指标所得到的是管理环境容量，管理环境容量除去背景值和不可控污染物所占用的部分为可利用容量。

——生态服务能力。海岸带环境承载力所构建的指标应能够定量或半定量地反映产业发展增长与环境系统限制因素的关系。而由于海岸带生态系统的复杂性、模糊性和人类认知上诸多的不确定性，生态服务能力指标的选取是海岸带环境承载力评价最为困难的地方。

生态系统服务（ecosystem service）是指生态系统与生态过程所形成及所维持的人类赖以生存的自然环境条件与效用[111]。关于生态系统服务的分类方法，国际上广泛认可的主要有两种。一是 Costanza 等划分的 17 类：大气调节、气候调节、扰动调节、水分调节、水供应、侵蚀控制与沙土保持、土壤形成、养分循环、废物处理、授粉、生物控制、避难所、食物供给、原料供给、基因资源供给、休闲娱乐以及文化服务[112]。二是千年生态系统评估工作组提出的产品供给服务、调节服务、文化服务和支持服务四大类功能[113]。产品供给服务是指生态系统生产或提供的产品，如食物、淡水、基因资源等。调节服务是调节人类生态环境的生态系统服务功能，如气候调节、水分调节、净化水源和废物处理等。文化服务是指人们通过精神感受、知识获取、消遣娱乐和美学体验等从生态系统中获得的非物质利益，包括娱乐与生态旅游、精神和宗教价值等。支持服务指保证其他所有生态系统服务功能的提供所必需的基础功能，如初级生产、营养循环、水循环、生境等。大多数生态系统服务价值评估以第二种分类方法为依据[114,115]。

海岸带生态系统类型多样，按海岸带的景观和生境可分为悬崖、岩滩（包括多石海岸和卵石海岸）、泥滩、沙滩（包括沙丘和沙岸）、河口、湿地、盐沼、潟湖、海藻场、海草场、珊瑚礁、红树林和近海[116]。就海岸带生态系统服务而言，仍可沿用上述第二种分类方法，将其分为供给、调节、文化和支持四大类服务（表2-1）。

表 2-1　海岸带生态系统及其服务类型

生态系统服务		悬崖	岩滩	泥滩	沙滩	河口	潟湖	盐沼	湿地	珊瑚礁	红树林	海藻场	海草场	近海
供给服务	食物		○	○	○	●	○	●	●	●	●	○	○	●
	原材料				○					●	●	○		●
	基因资源									○	○			
	医药资源									○	○			●
	观赏资源									○	○	○		●
	水					○			●					
供给服务	空间资源	○	○	○	○	○	○	○	○	○	○	○	○	○
	海水养殖		○	●	○	●			●					●
调节服务	气体调节					○	○	○	○	○	○			●
	气候调节					○	○	○	○		○			●
	水调节				○				○		○			●
	风暴防护					●		●	●	●	●	○	○	
	侵蚀控制			●	○	●		●	●	●	●		○	
	废物处理					●			○					●
	传授花粉										○			
	生态控制					○		○				○		○
文化服务	审美信息	○	○			●	○			○			○	○
	娱乐旅游	○	○			●	○			●	●	●		●
	文化艺术													○
	精神和宗教													○
	科学和教育	○												○
支持服务	初级生产	○	○			○		○	○		○			●
	土壤形成保持			○	○						○			
	养分调节					●		●	●		○	○		○
	生境服务	○	○	○	○	●	○	○	○	○	○			●

资料来源：彭本荣. 海岸带生态系统服务价值评估及其在海岸带管理中的应用研究［D］. 厦门：厦门大学，2005.

注：圆圈代表海岸带生态系统提供该服务。其中，○代表各种海岸带生态系统潜在的服务，●代表在文献中已经实际评估过的服务。没有圆圈则表示该生态系统没有提供相关的服务。

由于海岸带生态系统的内在机制与外在表现错综复杂，加上人们对生态系统服务价值理论的认识和评估方法不完善，同时受限于资料的约束，文献中基本上都是基于历史与现状数据对海岸带生态服务价值进行粗略货币化定量评估，尚未能反映出人类活动作用与生态服务价值之间的定量关系，亦尚未能定量预测未来人类活动作用对海岸带生态服务的影响。具体地，查阅海岸带、海域或海洋相关的综合承载力文献发现，国外对涉海的综合承载力研究不多，大多是单项的承载力研究；国内涉海的综合承载力研究始于 2000 年前后，最初基本上侧重于概念的提出与指标体系的框架构建，对指标体系进行实证研究亦是 2010 年以后才开始。在为数不多的实证研究中，可反映生态服务的指标较少，主要有海洋水产资源量[117]、生物多样性综合指数、珍稀濒危生物物种数、自然保护区面积[118]、海洋经济产值[119]。尽管如此，以往的研究都在一定程度上说明了海岸带生态系统服务的重要性，在决策过程中不容忽视。

对于产业发展战略环境评价的海岸带环境承载力研究，由于产业发展对生态服务影响的不确定性非常大，且对生态服务功能的价值至今也未能做出较准确的判断，所以本书把生态服务评价的重点放在影响变化的原因，而不是结果。经过文献查询与专家咨询后，本书在遵循生态优先保护原则的前提下，以定性指标与半定量指标结合的方式反映产业发展对海岸带生态服务的影响，从生态系统环境敏感性角度，以对产业发展规划影响最敏感的脆弱海岸带生态系统作为指标体系中生态服务的表征载体，具体用"脆弱生态环境敏感性指标"表述，其下一层指标包括典型生态敏感区脆弱度、禁止开发岸线长度、限制开发岸线长度、禁止围填滩涂面积、限制围填滩涂面积等。这些指标都与海岸带生物多样性、生态服务密切相关，也易受产业发展规划（方案）影响。本书通过敏感生态系统的分布及其数量来间接描述生态系统的生态服务功能，并采用生态系统对产业发展规划（方案）的敏感程度来指示海岸带环境承载力变化的幅度，进而达到对环境承载力的半定量与评价。

2.2.5.2 驱动力指标（D）

驱动力指标是对人类活动强度的量化，也是环境系统受到人类活动作用的压力来源。对于产业发展战略环境评价而言，驱动力指标一般包括产业的布局、结构和规模及其带动的区域人口规模、城镇化率、资源利用效率。

2.2.5.3 压力指标（P）

压力指标表示环境系统所受到的人类活动作用的具体量值。从环境系统的角度看，压力指标的最大限值即环境承载力，因此为利于环境承载力评价结果的表达，压力指标应与环境承载力指标相一致。需要说明的是，与脆弱生态环境敏感性承载力指标相对应的下一层压力指标为典型生态敏感区干扰度、开发拟占用的禁止开发岸线长度、开发拟占用的限制开发岸线长度、开发拟占用的禁止围填滩涂面积、开发拟占用的限制围填滩涂面积。

2.2.5.4 状态指标（S）

状态指标是用以描述环境承载力状态的，反映的是环境系统在一定时期、某一区域的人类活动作用下所处的状况。状态指标是与承载力指标、压力指标对应的，是压力指标与承载力指标的比值。与脆弱生态环境敏感性承载力指标相对应的下一层状态指标为典型生态敏感区敏感度、禁止开发岸线拟占用长度比例、限制开发岸线拟占用长度比例、禁止围填滩涂拟占用面积比例、限制围填滩涂拟占用面积比例。

2.2.5.5 响应指标（R）

当人类活动作用对环境系统的压力超出环境系统的承载能力时，人类可主动采取各种措施做出相应响应。响应指标即人类可采取的响应措施指标。具体措施主要有三种：调整驱动力、减轻压力、提高环境承载力。调整驱动力指标可包括优化产业的布局，调整产业的结构、规模，等等。减轻压力指标可包括提高资源利用效率（如提高单位用水效率），提高污水收集率、处理率，减少万元工业产值排污量，等等。提高环境承载力指标可包括排污口优化等。

综上，所构建的海岸带环境承载力评价指标体系见图2-4。

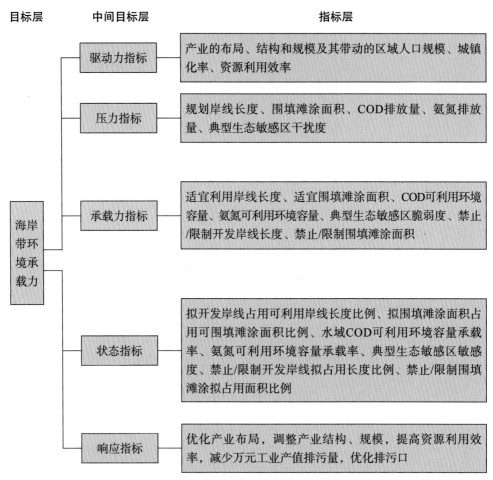

图 2-4　产业发展战略环境评价中海岸带环境承载力指标体系

2.3　海岸带环境承载力评价模型建立

海岸带环境承载力的评价目的在于定量判断海岸带环境系统功能能否正常发挥，能否承载产业发展规划（方案）可能带来的环境压力。具体而言，海岸带环境承载力评价模型要解决两个问题：一是海岸带环境承载力的各单项指标能否承载，二是海岸带环境系统各项组成及其作为一个整体能否承载。相应地，环境承载力评价工作分为三步：第一步，各单项指标的量化，包括压力指标和承载力指标；第二步，各单项指标的评价，判断承载程度；第三步，各项组成与整体的综合评价，计算综合指标指数，判断承载程度。以下将这三步展开说明。

2.3.1 单项指标的量化

一般地，根据区域环境特点，并结合产业发展规划（方案）特点，从上述单项指标中选取容易形成研究产业发展限制因子的指标，构建环境承载力量化指标体系。环境承载力研究所需的工作量与所选的指标因子的数量成正比，因此在战略环境评价实践应用中，通常会结合当前国家环境保护工作的重点和区域关键制约因素辨析结果来选取少数几个限制作用最强的指标。

首先判断各单项指标是定性指标还是定量指标。定量指标的量化可通过资料搜集、实地调查、GIS 空间分析、数学模型法等方法来确定；定性指标（如典型生态敏感区敏感度指标）的量化一般需通过一些数学过程或方法，把定性的判断规整成半定量的方法来确定。

2.3.1.1 典型生态敏感区敏感度量化方法

典型生态敏感区敏感度是本书提出的间接表示生态服务能力的指标之一。典型生态敏感区敏感度的含义包括两方面内容：一是生态系统自身的脆弱度；一是生态系统对人类活动作用的干扰响应程度，即干扰度。当无重点产业发展时，典型生态敏感区敏感度指标表现的是脆弱度；当规划重点产业发展时，表现的是脆弱度与干扰度的叠加。典型生态敏感区敏感度的具体算法为

$$V_i = A_i + B_i, \quad i=1, 2, 2, \cdots, n_1。 \tag{2-1}$$

其中，$A_i = \sum_j w_j \left(\sum_q r_p a_{i,p} \right)$。$i$ 同上；$j=1, 2, 3, \cdots, n_2$；$p=1, 2, 3, \cdots, n_3$。 (2-2)

$$B_i = \sum_j \left(w_j \sum_q \sum_p r'_{p,q} \right)。 \quad i、j、p \text{ 同上}；q=1, 2, 3, \cdots, n_4。 \tag{2-3}$$

式中，V_i 为第 i 个产业区的典型生态敏感区敏感度，A_i 表示第 i 个产业区周边敏感区脆弱度，B_i 表示第 i 个产业区重点产业发展对周边敏感区的干扰度，i 为研究范围内产业区的个数，j 为产业区与典型生物 / 生境或敏感区的距离范围分区，w_j 为距离权重，p 为典型生物 / 生境的种类数，q 为重点产业类型，$a_{i,p}$ 表示第 i 个产业区在 j 范围内第 p 种典型生物 / 生境的敏感区个数，r_p 表示第 p 种典型生物 / 生境的脆弱性权重，$r'_{p,q}$ 表示第 i 个集聚区在 j 范围内第 q 种重点产业对第

p 种典型生物 / 生境的影响权重。r_p、$r_{p,q}$ 采用层次分析法[121]（analytic hierarchy process，AHP）确定。

2.3.1.2 数据标准化处理方法

根据指标对综合指标的贡献方向，指标可分为正向指标和逆向指标。正向指标的量值越大，综合指标越好；逆向指标的量值越大，综合指标越差。承载力评价指标表示的是压力指标与承载力指标的比值，因而其本身就是一个无量纲的逆向指标。为了实现指标之间的可比性，需要对承载力评价指标进行数据标准化处理。本书采用指数化处理方法[120]改变指标数据性质，使所有指标对测评方案的作用力同趋。该方法以指标的最大值与最小值的差值进行计算，结果在区间 [0, 1]。具体计算公式：

C_i 为正向指标时：

$$C_i' = \frac{C_i - C_{\min}}{C_{\max} - C_{\min}} ;\qquad（2\text{-}4）$$

C_i 为逆向指标时：

$$C_i' = \frac{C_{\max} - C_i}{C_{\max} - C_{\min}} 。\qquad（2\text{-}5）$$

式中，C_i' 为 C 层指标 C_i 的标准化值，C_i 为 C 层指标的统计或原始计算值，$C_{\max}$ 为海岸带地区 C_i 指标的最大值，$C_{\min}$ 为海岸带地区 C_i 指标的最小值。

2.3.2 指标权重的确定

在定性指标的量化过程中，需要确定各指标权重值。为了保证权重值的相对科学与准确，本书在专家咨询的基础上，采用层次分析法确定指标权重。按层次分析法要求，构建两两判断矩阵进行指标间前后相对重要性的比较，并且在比较过程中满足判断矩阵的一致性，最后得出各指标的权重值。

层次分析法的基本过程见图 2-5。

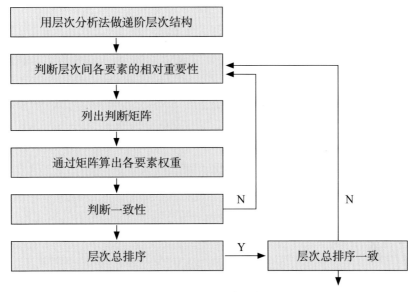

图 2-5　层次分析法基本过程

2.3.2.1　建立层次结构

先将问题所含的因素进行分组，把每一组作为一个层次，按照最高层（目标层）、若干中间层（准则层）以及最低层（方案层）的形式排列起来。如果某一个元素与下一层的所有元素均有联系，则称这个元素与下一层存在有完全层次的关系；如果某一个元素只与下一层的部分元素有联系，则称这个元素与下一层存在有不完全层次关系。层次之间可以建立子层次，子层次从属于主层次中的某一个元素，它的元素与下一层的元素有联系，但不形成独立层次。

2.3.2.2　建立两两判断矩阵

判断矩阵表示针对上一层次某指标，本层次指标之间相对重要性的比较。一般采用如下形式：

$$\boldsymbol{A}=\begin{bmatrix} a_{11} \cdots a_{1n} \\ \vdots \qquad \vdots \\ a_{m1} \cdots a_{mn} \end{bmatrix}。 \qquad (2-6)$$

判断矩阵 $\boldsymbol{A}=\begin{bmatrix} a_{ij} \end{bmatrix}_{m \times n}$ 中，a_{ij} 为比较标度，取值为 1，2，…，9 及其倒数

1，$\dfrac{1}{2}$，…，$\dfrac{1}{9}$。比较标度的具体含义见表 2-2。

表 2-2　比较标度的含义

比较标度	含 义
1	两个元素相比，具有同样重要性
3	两个元素相比，前者比后者稍重要
5	两个元素相比，前者比后者明显重要
7	两个元素相比，前者比后者强烈重要
9	两个元素相比，前者比后者极端重要
2、4、6、8	上述相邻判断的中间值
倒数	若元素i与j的重要性之比为a_{ij}，则元素j与i的重要性之比为$1/a_{ij}$

显然，对于任何判断矩阵都满足

$$a_{ij}=\begin{cases} 1 \ (i=j) \\ \dfrac{1}{a_{ij}} \ (i\neq j) \end{cases} \qquad (i,j=1, 2, \cdots, n)。 \qquad （2-7）$$

2.3.2.3　层次单排序

层次单排序的目的是对于上层次中的某指标而言，确定本层次与之有联系的指标重要性的次序。它是本层次所有指标对上一层次而言的重要性排序的基础。

若取权重向量 $\boldsymbol{W}=[w_1, w_2, \cdots, w_n]^T$，则有

$$\boldsymbol{AW}=\lambda\boldsymbol{W} \qquad （2-8）$$

λ 是 $\boldsymbol{A}$ 的最大正特征值，$\boldsymbol{W}$ 是 $\boldsymbol{A}$ 对应于 λ 的特征向量。将层次单排序转化为求解判断矩阵的最大特征值 $\lambda_{\max}$ 和它所对应的特征向量，据此可得出这一组指标的相对权重。

为了检验判断矩阵的一致性，需要计算矩阵的一致性指标 CI，并将 CI 与平均随机一致性指标 RI（表 2-3）进行比较。

$$\mathrm{CI}=\frac{\lambda_{max}-n}{n-1}; \qquad （2-9）$$

$$CR = \frac{CI}{RI} < 0.10 \; 。 \tag{2-10}$$

式中，CR 为一致性比率。一般地，当 CR < 0.10 时，认为判断矩阵具有令人满意的一致性。

表 2-3　平均随机一致性指标（RI）

阶数	1	2	3	4	5	6	7
RI	0	0	0.58	0.90	1.12	1.24	1.32

阶数	8	9	10	11	12	13	14
RI	1.41	1.45	1.49	1.52	1.54	1.56	1.58

2.3.2.4　层次总排序

利用同一层次中所有层次单排序的结果，就可以计算针对上一层次而言的本层次所有元素的重要性权重值，即层次总排序。

对于上一层（A 层）包含 A_1，A_2，$\cdots$，A_m 共 m 个元素。它们的层次总排序权重分别为 a_1，a_2，$\cdots$，a_m。设其后的下一层（B 层）包含 B_1，B_2，$\cdots$，B_n 共 n 个元素，它们关于 A_j 的层次单排序权重分别为 b_{1j}，b_{2j}，$\cdots$，b_{nj}。当 B_i 与 A_j 无关联时，$b_{ij}=0$。则 B 层各元素的层次总排序的权重 b_1，b_2，$\cdots$，b_n 的计算方法为

$$b_i = \sum_{j=1}^{m} b_{ij} a_j \;\; (i=1,\ 2,\ 3,\ \cdots,\ n) 。 \tag{2-11}$$

相应地，对层次总排序也应该做一致性检验。

设 B 层中与 A_j 相关的因素的成对比较判断矩阵在单排序中经一致性检验，求得单排序一致性指标为 CI_j（$j=1,\ 2,\ 3,\ \cdots,\ n$），相应的平均随机一致性指标为 RI_j（CI_j、RI_j 已在层次单排序时求得），则层次总排序一致性比率为

$$CR = \frac{\displaystyle\sum_{j=1}^{m} CI_j a_j}{\displaystyle\sum_{j=1}^{m} RI_j a_j} 。 \tag{2-12}$$

当 CR < 0.1 时，认为层次总排序结果具有较满意的一致性，即可确定指标权重。

2.3.3 海岸带环境承载力评价方法

2.3.3.1 单要素评价方法

为较好地量化单要素环境承载程度，直观反映出某一环境要素的承载状况，本书采用唐剑武[50]提出的环境承载率方法进行单要素评价。

将某时期、某要素的环境承载量（或污染物排放量）与该要素相应环境承载力的比值定义为该区域的环境承载率（EBR），则有

$$EBR_i = P_i / C_i。 \tag{2-13}$$

式中，EBR_i 为某一要素指标 i 的环境承载率，P_i 为环境压力指标，C_i 为环境承载力指标。

若 $EBR_i > 1$，超载；若 $EBR_i = 1$，满载；若 $EBR_i < 1$，可承载。

环境承载率的计算可直接反映出环境承载力的承载状况或环境保护与社会经济发展的协调程度。

2.3.3.2 综合评价方法

关于承载力综合评价的方法很多，如承载率评价法[79,80]、矢量模法[90,122,123]、状态空间法[51,119]、层次分析法[124]、模糊数学评价法[125,126]、系统动力学方法[127,128]等，各自的数学表达形式与综合计算结果表达均有所差异。根据战略环境评价中海岸带环境承载力的内涵，本书基于状态空间法，以单要素环境承载率为自变量进行环境承载力的综合计算。

本书所构建的脆弱生态环境敏感性指标是半定量地从环境敏感性角度表示生态服务能力。与资源供给能力指标、环境纳污能力指标不同，脆弱生态环境敏感性指标的量化值没有直接反映生态服务能力的价值，而是指示海岸带环境承载力潜在的风险变化，对海岸带环境承载力的生态服务能力起着预警的作用。因此，本书进行海岸带环境承载力综合评价时，仅将资源供给能力指标、环境纳污能力指标作为分向量参与矢量模计算，把脆弱生态环境敏感性指标作为矢量模系数考虑，体现了其指示海岸带环境承载力变化幅度的作用，使海岸带环境承载力的表达更符合实际情况。

状态空间法是在欧氏几何空间里定量描述系统状态的一种较有效方法。欧氏几何空间可由表示系统各要素状态向量的三维状态空间轴构成。在环境承载力研究中，三维状态空间轴相应地以人类活动、资源、环境三个轴来表示（图 2-6）。应用状态空间法可以定量描述环境承载力综合承载状态[51]。

状态空间中存在承载力曲面（DY_{max} 和 CX_{max}）。曲面上的任何一点（如 A 点）的人类活动作用同当时的资源、环境的配置状况达到平衡；低于曲面的点表示人类活动低于资源、环境的承载能力，可承载；高于曲面的点表示人类活动已超出区域资源、环境承载能力，超载。可以通过计算该点与其在曲面上投影之间的矢量模来判断空间内某一点与承载力曲面的位置关系。

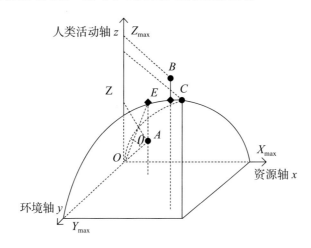

图 2-6　承载力状态空间评估模型示意图

（资料来源：毛汉英等，2001）

根据状态空间法的实现步骤，并考虑脆弱生态环境敏感性指标的特点，本书提出新的海岸带环境承载力综合评价的具体步骤：

第一步，计算相对理想值。

$$RCC = |\boldsymbol{M}| = \sqrt{\sum_{i=1}^{n} \omega_i x_{ir}^2} \quad 。 \tag{2-14}$$

式中，i 为某个承载力指标，$|\boldsymbol{M}|$ 表示有向矢量的模，ω_i 为权重值，RCC 为区域承载力的相对理想值。

相对理想值首先应满足资源、环境单要素承载力不能超载，在此前提下，人类活动可以充分利用承载力。本书采用单要素承载率作为分向量，因而理想的状态就是所有单要素均满载，即所有单要素承载率均为 1。对于权重值，本书认为同层指标的权重是相同的，据此可计算出相对理想值。

第二步，计算实际值。

某一时期，j 个地区的区域承载力为 RCC'_j，计算公式为

$$\text{RCC}'_j = (1-x_{3j}) \, |\boldsymbol{M}'| = (1-x_{3j}) \sqrt{\sum_{i=1}^{n} \omega_{ij} x_{ij}^2} \, 。 \tag{2-15}$$

式中，x_{ij} 为单要素承载率，x_{3j} 为某个地区的脆弱生态环境敏感性指标量值。

由于本书采用的 x_{ij} 为单要素承载率，不是单要素承载力大小，因而所计算的 RCC'_j 实际为某个地区的综合环境承载率。

第三步，综合承载力判断。

对某一时期、某一地区，若 $\text{RCC}' > \text{RCC}$，综合承载力实际值大于综合承载力相对理想值，超载；若 $\text{RCC}' = \text{RCC}$，满载；若 $\text{RCC}' < \text{RCC}$，可承载。

2.4　小结

本章基于对海岸带环境承载力概念内涵及其特点的分析，结合战略环境评价对环境承载力的任务需求，明确产业发展战略环境评价中海岸带环境承载力评价要求，具体有三方面：评价的指导原则、指标体系的构建、海岸带环境承载力的评价。首先基于海岸带环境系统与产业发展战略的特点，提出产业发展战略环境评价中海岸带环境承载力的评价指导原则。然后运用 DPCSIR 概念模型，构建产业发展战略环境评价的海岸带环境承载力评价一般指标体系，该指标体系分为三个层次：①目标层，海岸带环境承载力；②中间目标层，分别为驱动力、压力、承载力、状态和响应；③具体的指标层，涉及岸线、滩涂、主要水污染物、典型生态敏感区与生境等。最后基于产业发展战略环评的特点，针对所构建的海岸带环境承载力指标体系，探讨海岸带环境承载力评价的步骤与承载力指标量化、评价方法，同时对评价模型中承载力指标的标准化和权重的确定方法做了介绍。

本章主要成果：

——研究探讨了海岸带环境承载力的概念和特征，并将海岸带生态服务能力纳入承载力指标体系组成中，提出以脆弱海岸带生态系统 / 生境作为生态服务能力的表征载体，具体用"脆弱生态环境敏感性指标"表述，其下一层状态指标具体包括典型生态敏感区脆弱度、禁止开发岸线长度、限制开发岸线长度、禁止围填滩涂面积、限制围填滩涂面积等，从而更全面和较准确地反映海岸带环境承载状态。并提出脆弱生态环境敏感性指标的半定量表示方法与评价方法。

——运用 DPCSIR 概念模型，构建了面向产业发展战略的海岸带环境承载力指标体系，包括资源供给能力、环境纳污能力和生态服务能力三大子系统，驱动力、压力、承载力、状态、响应五类目标层，涉及产业、人口、经济、岸线、滩涂、主要水污染物、典型生态敏感区等七大要素指标层。本书构建的指标层能较好地反映未来产业发展的增长变量和海岸带环境系统关键限制因素的定量或半定量关系。

——结合承载率评价法、状态空间法，提出新的海岸带环境承载力评价方法。以单要素的资源供给能力承载率、环境纳污能力承载率为分向量参与向量模计算，把脆弱生态环境敏感性指标作为向量模系数考虑，从而使海岸带环境承载力更符合实际地反映出潜在的生态风险。

本章对海岸带环境承载力指标体系的构建与评价方法的探讨为后续北部湾经济区环境承载力评价研究提供了基础与保障。

第❸章

北部湾经济区概况

3.1 自然地理特征

3.1.1 地形、地貌和地质特征

3.1.1.1 陆地地形、地貌和地质特征

广西片区与云贵高原东南边缘接壤，地势北高南低，北部和西南部以山地、丘陵和台地为主，南部沿海地段则以低洼平地为主。区域北部自西向东依次为十万大山山脉、六万大山山脉、大容山山脉、云开大山山脉及云雾山山脉。北部的大明山和西南部的十万大山将地势走向明显地展现，大明山自西北向东南方向高角度延伸。南部的十万大山以低山和丘陵为主，岭谷相间排列，走向为自西南向东北低角度延伸。在南北两个山系之间，为邕江河谷地带，包括南宁市的邕宁区、江南区、横县等地，呈 U 形南北对称分布。

广东片区在大地构造上属华南褶皱系，主要构造线方向为东北—西南向。其西部的湛江市属于雷琼凹陷，地貌为火山熔岩台地及火山丘陵地形，区域构造以东西向断裂为主。东部的茂名市地势北高南低，地貌以山地丘陵为主，兼有平原和沿海滩涂。北部和东部为中低山地，中部以丘陵和台地为主，南部和西南部为平原台地。

海南片区地貌类型比较复杂，分布有山地、丘陵、台地、阶地、平原等。空间分布上具有台地阶地广布、山丘密集相连、平原少而分散的特点。

3.1.1.2 海域地形、地貌和地质特征

北部湾经济区海岸线长 4 097.1 km，其中广西壮族自治区、广东省和海南省分别占海岸线总长度的 42.7%、37.7% 和 19.6%。西部和东部的海岸线蜿蜒曲折，港湾多，较大的有水东湾、湛江湾、雷州湾、刘沙湾、安铺港、铁山港、廉州湾、钦州湾、防城湾、珍珠湾等。在多种地质因素和动力因素作用下形成多样化的海岸地貌类型，主要为海积平原、海滩、砂泥质潮滩、泥质潮滩和少量的红树林海岸。南面的海南岛和西侧的越南东侧岸线相对较平滑。区域南部有中国第二大岛海南岛，东部有中国第五大岛东海岛，北部有涠洲岛和斜阳岛，众多小岛分布在西北沿岸。

环北部湾海域总体上是深度小于 90 m 的大陆架浅海，海底地形呈北高南低的特征，等深线基本与岸线平行（图 3-1）。西部沿海有大片滩涂，10 m 等深线离岸距离最远超过 10 km。占北部湾绝大部分面积的海湾中部海底平原水深为 20 ~ 80 m，最大水深 106 m 位于海南岛莺歌海西南 105 km 附近。在海南岛西岸和琼州海峡，水深陡然下降 20 m。

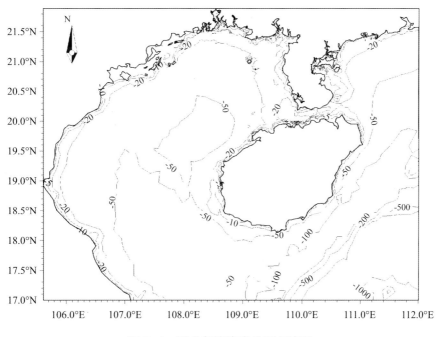

图 3-1 环北部湾海底地形示意图

北部湾海底地貌大致可分为三种类型。一是中部海底平原，占海域绝大部分面积，水深 20 ～ 80 m，海底平坦，地势由西北向东南倾斜，坡度小于 1°，海底中部及南部有 5 ～ 10 m 的海丘凸起和下陷 4 ～ 15 m 的洼地。底质主要为细砂、粉砂质黏土。二是 40 m 以浅水下平原带，包括海南岛西岸及西南岸 40 m 以浅平原、越南沿岸 40 m 以浅近岸粉砂平原和北部 20 m 以浅沿岸平原等。底质以砂为主，其次为黏土质粉砂。三是琼州海峡西口的潮流三角洲，水深 20 m 以浅，砂质浅滩与冲刷槽相间分布，呈放射状。底质以粗中砂为主，外缘为黏土质砂。

3.1.2 气候与气象特征

北部湾经济区整体位于北回归线南侧，属于热带和亚热带气候，但区域各地所处的地理位置不同，气候、气象特征又各有差异。

北部的南宁、钦州、防城港、北海四市冬季主要受到来自北半球中高纬度天气系统的影响，夏季主要受到低纬度天气系统的影响，属湿润的亚热带季风气候，阳光充足，雨量充沛，气候温和，夏长冬短。东部的茂名、湛江两市既受大陆性又受海洋性气候影响，季风比较明显，冬季盛行偏北风，夏季盛行东南风，夏热冬暖，夏季长，雨量充沛，雨季长，冬季寒潮入侵偶有严寒，常见春秋旱，夏秋期间台风暴雨较频繁。南部的海南各市县属热带季风海洋性气候，四季不分明，夏无酷热，冬无严寒，气温年差较小，年平均气温高，常年风速较大，有明显的干湿季，冬春干旱，夏秋多雨，多热带气旋。

3.1.2.1 风向和风速

区域各地风向和风速差异较大。其中，东方市、昌江黎族自治县、防城港市风速大于 4 m/s；而南宁市受小盆地地形影响，风速只有 1.3 m/s。区域北部的北海、钦州、防城港三市主导风向为明显的偏北风，东部湛江、茂名两市主导风向为明显的偏东南风，南部地区主导风向为偏东北风。

3.1.2.2 气温

区域年均气温高，年际差异小，各市县年平均气温为 21.8 ～ 25.0 ℃。极端气温最高在昌江黎族自治县，达到 41.5 ℃；极端气温最低在南宁，达到 -2.4 ℃。

3.1.2.3 降水量

区域整体降水量比较大，多年平均降水量为 1 616 mm，各地年平均降水量为 1 150～2 401.4 mm，折合年降水量为 1.325×10^{11} m³。降水量最少的是东方市，仅 1 150 mm，其沿海地带雨量更为稀少，仅 900 mm 左右。降水量最多的是防城港市，达到 2 401.4 mm；其次是钦州市，达到 2 150.0 mm。

3.1.2.4 日照和蒸发

区域内部日照时数差异较大。日照时数最少的是南宁市，仅 1 584 h；最多的是东方市，为 2 576 h。区域多年平均蒸发量为 1 501 mm，各地年平均蒸发量为 1 490～2 459 mm，最小的是南宁市，最大的是昌江黎族自治县，干旱指数为 0.65。

3.1.2.5 气象灾害

区域气象灾害比较频繁，主要有干旱、洪涝、雷暴、台风和暴雨。北部的南宁、钦州、防城港、北海四市常受到干旱、洪涝、低温冷害、霜冻、大风、冰雹、雷暴和热带气旋的危害，其中以旱、涝最为突出；东部和南部的茂名市、湛江市、海南省各市县则主要受雷暴、台风和暴雨影响。

3.1.3 陆地水文特征

北部湾经济区主要河流分别属于珠江流域西江水系、桂南沿海诸河水系、粤西沿海诸河水系、海南岛及南海各岛诸河。北部湾经济区主要河流基本情况见表 3-1。

表 3-1 北部湾经济区主要河流基本情况

河流水系	河流名称	河流等级	起点	终点	集水面积 /km²	长度 /km	坡降 /%
珠江流域西江水系	郁江	干流	云南广南县听弄村东南约3.5 km处	广西桂平市	89 667	1 182	0.033
	右江	干流	云南广南县听弄村	广西南宁市宋村	40 204	755	0.057
	左江	郁江一级支流	越南谅山省与我国广西宁明县交界的枯隆山西侧	广西南宁市宋村	32 068	591	0.023

续表

河流水系	河流名称	河流等级	起点	终点	集水面积/km²	长度/km	坡降/‰
	武鸣河	郁江一级支流	广西南宁市白山镇新汉村	广西南宁市那龙镇	3 991	211.9	0.036
	八尺江	郁江一级支流	广西防城港市上思县那琴乡那布屯	广西南宁市邕宁区	2 298	141	0.069
桂南沿海诸河水系	南流江	干流	广西北流市新圩镇大容山南麓	广西合浦县党江镇附近	9 704	287	0.037
	钦江	干流	广西灵山县平山镇	广西钦州市尖山镇	2 457	179	0.031
	茅岭江	干流	广西钦州市钦北区板城镇龙门村	广西防城港市茅岭镇	2 959	112	0.069
	防城河	干流	广西防城港市十万大山山脉南麓	广西防城港半岛	895	83.8	0.184
	北仑河	干流	广西上思县十万大山山脉捕龙山东侧	广西东兴镇竹山口	1 187	107	0.072
	大风江	干流	广西灵山县伯劳镇万利村	广西钦州市犀牛脚镇	1 927	185	0.016
粤西沿海诸河水系	鉴江	干流	广东信宜市里五大山良安塘	广东吴川市沙角	9 464	231	0.037
	九洲江	干流	广西玉林市陆川县大化顶	广东廉江市英罗港犁头沙	3 337	162	0.047
	遂溪河	干流	广东廉江市牛独岭	广东湛江市黄略镇石门	1 486	80	0.019
	南渡河	干流	广东湛江市遂溪县河头镇坡仔村	广东雷州市双溪口	1 444	97	0.017 2

河流水系	河流名称	河流等级	起点	终点	集水面积/km²	长度/km	坡降/%
海南岛及南海各岛诸河	南渡江	干流	白沙黎族自治县南峰山	海口市三联村	7 033	333.8	0.072
	昌化江	干流	五指山市空禾岭	昌江黎族自治县昌化港	5 150	231.6	0.139
	珠碧江	干流	白沙黎族自治县南高岭南侧	儋州市海头镇	956.8	83.8	0.219
	春江	干流	儋州市康兴岭	儋州市赤坎地村	557.8	55.7	0.179
	文澜江	干流	儋州市大岭	临高县博铺港	776.8	86.5	0.147
	北门江	干流	儋州市鹦哥岭	儋州市黄木村	648	62.2	0.245

3.1.3.1 珠江流域西江水系

——郁江。郁江是西江最大支流，是西江黔江段和浔江段的分界点。郁江发源于云南省广南县听弄村东南约 3.5 km 处，向北与达良河汇合后称驮娘江，由西北折向东南与西洋江汇合后称剥隘河，至百色市与澄碧江汇合后称为右江（右江干流集水面积 40 204 km²，干流长 755 km，河道平均坡降 0.057%），在南宁市郊宋村与郁江最大支流左江汇合后始称郁江，于桂平市城下注入西江干流浔江。郁江流域形状上游宽、下游窄，地势西北高、东南低。流域集水面积 89 667 km²，干流长 1 182 km，河道平均坡降 0.033%，在北部湾经济区内主要支流有左江、武鸣河、八尺江等。

——左江。左江是郁江的最大支流，发源于越南谅山省与我国广西壮族自治区宁明县交界的枯隆山西侧，由东向西流。在越南境内称奇穷河。过谅山后转向西北，至七溪向右急转东流，于凭祥市边境平而关进入我国境内后称平而河。流至龙州县城有支流水口河汇入后始称左江。继续向东，至龙州县上金乡有从右岸汇入的大支流明江，至棉江村有从左岸汇入的大支流黑水河，流经扶绥县城，至南宁市西郊宋村与右江汇合进入郁江。流域集水面积 32 068 km²，占郁江流域总面积的 35.9%，其中广西境内 20 489 km²，国外（越南）11 579 km²。干流全长 591 km，河道平均坡降 0.023%。广西境内河长 342 km，河道平均坡降 0.018%。

——武鸣河。武鸣河发源于南宁市白山镇新汉村，由北向南流经武鸣盆地，然后折向西南，流入隆安县境内，汇入右江下游。流域集水面积 3 991 km²，干流全长 211.9 km，河道平均坡降 0.036%。

——八尺江。八尺江位于南宁市邕宁区境内，发源于防城港市上思县那琴乡那布屯，流经邕宁区大塘镇、那陈镇、吴圩镇、那马乡，于邕宁区龙岗新区（蒲庙镇和合村寨上屯旁）注入邕江。江上有八尺江大桥连接两岸，流域集水面积 2 298 km²，干流全长 141 km，河道平均坡降 0.069%。

3.1.3.2 桂南沿海诸河水系

——南流江。南流江是桂南沿海诸河中最大的河流，发源于广西北流市新圩镇大容山南麓，沿六万大山南麓山脚呈近似直线状向西南方向流，途经北流、玉林、博白、浦北、合浦等县市，在合浦县党江镇附近分流，呈网状流入北部湾。南流江流域地势自东向西南倾斜，流域集水面积 9 704 km²，干流长 287 km，河道平均坡降 0.037%，多年平均流量 166 m³/s。流域面积大于 50 km² 的支流有 61 条，其中北部湾经济区内有 12 条。

——钦江。钦江北邻郁江，南濒北部湾，发源于广西灵山县平山镇东山山脉东麓白牛岭，自东北向西南流经灵山县的平山、佛子、灵城、三海、新圩、那隆、三隆等镇，至陆屋镇有旧州江（小西江）从右岸汇入，然后进入钦州市钦北区的青塘镇、平吉镇，续向西南，经钦州市钦南区的沙埠镇、尖山镇等处注入茅尾海。钦江流域地势东北高、西南低，流域集水面积 2 457 km²，干流全长 179 km，河道平均坡降 0.031%。钦江有 12 条支流，流域面积超过 100 km² 的支流有那隆江、大江、旧州江、青坪江。

——茅岭江。茅岭江水系分为两大支，呈"丫"字形。主河小董江为左支，发源于广西钦州市钦北区板城镇龙门村，流经板城、新棠、长滩、小董、那蒙、大寺等镇。大寺江为右支，发源于防城港市上思县公正乡鸡白村，流经上思县公正乡、钦州市钦北区贵台镇和大寺镇等乡镇。两江于大寺镇老竿村汇合后称茅岭江，流经大直镇、黄屋屯镇后，至防城港市茅岭镇注入茅尾海。流域集水面积 2 959 km²，干流全长 112 km，河道平均坡降 0.069%。茅岭江流域面积大于 100 km²

的支流有板城江、那蒙江、大寺江、大直江、贵台江、那湾河、平旺河等。

——防城河。防城河发源于广西防城港市十万大山山脉南麓的扶隆乡平隆隘旁，流经那勤、大菉、华石、附城等乡镇，进入港口区冲孔村，于防城港半岛注入北部湾。防城河流域位于广西暴雨中心，河源至大菉镇间河道狭浅，水流湍急，两岸高山耸立，地势险峻。大菉镇至入海口处属丘陵地区，水流平缓，两岸较开阔，是防城区主要耕作区。流域集水面积 895 km²，干流全长 83.8 km，河道平均坡降 0.184%，主要支流有老屋江、西江河、电六江、大菉江、华石江、龙头石江、大王江等。

——北仑河。北仑河发源于广西上思县十万大山山脉捕龙山东侧。其上游称八庄河，由西向东流经防城区峒中镇，至北仑村有支流黄关河汇入后称北仑河，再折向南流，经那良镇其那村、里村等村后折向东流，至百叠村纳入支流那良河，弯弯曲曲向东南流经江那、滩冷等村。至东兴镇西南分作两支：右支向西南流，经尖山脚和越南芒街的岳山出海；左支作为中越国界河，绕着东兴镇往东南流，至罗浮村有支流罗浮江汇入，从竹山口进入北部湾。北仑河流域集水面积 1 187 km²，全长 107 km，河道平均坡降 0.072%。

——大风江。大风江位于钦州沿海地区，发源于广西灵山县伯劳镇万利村，自东北向西南流，出灵山县流入钦南区境内，过那彭、油埠、平银等村后转向东南，经东场镇塘庄村，于犀牛脚镇沙角村注入北部湾。入海河段呈喇叭状，海潮一般可上溯至平银村附近。大风江流域地势由北向南倾斜，北接罗阳山余脉，南临北部湾，东倚南流江及其支流武利江、洪潮江，西有钦江、茅岭江和防城河。大风江流域集水面积 1 927 km²，干流全长 185 km，河道平均坡降 0.016%，主要支流有白鹤江、丹竹江、思令江等。

3.1.3.3 粤西沿海诸河水系

——鉴江。鉴江是粤西沿海最大的河流，发源于广东信宜市里五大山良安塘，由北向南流经高州市、化州市、茂南区、电白区和吴川市，由吴川市沙角注入南海。流域集水面积 9 464 km²，干流全长 231 km，河道平均坡降 0.037%。干流上游河道坡降较陡，水流湍急，河床以沙为主。主要支流有大井河、曹江、罗江、袂花江、小东江。

——九洲江。九洲江发源于广西玉林市陆川县大化顶，流经该县的沙坡、温泉、大桥、横山、滩面、乌石、良田、古城等乡镇和博白县的宁潭镇、文地镇，在陆川县古城镇的盘龙圩流入鹤地水库，向西南流入廉江市石角镇石角圩，经河唇、吉水、合江等镇，汇合武陵河，又经龙湾到合河仔，汇合沙铲河，至廉江市英罗港犁头沙入北部湾。流域集水面积 3 337 km²，干流全长 162 km，河道平均坡降 0.047%，主要支流有武陵河、塘蓬河。

九洲江位于水资源较缺乏的雷州半岛北端。1959 年建成的鹤地水库（控制集水面积 1 440 km²）截引九洲江上游水供给湛江、茂名等市使用，使雷州半岛的工农业生产及人民生活得到巨大的发展和改善。

——遂溪河。遂溪河亦称西溪河，发源于广东廉江市的牛独岭，从马安乡坑口村进入遂溪境内，自北至南再折向东，流经分界、牛路、西溪、遂城、新桥、官湖、林东等村镇，在黄略镇石门注入湛江港湾五里山港。流域集水面积 1 486 km²，干流全长 80 km，河道平均坡降 0.019%。

——南渡河。南渡河是雷州市境内最大的河流，发源于广东湛江市遂溪县河头镇坡仔村，自北向南流经土塘、安榄、店前等村，折东经山尾、松竹、南渡等村，在双溪口注入雷州湾。集水面积 1 444 km²，干流全长 97 km，河道平均坡降 0.017 2%。

3.1.3.4　海南岛及南海各岛诸河

——南渡江。南渡江是海南省第一大河流，流域集水面积 7 033 km²，占海南岛总面积的 20.6%。南渡江发源于白沙黎族自治县南峰山，流经白沙黎族自治县、儋州市、琼中黎族苗族自治县、屯昌县、澄迈县、定安县和海口市，于海口市三联村向北流入琼州海峡。干流全长 333.8 km，落差 703 m，平均坡降 0.072%。多年平均流量 219 m³/s。松涛水库坝址以上为南渡江上游，河长 137 km，流域为中低山地区，河谷狭窄，坡降大，急滩多，两岸地形陡峻。松涛水库坝址以下至九龙滩为南渡江中游，河长 83 km，流域属低山丘陵，山间谷沟发育，河道迂回弯曲，两岸坡陡。九龙滩以下为南渡江下游，河长 114 km，流域属丘陵、台地及滨海平原三角洲，地势南高北低，河道宽阔，坡降平缓，沙洲、小丘及浅滩较多，两岸是平坦的台地。

南渡江流域地形狭长，平均宽度为 21 km。河流大体流向为西南—东北。流域内集水面积大于 100 km² 的支流有 20 条，包括南美河、腰子河、大塘河、龙州河、巡崖河等 15 条一级支流和 5 条二级支流。

——昌化江。昌化江位于海南省中西部，是海南省第二大河，流域集水面积 5 150 km²，占海南岛总面积的 15.1%。昌化江发源于五指山北麓空禾岭，自东北向西南流过琼中市、五指山市，在乐东黎族自治县转向西北，经过东方市，从昌江黎族自治县昌化港流入南海，在入海口冲出一个广阔的喇叭口。干流全长 231.6 km，平均坡降 0.139%，落差 1 166 m，多年平均流量 128 m³/s。流域内集水面积大于 100 km² 的支流有南圣河、乐中水、南饶河、石碌河等 11 条。

——珠碧江。珠碧江发源于海南白沙黎族自治县中部的南高岭南侧，流经昌江黎族自治县，自南向北流至和巷后折向西北，由儋州市海头镇注入北部湾。珠碧江流域集水面积 956.8 km²，干流全长 83.8 km，天然落差 650 m，平均坡降 0.219%，多年平均流量 18.7 m³/s。流域内主要支流为木棉水，河长 18.7 km，流域面积 100 km²。

——春江。春江发源于儋州市康兴岭，流域全部在儋州市境内，于赤坎地村注入儋州湾。春江干流全长 55.7 km，流域集水面积 557.8 km²，平均坡降 0.179%，多年平均流量 8.88 m³/s。主要支流有丰猛水和徐浦水，流域面积分别为 100.2 km² 和 193.3 km²。

——文澜江。文澜江又名文澜水、临江，发源于儋州市大岭，自南向北流，于临高县博铺港注入琼州海峡，全长 86.5 km，流域集水面积 776.8 km²，平均坡降 0.147%，多年平均流量 16.46 m³/s。其支流有加来水，全长 34.5 km。

——北门江。北门江古称宜伦河，因流经儋州古城北门而得名。北门江发源于儋州市鹦哥岭，以天角潭水库为界，上游河段称牙拉河，下游河段称北门江，全长 62.2 km，流域集水面积为 648 km²，多年平均流量 12.68 m³/s。北门江自东南向西北流经儋州市 14 个乡镇和农场后，在黄木村注入新英湾。

3.1.4 海洋水文特征

3.1.4.1 潮汐

环北部湾海域的潮汐主要由太平洋潮波传入南海，再进入北部湾海域，受地理条件及北部湾反射潮波的干涉形成。北部湾以全日潮为主，是世界上潮汐最复杂的海域之一。湛江市雷州半岛东侧至茂名市沿海等海域的潮汐性质为不正规半日潮，东方市以南海域为不正规日潮，北部湾其余海域为正规日潮。

北部湾也是我国华南沿海潮差最大的海域。北海港最大潮差为 6.25 m，湛江港为 4.51 m，洋浦港为 3.60 m。潮流流速的大小一般和潮差成正相关。北部湾大部分海域潮流流速为 0.154 ～ 0.463 m/s，最大潮流流速为 0.823 m/s。

3.1.4.2　海流

北部湾环流受到风、盐度、密度、外海海流、地形等多重因素的影响，形式较为复杂。

冬季，南海北部沿岸流自东北流向西南，一支通过琼州海峡流入北部湾，而后沿越南沿岸向南流动。除西南季风时期琼州海峡海流由西往东流动外，其余时期海水均由东往西流。每年从粤西海域通过琼州海峡向北部湾输送的海水约 2×10^{11} m³。海南岛南部沿岸流伸入北部湾，和越南沿岸流汇合，一起向南流动。这一绵延数千米的沿岸海流，即通常所称的中国沿岸流，其各部分首尾相接，流向基本从东北向西南。这一海流携带的海水水温偏低，因此称为低温海流。冬季，西南向的沿岸流流幅很窄，离岸 10 ～ 15 n mile，可称为贴岸流。

每年 5—9 月，南海北部西南季风盛行，在西南季风作用下，自西南卡里马塔海峡而来的海流向东北方向流动，形成南海东北流。其在越南外海明显加强，形成整个南海海流最强的区域，6 月流速为 0.772 m/s，8 月为 0.514 m/s。5、6 月，越南中部海面有一支海流脱离主流伸入北部湾，至海湾中部转向东。8 月尚有一支自东往西穿过琼州海峡进入北部湾的海流。

北部湾沿海潮流类型主要为往复流或往复流带旋转流性质的潮流。西部沿海的潮流流向在各个海区或港湾虽有不同，但基本上与岸线或河口湾内的深水槽走向一致。潮流的旋转方向以顺时针为主。涨潮时，外海水流入湾内，并通过河口上溯到内河；落潮时，潮流流向偏南。

湛江湾口及湾内主要为往复流。涨潮时潮流进入湛江湾后，主要往西北方向流动，到大黄江锚地分成两股。一股沿航道方向流至东头山南面又分成两支：一支顺主航道方向流动；另一支绕过东头山南面转向东北，到东头山航道与前支汇合后北上进港。另一股在大黄江锚地沿特呈岛进入湛江湾，由东流至港区，与第一股汇合后流向湾顶。另外，南三河还有一股水流来自南海。涨潮时由东向西流入港区，在麻斜航道口与自湛江湾而来的水流汇合；退潮时则向相反方向流出湛江湾，有少量顺南三河流出。湛江湾口以外海区,潮流为往复流带旋转流性质。由于海域开阔,流速减弱,涨潮垂向一般流速为 25.3 ~ 56.5 cm/s,落潮垂向一般流速为 29.2 ~ 77.5 cm/s,涨、落潮最大流速分别为 58 cm/s 和 83 cm/s。潮流主要流向在涨潮时为西北,落潮时为东南。

琼州海峡潮流以往复流为主,潮流流向与潮位不对应,涨潮后小半段和落潮前小半段为东流,其他时间为西流,东、西流流向基本与等深线平行,潮型为全日潮。流场分析按东流、西流划分。实测东流最大流速略大于西流,东、西流最大流速在 1.0 m/s 以上,东流流向约 80°,西流流向 270°。东、西流平均流速基本相当,西流历时(17 h)大于东流历时(8 h)。东、西流最大流速发生于转流前后 2 h,东、西流最小流速发生于转流时刻。

海南岛西部洋浦附近海域,潮汐类型为正规日潮,涨潮平均历时 12.2 h,落潮平均历时 9.6 h,平均潮位 1.9 m,最大潮差 3.60 m,平均潮差 1.80 m。潮流性质为不正规半日潮和不正规日潮,整个海域涨、落潮时存在差异。低潮时,洋浦以西开阔海域已经转流,开始涨潮,但以东海域仍处于落潮阶段,新英湾口附近最大流速 40 cm/s,其他海域流速较小。涨潮中间时,开阔海域潮流速度加大,方向由南向西北,洋浦以东海域海水涌向新英湾。高潮时流速较小。落潮中间时流速加大,开阔海域潮流方向由北向南,新英湾海水流向外海。在新英湾口内外两侧各存在一个逆时针余流涡,在小铲附近也有余流涡,最大余流速度 10 cm/s。在八所港口附近海域,涨潮流向东北,流速 0.772 ~ 1.029 m/s;落潮流向西南,流速 1.029 ~ 1.543 m/s。在鱼鳞洲西 1.7 n mile 处,涨潮流向北,落潮流向南,流速均为 0.772 m/s。

3.1.4.3 波浪

广西近岸海域波浪的季节性变化异常明显,以西南偏南向为主,其次为东北向。多年一般波高为 0.3 ~ 0.6 m,其中夏季 0.50 ~ 0.72 m,冬季 0.40 ~ 0.58 m,春季 0.35 ~ 0.51 m,秋季 0.45 ~ 0.50 m。常见浪为 0 ~ 3 级,占全年波浪频率的 96%。5 ~ 6 级的波浪仅占 0.07% ~ 0.09%,多出现于台风季节。涠洲岛全年最大波高 5.0 m(5 月)、北海港最大波高 2.0 m(11、12 月)、白龙尾最大波高 4.1 m(7 月)。多年波浪一般周期 1.8 ~ 3.4 s,最大波浪周期为 8.7 s。

东部湛江湾内因掩护条件良好,故风浪不大;湾外则为开敞海区,受波浪影响较大，全年以风浪为主。根据硇洲站 1975—2004 年水文气象统计资料，湛江硇洲站年平均波高 1 m，最大波高 6.1 m，平均波周期 3.4 s。

茂名沿海濒临南海，受外海波浪影响较大。海域波型为以风浪为主的混合浪，风浪出现频率为 100%，涌浪出现频率为 36%，东北季风期的涌浪较多，西南季风期的涌浪较少。全年波向以东南偏东向为主，出现频率为 15.9%；西向浪次之，出现频率为 10.7%。年平均有效波高为 1.23 m，单点系泊处实测的最大有效波高为 7.75 m，方向为东南偏东。该海域东北季风期的强浪为东南偏东向，次强浪为东向；西南季风期的强浪为西向。海域受外海涌浪的影响，多年波浪平均周期较大，为 5.1 s，实测最大周期 8.8 s，各月的平均周期变幅不大。

3.1.4.4　水温

秋季，北部湾海域水温分布十分均匀，表层水温范围为 23.25 ～ 25.21 ℃。最低水温分布于东北部海域，水温范围为 23.25 ～ 23.79 ℃。底层水温范围为 19.67 ～ 24.29 ℃，底层水温分布水平梯度较大。湾顶西北部海域水温最高，水温范围为 23.92 ～ 24.90 ℃，水温等值线与湾顶海岸大体平行。水温向湾口海域逐渐下降，湾口东、西两侧海域水温最低为 19.02 ℃。

冬季，北部湾海域表层最高水温位于湾口海域，水温范围为 24.08 ～ 24.32 ℃；最低水温在湾顶西北部沿岸海域，水温范围为 17.23 ～ 17.50 ℃。底层最低水温分布于湾中偏北部海域，水温范围为 15.43 ～ 15.89 ℃；最高水温分布于湾口东侧海域，为 21.68 ℃。

3.1.4.5　盐度

秋季，北部湾海域的盐度范围为 31.69 ～ 34.43，表层盐度范围为 31.95 ～ 33.91。沿岸海域盐度较低，在 31.50 以下，低盐度值分布在琼州海峡西出口和湾西北部江河出口沿岸海域。等盐线分布不规则，但盐度水平分布仍较均匀。湾中部至湾口海域盐度稍高，盐度范围为 33.52 ～ 33.91。底层盐度范围为 31.95 ～ 34.43，较低盐度仍分布在湾顶和湾西北部海域。湾口高盐海域水舌状向湾内延伸，32.50 ～ 33.50 等盐线从湾东北呈 S 形向湾西南海域伸展。

3.2 水资源现状与开发利用

3.2.1 水资源量

受气候影响，北部湾经济区水资源条件差异较大。西部、北部及东部片区多年平均降雨量 1 803 mm，多年平均径流深 944 mm；南部片区多年平均降雨量 1 453 mm，多年平均径流深 682 mm。

北部湾经济区多年平均水资源总量 660.5 亿立方米，人均水资源量 2 056 立方米。防城港市人均水资源量最多，为 8 761 立方米；湛江市人均水资源量最少，仅 1 226 立方米。东部水资源总量为 201.5 亿立方米，人均水资源量为 1 379 立方米；西部和北部水资源总量为 349.6 亿立方米，人均水资源量为 2 733 立方米；南部水资源总量为 109.4 亿立方米，人均水资源量为 2 332 立方米。北部湾经济区水资源量特征见表 3-2。

表 3-2　北部湾经济区水资源量特征

片区	行政区	水资源总量 / 亿立方米	地表 水资源量 / 亿立方米	地下 水资源量 / 亿立方米	地表地下水 资源重复量 / 亿立方米	人均 水资源量 / 立方米
东部	湛江市	91.3	88.8	25.9	23.4	1 226
	茂名市	110.2	110.2	30.9	30.9	1 538
	小计	201.5	199.0	56.8	54.3	1 379
西部 和 北部	南宁市	139.9	139.9	32.2	32.2	2 048
	防城港市	73.0	73.0	16.4	16.4	8 761
	钦州市	104.4	104.4	24.7	24.7	2 933
	北海市	32.3	31.2	7.9	6.8	2 060
	小计	349.6	348.5	81.2	80.1	2 733

片区	行政区	水资源总量/亿立方米	地表水资源量/亿立方米	地下水资源量/亿立方米	地表地下水资源重复量/亿立方米	人均水资源量/立方米
南部	海口市	19.4	19.7	8.9	8.5	1 269
	其他各市县	90.0	87.4	35.5	32.8	2 846
	小计	109.4	107.1	44.4	41.3	2 332
北部湾经济区		660.5	654.6	182.4	175.7	2 056

3.2.2 水资源可利用量

北部湾经济区多年平均水资源可利用总量为256.04亿立方米，其中地表水资源可利用量238.73亿立方米，地下水可利用量为112.08亿立方米。北部湾经济区水资源可利用情况见表3-3。

由表3-3可见，东部片区多年平均水资源可利用总量为76.15亿立方米，多年平均地表水可利用量为73.92亿立方米，地下水可利用量43.89亿立方米；西部和北部片区水资源可利用总量为131.71亿立方米，多年平均地表水资源可利用量为125.58亿立方米，地下水可利用量为57.55亿立方米；南部片区多年平均水资源可利用总量为48.18亿立方米，多年平均地表水可利用量为39.23亿立方米，地下水可利用量为10.64亿立方米。

表3-3 北部湾经济区水资源可利用情况

单位：亿立方米

片区	行政区	地表水资源可利用量	地下水资源可利用量	水资源可利用总量
东部	湛江市	32.86	16.79	35.09
	茂名市	41.06	27.10	41.06
	小计	73.92	43.89	76.15

片区	行政区	地表水资源可利用量	地下水资源可利用量	水资源可利用总量
西部和北部	南宁市	51.80	18.24	51.80
	防城港市	27.74	17.43	27.74
	钦州市	34.20	16.43	39.67
	北海市	11.84	5.45	12.50
	小计	125.58	57.55	131.71
南部	海口市	5.55	3.43	8.11
	澄迈县	4.76	1.52	6.13
	临高县	3.66	1.29	4.79
	儋州市	8.04	1.98	9.84
	东方市	5.32	0.95	6.10
	乐东黎族自治县	7.62	0.91	8.47
	昌江黎族自治县	4.28	0.56	4.74
	小计	39.23	10.64	48.18
总计		238.73	112.08	256.04

3.2.3 水资源质量

北部湾区域河流水质状况总体良好。区域水功能区监测数据表明，河段水质达到Ⅲ类以上的河长为 3 363 km，占总评价河长的81.2%；水质为Ⅳ～Ⅴ类的河长为 777 km，占总评价河长的 18.8%。区域内水质状况差异较大。海南岛诸市县水质最好，93.8% 河长优于Ⅲ类水；防城港市、茂名市河流水质状况良好；北海市水质最差，低于Ⅲ类水质的河长占其评价河长的 52.3%；钦州市、湛江市河流受到不同程度的污染，低于Ⅲ类水质的河长分别占其评价河长的 31.8%、20.4%。

3.2.4 水资源开发利用状况

2007年，北部湾经济区已建成各类蓄水、引水、提水水利工程59 899座，地下水开采井103 858眼，总供水能力203.90亿立方米。供水设施现状见表3-4。

东部片区已建成各类蓄水、引水、提水水利工程28 731座，地下水开采井94 438眼，总供水能力83.11亿立方米；西部和北部片区已建成各类蓄水、引水、提水水利工程29 424座，地下水开采井6 675眼，总供水能力92.87亿立方米；南部片区已建成各类蓄水、引水、提水水利工程1 744座，地下水开采井2 745眼，总供水能力27.92亿立方米。

表3-4 北部湾经济区供水设施现状

水资源类别	工程	项目	数值
地表水	蓄水工程	数量/座	24 674
		总库容/亿立方米	224.34
		兴利库容/亿立方米	118.78
		现状年供水能力/亿立方米	120.56
	引水工程	数量/座	23 808
		现状年供水能力/亿立方米	44.58
	提水工程	数量/座	11 415
		现状年供水能力/亿立方米	20.82
	调水工程	数量/座	2
		现状年供水能力/亿立方米	5.78
地表水	合计	数量/座	59 899
		现状年供水能力/亿立方米	191.74

水资源类别	工程	项目	数值
地下水	浅层地下水	生产井数量/眼	100 113
		现状年年供水能力/亿立方米	6.50
	深层地下水	生产井数量/眼	3745
		现状年年供水能力/亿立方米	5.66
	合计	生产井数量/眼	103 858
		现状年年供水能力/亿立方米	12.16
其他水源		雨水收集/亿立方米	0.11
		海水直接利用/亿立方米	14.63
		合计/亿立方米	14.74

2007 年，北部湾经济区用水总量 149.03 亿立方米（表 3-5），其中东部片区、西部和北部片区、南部片区用水量分别为 56.09 亿立方米、69.35 亿立方米、和 23.59 亿立方米。从水资源开发利用水平来看，西部和北部片区开发利用水平最低，为 19.84%，其中防城港市仅 9.11%；东部片区水资源开发利用水平最高，为 27.84%，其中湛江市超过 30%，处于较高水平。从用水指标来看，东部片区人均综合用水量及万元 GDP 用水量均位列北部湾经济区最优水平，分别为 436 m^3、298 m^3；而西部和北部片区用水效率较低，人均综合用水量及万元 GDP 用水量分别为 542 m^3、390 m^3。

表 3-5　北部湾经济区水资源开发利用状况

片区	行政区	用水量/ 亿立方米	人均综合用水量/m³	万元 GDP 用水量/m³	多年平均水资源量/ 亿立方米	当年开发利用水平（%）
东部	湛江市	27.50	404	320	91.3	30.12
	茂名市	28.59	473	280	110.2	25.94
	小计	56.09	436	298	201.5	27.84
西部和北部	南宁市	34.00	497	318	139.9	24.29
	防城港市	6.65	798	418	73.0	9.11
	钦州市	14.10	396	464	104.4	13.51
	北海市	14.60	934	592	32.3	45.34
	小计	69.35	542	390	349.6	19.84
南部	海口市	6.08	398	153	19.4	30.10
	其他各市县	17.51	581	522	90.0	19.46
	小计	23.59	546	390	109.4	21.40
北部湾经济区		149.03	548	367	660.5	22.56

3.3　海洋资源现状与开发利用

3.3.1　滨海湿地及滩涂资源

北部湾经济区滩涂资源丰富，水质肥沃，生物品种繁多，是潮间带和浅海生物重要的繁殖栖息地。滩涂总面积约为 2 000 km²，主要分布在广西和广东沿岸。

北部湾经济区海岸带滨海湿地类型多样。自然湿地包括海草床、岩石性海岸、砂质海岸、粉砂淤泥质海岸、滨岸沼泽、红树林、海岸潟湖、河口水域、三角洲湿地等，人工湿地包括水库、养殖池塘、水田、盐田等。

广西海岸带滨海 0 m 等深线至海岸线向陆地 5 km 范围内的滨海湿地面积为 186 691.81 hm²。其中，自然湿地面积为 116 585.5 hm²，占总面积的 62.45%；人工湿地面积为 70 106.31 hm²，占总面积的 37.55%。广西滨海湿地分布情况见表 3-6。

表 3-6　广西海岸带滨海湿地分布情况

单位：hm²

一级湿地	二级湿地	北海市	钦州市	防城港市	合计
自然湿地	海草床	860.70	17.20	64.30	942.2
	岩石性海岸	38.67	403.98	665.77	1 108.42
	砂质海岸	35 525.99	6 470.79	15 552.92	57 549.7
	粉砂淤泥质海岸	5 451.19	6 013.25	1 264.82	12 729.26
	滨岸沼泽	82.12	218.01	50.10	350.23
	红树林	3 416.42	3 421.40	2 359.58	9 197.4
	海岸潟湖	111.07	—	—	111.07
	河口水域	8 395.86	9 392.28	16 809.08	34 597.22
	小计	53 882.02	25 936.91	36 766.57	116 585.5
人工湿地	水库	256.47	1 725.03	1 483.58	3 465.08
	养殖鱼塘	21 013.52	7 420.85	5 656.47	34 090.84
	水田	11 221.49	8 589.34	9 998.19	29 809.02
	盐田	1 690.38	246.32	804.67	2 741.37
	小计	34 181.86	17 981.54	17 942.91	70 106.31
合计		88 063.88	43 918.45	54 709.48	186 691.81

数据来源：范航清，黎广钊，周浩郎，等.广西北部湾典型海洋生态系统：现状与挑战[M].北京：科学出版社，2015.

3.3.2　沿海岸线资源

北部湾经济区岸线总长度为 4 147.4 km，其中广西片区 1 628.6 km，广东片区 1 738.5 km，海南片区 780.3 km。北部湾经济区规划港口岸线总长度为 582 km，其中深水港口岸线 372.81 km，已利用港口岸线 58.4 km[129]。北部湾西部片区规划利用海岸线长度为 267 km，现状已利用海岸线长度为 24.7 km，其中防城港、钦州、北海三市分别为 8.0 km、12.3 km、4.4 km；东部片区规划利用海岸线长度为 218 km，现状已利用海岸线长度为 15.9 km，其中茂名、湛江两市分别为 2.9 km、13 km；南部片区规划利用海岸线长度为 97 km，现状利用海岸线长度为 21.7 km，其中海口、澄迈、儋州、东方四市县分别为 10.2 km、4.0 km、5.8 km、1.7 km。

3.3.3　海洋生物资源

北部湾海域位于热带，适合各种海洋生物繁殖，加之陆源携带大量有机物和营养盐入海，使北部湾成为高生物量和生物多样性的海区。

据初步统计，环北部湾海域共出现浮游藻类 1 403 种，分别隶属于 5 门 38 科，以亚热带广布种为主，按其生态类型主要可划分成河口性、温带性、热带性三类。历史监测期间，海区浮游藻类的生物量变化范围为 43.5 ～ 283.610 4 个 / 米^3，平均为 101.810 4 个 / 米^3。生物量的组成以硅藻占绝对优势，其生物量占总量的 95.10%，其次为甲藻类。主要种类有秘鲁角毛藻、窄隙角毛藻、爱氏角毛藻、异角角毛藻、平滑角毛藻、佛朗梯形藻、伯氏根管藻、纺锤角藻、变异辐杆藻、日本星杆藻等。受到沿岸径流所携带营养物质的影响，近岸种大量繁殖，在某些沿岸站位形成高度密集区，其分布基本呈现北部高、中部及南部相对低，近岸高、远岸低的态势。

浮游动物共出现 945 种，分别隶属于 8 门 148 科，以沿岸和近岸的广布种为主，呈现显著的热带－亚热带种群区系特征，大部分种类终生营浮游生活。节肢动物门种类最多，以甲壳动物占绝对优势，主要种类有桡足类的小拟哲水蚤、亚强次真哲水蚤、狭额次真哲水蚤、克氏长角哲水蚤、驼背隆哲水蚤、微刺哲水蚤、锥形宽水蚤、精致真刺水蚤，毛颚类的肥胖箭虫、圆囊箭虫、大头箭虫、海龙箭虫等。浮游动物的栖息密度变化范围为 6.7 ～ 292.7 个 / 米^3，有明显的季节分布差异，总体分布呈湾北部和中部较高、湾口较低的态势。

底栖生物有 170 多种，其中多毛类 100 多种，甲壳类 47 种，棘皮动物 12 种，其他类 10 多种。北部湾底栖生物出现种类的季节变化并不大，且主要是由多毛类和甲壳类动物组成。从底栖生物出现种类数的空间分布来看，北部湾底栖生物出现种类数呈现出由西向东递减的分布特征。底栖生物优势种有日本美人虾、丝鳃稚齿虫、长指美人虾和节状长手沙蚕。优势种所占总个体数量和总生物量的百分比分别为 24.7% 和 7.8%。其中，日本美人虾冬、秋季都为优势种，且优势度最大，分别占总个体数量的 12.9% 和总生物量的 4.2%。

海洋渔业生物主要有鱼类、头足类和甲壳类等，其中鱼类 520 多种，虾类 200 多种，头足类 50 多种，蟹类 20 多种，还有种类众多的贝类等其他海产动物及藻类等，种类数约是东海的 1.5 倍，黄、渤海的 2.5 倍。按照栖息特征，湾内的鱼类资源主要分为近岸中上层、近岸底层、大陆架中上层、大陆架底层、大洋性中上层和礁栖性鱼类等六大类群。主要经济鱼类有 60 多种，其中以笛鲷、石斑鱼、马鲛、鲷科鱼类、鲳和金线鱼等最为著名。

北部湾海洋生态系统类型多样，有红树林、珊瑚礁、河口、潟湖、海草床等生态系统。还有许多珍稀濒危物种如儒艮、中华白海豚、江豚、白蝶贝等，举世闻名的合浦珍珠也产自这一海域。另外，北部湾有较高药用价值的海洋生物资源也较为丰富，主要有鲨、海豚、棕斑兔头鲀、海蛇等，沿海的海蛇资源年产量超过 50 t。

3.3.4 海洋旅游资源

北部湾经济区海洋旅游资源与美国的夏威夷、关岛和泰国的普吉岛等相比，有很多相似的地方，涵盖了跨国海湾、海岛海岸、边关风情、生态山水、民风民俗、历史文化等多种类型，包括壮、瑶、京、黎、苗、回族等多种多样、丰富多彩的民族风情。但是从目前的情况看，除北海银滩等有较大知名度之外，北部湾经济区其他海洋旅游景区、景点的知名度不高，海洋旅游资源的品牌效应也不显著，还没有形成真正具有世界震撼力和吸引力的品牌。

3.3.5　海洋矿产与能源资源

3.3.5.1　石油、天然气和可再生资源

近年来，随着我国加大对北部湾海域油气资源的勘探和开发力度，北部湾已探明油气储量达亿万吨级，且油气储集类型多、保存条件好，是海洋石油、天然气的富集区。据国土资源部预测，南海有含油气构造 200 多个，油气田 180 个，探明可开发的油气资源价值逾 20 万亿元人民币。目前，原油累计查明地质储量 6 895.83 万吨，技术可采储量 2 400.28 万吨；天然气累计查明地质储量 2 735.78 亿立方米，技术可采储量 1 913.99 亿立方米；油田伴生气地质储量 36.29 亿立方米，技术可采储量 10.98 亿立方米；天然气水合物储量约为 80 亿吨油当量。

北部湾经济区可再生资源主要包括风能、生物质能、太阳能、潮汐能、海浪能等。北部湾经济区大多属于热带和亚热带气候，年平均气温较高，达 20 ℃以上，年均日照时数为 1 750 ～ 2 650 h，太阳能热利用和热发电有很大潜力。此外，北部湾经济区海岸线长，潮差较大，蕴藏巨大的潮汐能和海浪能。琼州海峡和北部海域潮汐能和潮流能具有较大开发价值，年发电量可达 10.8 亿千瓦·时。

3.3.5.2　矿产资源

北部湾海底沉积物中含有丰富的砂矿，主要有钛铁矿、金红石、锆英石、独居石、板钛矿等矿产资源。区内已探明储量的矿产种类繁多，开发潜力大。西北部已发现矿产 63 种，已探明的有 31 种，已开发利用的有 30 种，被列为对国民经济建设有重要影响的有 45 种。东北部已发现各类矿藏 33 处，矿产地 155 处。南部已查明有工业储量的有 67 种，其中 43 种被列入全国矿产储量，石碌铁矿储量占全国富铁矿储量的 71%，平均品位 51.5%，为全国第一，钛、锆、石英、蓝宝石、化肥灰岩储量居全国之首。

3.4　社会经济发展概况

3.4.1　区域社会经济发展现状

3.4.1.1　经济整体发展水平较低，产业发展迅速

北部湾经济区总面积约占桂、琼、粤三省区总面积的 18.2%。长期以来，区

域整体发展水平不高，经济发展处于全国中下游水平。20 世纪 90 年代中期以来，北部湾经济区开始持续平稳发展，经过多年尤其近年来的快速发展，目前已具备一定的经济基础。近 10 年来，区域经济总量由 1996 年的 1 265.29 亿元增长到 2007 年的 4 491.38 亿元，增长了近 3 倍，占三省区 GDP 的 11.95%。2007 年区域 GDP 增速达 20.4%，高于三省区增速。但区域人均生产总值（1.4 万元）低于全国平均水平（1.89 万元），与珠三角和长三角相去甚远。

2007 年区域常住人口约 3 165 万人（表 3-7），占三省区的 20.69%，城镇化率约 32.39%，第一、第二、第三产业结构为 19.54：39.68：40.78，第二产业和第三产业占据主导地位。

表 3-7   2007 年北部湾经济区特征与珠三角、长三角、全国的对比

指标	北部湾经济区	粤、桂、琼三省区	珠三角	长三角	全国
土地面积（×10^4）/km^2	8.21	45.28	5.5	11	960
常住人口/万人	3 165	15 300	4 680	8 876	132 129
GDP/万亿元	0.45	3.92	2.6	4.7	24.7
人均GDP/万元	1.4	2.56	5.72	5.58	1.89
GDP增速（%）	20.4	19.5	23.8	17.7	16

3.4.1.2   形成一定的经济规模，东翼和北部经济相对发达

在经济格局中，北部湾经济区东翼和北部经济较为发达，总量相对较高。其中，东翼是区域经济主体，其经济规模占区域总量的 42.6%，人均 GDP 为 1.31 万元。北部次之，其经济规模占区域总量的 23.75%，人均 GDP 为 1.56 万元。而西翼和南部经济发展程度较低，其经济规模分别占区域总量的 16% 和 17.7%，人均 GDP 为 1.19 万元和 1.7 万元。

3.4.2 区域社会经济发展态势

3.4.2.1 区位优势明显，战略地位突出

北部湾经济区是我国第一个重要国际区域经济合作区，是"中国－东盟自由贸易区""泛珠三角区域合作""广西北部湾经济区""海南国际旅游岛""西部大开发""大湄公河次区域经济合作区"等国家战略的交汇地，拥有国家战略政策集聚优势，成为国家开放开发的重点地区和我国最具发展潜力的地区之一。

北部湾经济区既是面向东盟的重要门户、西南腹地的出海大通道，又是我国与东盟的接合部，既是西南地区最便捷的出海大通道，又是我国通向东盟的陆路、水路要道，在中国－东盟、泛北部湾、泛珠三角等国际国内区域合作中具不可替代的战略地位和作用。

由于历史原因，北部湾经济区在过去很长一段时间被限制发展。该区既有我国少数民族人口最多的自治区，又是国家开发南海的战略前沿，还拥有较丰富的土地、水和矿产等资源，发展条件好、潜力大，具备后发的经济优势。

3.4.2.2 国家发展意志明确，地区发展愿望强烈

2006 年以来，国务院先后批复了《广西北部湾经济区发展规划（2006—2020）》《国务院关于进一步促进广西经济社会发展的若干意见》（国发〔2009〕42 号）、《珠江三角洲地区改革发展规划纲要（2008—2020）》、《国务院关于推进海南国际旅游岛建设发展的若干意见》（国发〔2009〕44 号），表明国家发展意志坚决。

在国家发展战略的指引下，各地发展意愿强烈。粤、桂、琼三省区相继出台了有关经济建设和产业发展规划。目前区域省级以上规划建设的重点产业集聚区达 40 个以上（其中 23 个临海），地方规划建设规模大大超过国家规划发展规模。从总体上看，北部湾经济区产业发展进入快速发展期，必将成为我国沿海发展的新一极。

3.4.2.3 机遇已经来临，条件已经具备，时机已经成熟

中国－东盟博览会、重要国际区域经济合作区、西部大开发、泛珠三角区域合作、珠三角的产业转型等政策优势将极大地促进北部湾经济区经济的快速发展。此外，"海南国际旅游岛"的出台、珠三角重化产业转移、越南在促进北部湾经济区的合作方面提出的"两廊一圈"构想等，标示着北部湾经济区的发展机遇已

经来临、条件已经具备、时机已经成熟。

3.5 小结

本章对北部湾经济区海岸带的资源环境条件、经济发展水平分别进行了归纳总结，主要的研究结论有以下几点：

——北部湾经济区水资源量总体丰富，多年平均水资源总量 660.5 亿立方米，人均水资源量 2 056 m³，多年平均水资源可利用总量 256.04 亿立方米。河流水质状况总体良好，河段水质达到Ⅲ类以上的河长占总评价河长的 81.2%。

——北部湾经济区水资源开发利用率不高，用水效率较低。2007 年用水总量 149.03 亿立方米，水资源开发利用水平为 22.56%，人均综合用水量 548 m³，万元 GDP 用水量 367 m³。

——北部湾经济区滩涂资源丰富、水质肥沃、生物品种繁多，是潮间带和浅海生物重要的繁殖栖息地。环北部湾海域共出现浮游藻类 1 403 种，生物量的组成以硅藻占绝对优势，其生物量占总量的 95.10%。浮游动物共出现 945 种，分别隶属于 8 门 148 科，呈现显著的热带－亚热带种群区系特征。底栖生物有 170 多种。海洋渔业生物主要有鱼类、头足类和甲壳类等。主要经济鱼类有 60 多种，其中以笛鲷、石斑鱼、马鲛、鲷科鱼类、鲳和金线鱼等最为著名。北部湾海洋生态系统类型多样，有红树林、珊瑚礁、河口、潟湖、海草床等生态系统。珍稀濒危物种有儒艮、中华白海豚、江豚、白蝶贝等，举世闻名的合浦珍珠也产自这一海域。

——北部湾经济区经济整体发展水平较低，产业发展迅速，区域经济总量由 1996 年的 1 265.29 亿元增长到 2007 年的 4 491.38 亿元，占桂、粤、琼三省区 GDP 的 11.95%。2007 年区域 GDP 增速达 20.4%，高于桂、粤、琼三省区增速。北部湾经济区区位优势明显，战略地位突出，是国家战略的交汇地，拥有国家战略政策集聚优势，成为国家开放开发的重点地区和我国最具发展潜力的地区之一。在国家一系列发展战略的指引下，粤、桂、琼三省区相继出台了有关经济建设和产业发展规划，北部湾经济区产业发展进入快速发展期，必将成为我国沿海发展的新一极。

第 4 章

北部湾经济区海岸带环境关键制约因素分析

4.1 海洋生态环境功能定位

根据北部湾经济区的自然属性，资源条件和国家生态功能区划，北部湾经济区为我国重要的生物多样性保护区、热带海岛生态系统保护区和珠江水系涵养区。

按照《广西壮族自治区生态功能区划》《海南省生态功能区划》《广东省环境保护规划纲要（2006—2020 年）》，结合区域空间分布特征、生态系统服务功能与生态敏感性空间分异规律，确定出不同地域单元的主导生态功能，将区域划分为渔业资源维护与海洋生物多样性保护功能区、水土保持与生物多样性保护功能区、农林产品提供功能区、城镇开发功能区、水源涵养与林产品提供功能区等五个主导生态功能区。其中，北部湾经济区海洋的主导生态功能为渔业资源维护与海洋生物多样性保护功能区。

4.2 海岸带资源环境保护目标

4.2.1 *海洋功能区划*

根据《广西壮族自治区海洋功能区划》（2005 年）、《广东省海洋功能区划》（2008 年）、《海南省海洋功能区划》（2004 年），综合得出北部湾经济区海洋功能区划情况。

北部湾经济区广西片区沿海地区包括北海市、防城港市、钦州市三个行政区域，海岸线长 1 595 km，沿海滩涂 1 005 km²。岛屿众多，除渔万岛、龙门岛、京族岛因经济开发而与大陆相连成为半岛外，有面积 500 m² 以上岛屿 651 个，

岛屿面积 66.90 km²，岛屿岸线 460.9 km。广西沿海 0 ～ 20 m 等深线浅海面积
6 488 km²。广西海域岸线迂回曲折，港湾众多，滩涂广阔，资源丰富，主要优
势资源有港湾资源、亚热带海洋生物资源、滨海旅游资源、油气和砂矿资源等。
广西海洋功能区划分为 10 个一级类、36 个二级类，有 182 个功能区域（点）。
其中，港口、航运区 46 个，渔业资源利用和养护区 42 个，矿产资源利用区 5 个，
旅游区 14 个，海水资源利用区 5 个，海洋能利用区 1 个，工程用海区 22 个，海
洋保护区 17 个，特殊利用区 13 个，保留区 17 个。广西片区所划定的海洋保护
区中，有海洋和海岸自然生态保护区 3 个、生物物种自然保护区 2 个、自然遗迹
和非生物资源保护区 3 个、海岸防护林区 3 个、红树林区 6 个（表 4-1）。

　　北部湾经济区广东片区沿海地区包括湛江市和茂名市。其中湛江海岸线长达
1 556 km，居全国地级市之首，约占广东省海岸线的 46% 和全国的 10%。沿海滩
涂面积 1 135 km²，10 m 等深线浅海面积 4 982 km²。湛江东海岛面积达 286 km²，
为全省最大的岛屿，是全国第五大岛屿。茂名市海岸线曲折，港湾多，海岸线长
220 km，有岛屿 12 个，岛屿岸线长 19 km，岛屿面积共 3 025 km²，10 m 等深线
浅海滩涂面积 628 km²，20 m 等深线浅海滩涂面积 113 km²。水东湾、博贺湾为
典型的沙坝潟湖海岸体系，形成了利于港口开发的潮汐通道和掩护水域，是天然
良港。博贺港还是广东省三大渔港之一，盛产龙虾、对虾、海参、鲈鱼、膏蟹等。
广东海洋功能区划共涉及 9 个一级类、27 个二级类，有 231 个功能区域（点）。
其中，港口、航运区 35 个，渔业资源利用和养护区 86 个，矿产资源利用区 6 个，
旅游区 24 个，海洋能利用区 4 个，工程用海区 14 个，海洋保护区 42 个，特殊
利用区 5 个，保留区 15 个。广东片区所划定的海洋保护区中，有海洋和海岸自
然生态保护区 23 个、生物物种自然保护区 14 个、自然遗迹和非生物资源保护区
1 个、海洋特别保护区 4 个（表 4-2）。

表4-1 北部湾经济区广西片区海洋功能区划中划定的海洋保护区一览表

二级类	保护区名称	地区	地理范围	面积/hm²	管理要求
海洋和海岸自然生态保护区	山口国家级红树林生态自然保护区	北海市合浦县	合浦县丹兜海与英罗港湾内	8 000（海域4 000，陆域4 000）	按国家级自然保护区管理要求管理，一类水质
	北仑河口国家级自然保护区	防城港市防城区、东兴市	北仑河口我方浅滩和珍珠湾内	3 000	按国家级自然保护区管理要求管理，一类水质
	涠洲岛-斜阳岛珊瑚礁自然保护区	北海市海城区涠洲镇	北海市南面48 km处北部湾海面上的涠洲岛、斜阳岛	2 500	按海洋自然保护区的管理要求管理，一类水质
生物物种自然保护区	合浦儒艮国家级自然保护区	北海市合浦县沙田镇、山口镇	合浦县沙田镇东南部海域	30 000	按国家级自然保护区管理要求管理，一类水质
	营盘马氏珍珠贝自然保护区	北海市银海区营盘镇、福成镇	营盘镇沿岸南部海域	1 125	按生物物种自然保护区管理要求管理，一类水质
自然遗迹和非生物资源保护区	涠洲岛、斜阳岛火山地貌遗迹自然保护区	北海市海城区涠洲镇	北海市南面48 km处北部湾海面上的涠洲岛、斜阳岛	493（涠洲岛300、斜阳岛193）	按自然历史遗迹保护区管理要求管理
	潭蓬古运河保护区	防城港市防城区江山乡	江山镇江山半岛中部潭蓬江至万松江之间	45	按人类活动历史遗迹管理要求管理
	贝丘遗迹保护区	防城港市江山乡和东兴市江平镇	江平镇交东和江山乡亚菩山、马兰嘴等处	100	按人类活动历史遗迹管理要求管理

续表

二级类	保护区名称	地区	地理范围	面积 /hm²	管理要求
海岸防护林区	北海市沿岸防护林带	北海市	东起合浦县沙田镇，西至北海市银海区福成镇沿岸的部分岸段	5 000	严禁砍伐以及有损沿岸防护林带的任何方式的开发活动
	钦州市沿岸防护林带	钦州市	三娘湾至乌雷和大环半岛沿岸	4 500	严禁砍伐以及有损沿岸防护林带的任何方式的开发活动
	防城港市沿岸防护林带	防城港市	企沙半岛南部山新、江山半岛大平坡、巫头、历尾、竹山等岸段	6 000	严禁砍伐以及有损沿岸防护林带的任何方式的开发活动
红树林区	铁山港沿岸红树林区	北海市合浦县	白沙沙尾、白沙东海、白沙良港、白沙独山、公馆南部、闸口红石塘、闸口禾塘岭等岸段	1 541	维持和恢复红树林生物多样性，一类水质
	营盘至大冠沙红树林区	北海市银海区	营盘镇白龙西南、福成镇西村港、西塘镇大冠沙沿岸	103	维持和恢复红树林生物多样性，一类水质
	南流江河口沿岸红树林区	北海市合浦县、海城区靖海镇	靖海镇铜尾、吕屋、党江镇沙冲、渔江、木案、沙冈镇二东、七星等岸段	703	维持和恢复红树林生物多样性，一类水质
	大风江沿岸红树林区	北海市合浦县西场镇、钦州市钦南区	北海市合浦县西场镇御河、官井、大坡、裴屋，钦州市钦南区丹竹江下游、大山王东南、箩墩东、南蛇坑、沙角等岸段	773	维持和恢复红树林生物多样性，一类水质
	钦州湾沿岸红树林区	钦州市钦南区	大灶江、鹿耳环江、金鼓江、七十二泾、茅尾海北部、茅尾海东部、龙门岛北部、龙门岛南部等岸段	1 550	维持和恢复红树林生物多样性，一类水质
	防城港湾沿岸红树林区	防城港市港口区	防城港东湾榕木江、风流岭江、渔洲坪、西湾针鱼岭至长榄等岸段	720	维持和恢复红树林生物多样性，一类水质

表4-2 北部湾经济区广东片区海洋功能区划中划定的海洋保护区一览表

二级类	保护区名称	地区	地理范围	面积/hm²	管理要求
海洋和海岸自然生态保护区	博贺港海洋生态系统保护区	茂名市	博贺港湾内	552	按自然保护区法规管理，维持、恢复、改善海洋生态环境和生物多样性，保护自然景观
	茂名大放鸡岛海洋生态自然保护区	茂名市	大放鸡岛东部海域	28.3	按自然保护区法规管理，维持、恢复、改善海洋生态环境和生物多样性，保护自然景观
	水东湾海洋生态系统保护区	茂名市	水东湾内	2 411.4	按自然保护区法规管理，维持、恢复、改善海洋生态环境和生物多样性，保护自然景观
	湛江吴川博茂海洋生态自然保护区	湛江市	吴川市吴阳镇东南部海域	1 303.9	按自然保护区法规管理，维持、恢复、改善海洋生态环境和生物多样性，保护自然景观
	湛江硇洲南海洋生态自然保护区	湛江市	硇洲岛南部海域	1 607.6	按自然保护区法规管理，维持、恢复、改善海洋生态环境和生物多样性，保护自然景观
	特呈岛海洋生态系统保护区	湛江市	特呈岛南部海域	482.3	按自然保护区法规管理，维持、恢复、改善海洋生态环境和生物多样性，保护自然景观
	五里山港海洋生态系统保护区	湛江市	五里山港湾内	2 779.8	渔业发展和生态保护有机结合，维持、恢复、改善海洋生态环境和生物多样性，保护自然景观
	北莉口海洋生态系统保护区	湛江市	北莉口海域	11 880.2	渔业发展和生态保护有机结合，维持、恢复、改善海洋生态环境和生物多样性，保护自然景观
	通明海洋生态系统保护区	湛江市	通明海内	12 603.1	渔业发展和生态保护有机结合，维持、恢复、改善海洋生态环境和生物多样性，保护自然景观

续表

二级类	保护区名称	地区	地理范围	面积/hm²	管理要求
海洋和海岸自然生态保护区	南渡河口海洋生态系统保护区	湛江市	南渡河口及仙来村至南渡河口东部近海	382.8	按自然保护区法规管理，保护自然景观和生物多样性，维持、恢复、改善海洋生态环境
	徐闻南部海洋生态系统保护区	湛江市	徐闻县南部新地盐田至仕尾近海	1 666.5	按自然保护区法规管理，保护自然景观和生物多样性，维持、恢复、改善海洋生态环境
	迈陈海洋生态系统保护区	湛江市	迈陈港内及流沙湾南部海域	1 473.9	按自然保护区法规管理，保护自然景观和生物多样性，维持、恢复、改善海洋生态环境
	流沙港海洋生态系统保护区	湛江市	马留盐场至马殿城近海	1 273.5	按自然保护区法规管理，保护自然景观和生物多样性，维持、恢复、改善海洋生态环境
	管仔海洋生态系统保护区	湛江市	老闸南至庙仔湾近海	466.9	按自然保护区法规管理，保护自然景观和生物多样性，维持、恢复、改善海洋生态环境
	北潭海洋生态系统保护区	湛江市	北潭金角至岭仔近海	165.2	按自然保护区法规管理，保护自然景观和生物多样性，维持、恢复、改善海洋生态环境
	遂溪北部海洋生态系统保护区	湛江市	遂溪县北部文体至艾仔寮近海	1 110.7	按自然保护区法规管理，保护自然景观和生物多样性，维持、恢复、改善海洋生态环境
	徐闻西部海域珊瑚礁生态系统保护区	湛江市	徐闻县西部石马角至角尾墩近海	15 597.9	按自然保护区法规管理，保护自然景观和生物多样性，维持、恢复、改善海洋生态环境，可适量开发旅游景区

北部湾经济区海岸带环境承载力研究

二级类	保护区名称	地区	地理范围	面积/hm²	管理要求
海洋和海岸自然生态保护区	海康海洋生态系统保护区	湛江市	海康港湾内	1 515.1	渔业发展和生态保护有机结合，维持、恢复、改善海洋生态环境和生物多样性，保护自然景观
	湛江雷州乌石海洋生态自然保护区	湛江市	雷州市乌石镇西南部海域	1 315.8	按自然保护区法规管理，维持、恢复、改善海洋生态环境和生物多样性，保护自然景观
	英罗港海洋生态系统保护区	湛江市	高桥镇西南部、沙龙围北部海域	1 708.8	按自然保护区法规管理，维持、恢复、改善海洋生态环境和生物多样性，保护自然景观
	企水海洋生态系统保护区	湛江市	企水港内下村仔至博袍岭近海	288.1	按自然保护区法规管理，维持、恢复、改善海洋生态环境和生物多样性，保护自然景观
	赤豆寮海洋生态系统保护区	湛江市	海角头至赤豆寮岛海域	417.8	按自然保护区法规管理，维持、恢复、改善海洋生态环境和生物多样性，保护自然景观
	湛江遂溪江洪海洋生态自然保护区	湛江市	雷州市江洪镇西部海域	687.8	按自然保护区法规管理，维持、恢复、改善海洋生态环境和生物多样性，保护自然景观
生物物种自然保护区	茂名放鸡岛文昌鱼自然保护区	茂名市	大、小放鸡岛周围海域	3 428.9	按自然保护区法规管理，控制陆源污染物排放，维持、恢复、改善海洋生态环境和生物多样性，保护自然景观
	湛江吴川东风螺自然保护区	湛江市	吴川市吴阳镇东部海域	4 240.4	按自然保护区法规管理，控制陆源污染物排放，维持、恢复、改善海洋生态环境和生物多样性，保护自然景观
	吴川文昌鱼自然保护区	湛江市	吴川市吴阳镇东部海域	1 391.7	按自然保护区法规管理，控制陆源污染物排放，维持、恢复、改善海洋生态环境和生物多样性，保护自然景观

续表

一级类	保护区名称	地区	地理范围	面积/hm²	管理要求
生物物种自然保护区	湛江吴川紫血蛤自然保护区	湛江市	吴川市鉴江入海口	71.2	按自然保护区法规管理，改善海洋生态环境和生物多样性，控制陆源污染物排放，维持、恢复保护自然景观
	湛江东南文昌鱼自然保护区	湛江市	硇洲岛西部海域	1 373.6	按自然保护区法规管理，改善海洋生态环境和生物多样性，控制陆源污染物排放，维持、恢复保护自然景观
	雷州东里桁江挑自然保护区	湛江市	雷州市东里镇东北部海域	311.4	按自然保护区法规管理，改善海洋生态环境和生物多样性，控制陆源污染物排放，维持、恢复保护自然景观
	湛江雷州湾中华白海豚自然保护区	湛江市	东海岛民安镇南部海域	2 781.2	按自然保护区法规管理，改善海洋生态环境和生物多样性，控制陆源污染物排放，维持、恢复保护自然景观
	湛江廉江沙虫自然保护区	湛江市	廉江市营仔镇李乡墩南部海域	179.8	按自然保护区法规管理，改善海洋生态环境和生物多样性，控制陆源污染物排放，维持、恢复保护自然景观
	湛江北潭儒艮自然保护区	湛江市	遂溪县北潭镇西部海域	1 655.1	按自然保护区法规管理，改善海洋生态环境和生物多样性，控制陆源污染物排放，维持、恢复保护自然景观
	雷州流沙湾珊瑚礁自然保护区	湛江市	雷州市乌石镇西部海域	346.2	按自然保护区法规管理，改善海洋生态环境和生物多样性，控制陆源污染物排放，维持、恢复保护自然景观
	雷州海草自然保护区	湛江市	覃斗镇西部海域	3 378.8	按自然保护区法规管理，改善海洋生态环境和生物多样性，控制陆源污染物排放，维持、恢复保护自然景观
	遂溪中国鲎保护区	湛江市	角头沙北部海域	1 566.3	按自然保护区法规管理，改善海洋生态环境和生物多样性，控制陆源污染物排放，维持、恢复保护自然景观

续表

二级类	保护区名称	地区	地理范围	面积/hm²	管理要求
生物物种自然保护区	雷州白蝶贝保护区	湛江市	雷州市企水湾南部至潭朗盐场南海域	57 424	按自然保护区法规管理，控制陆源污染物排放，维持、恢复、改善海洋生态环境和生物多样性，保护自然景观
	湛江角头沙儒艮自然保护区	湛江市	遂溪县下六镇角头沙西部海域	1 848.6	按自然保护区法规管理，控制陆源污染物排放，维持、恢复、改善海洋生态环境和生物多样性，保护自然景观
自然遗迹和非生物资源保护区	虎头山—晏镜岭海岸地貌保护区	茂名市	牛母石至晏镜岭近岸海域	1 051.3	按自然保护区法规管理，维持、恢复、改善海洋生态环境和生物多样性，保护自然景观
海洋特别保护区	茂名电白鸡打水产资源特别保护区	茂名市	电白区爵山镇东部海域	28.3	按保护区法规管理，维持、恢复、改善海洋生态环境和生物多样性，保护自然景观
	茂名竹洲岛水产资源特别保护区	茂名市	电白区爵山镇东部海域	2 103.1	按保护区法规管理，维持、恢复、改善海洋生态环境和生物多样性，保护自然景观
	徐闻大黄鱼幼鱼资源特别保护区	湛江市	徐闻县罗斗沙东部海域	17 773.1	按保护区法规管理，控制陆源污染物排放，维持、恢复、改善海洋生态环境和生物多样性，保护自然景观
	硇洲海洋资源特别保护区	湛江市	硇洲岛周围南海域	20 436.9	按保护区法规管理，维持、恢复、改善海洋生态环境和生物多样性，保护自然景观

4.2.2 近岸海域环境功能区划

根据《广西近岸海域环境功能区划方案》（1998 年）、《广西近岸海域环境功能区划局部调整方案》（2008 年）、《防城港市企沙东岸近岸海域环境功能区划局部调整方案》（2009 年）、《广东省近岸海域环境功能区划》（1999 年）、《关于对湛江市近岸海域环境功能区划意见的函》、《关于调整茂名市北山岭港区部分近岸海域环境功能区划的意见的函》（粤环函〔2007〕733 号）、《海南省近岸海域环境功能区划》（2000 年）、《海南省人民政府关于划定海南昌江核电项目附近近岸海域环境功能区的批复》（琼府函〔2009〕151 号）和《海南省人民政府关于调整洋浦经济开发区局部近岸海域环境功能区的批复》（琼府函〔2009〕178 号），综合得到北部湾经济区近岸海域环境功能区划和近岸海域环境功能区水质保护目标。北部湾三省区相关近岸海域环境功能区划详见附表 1。

北部湾西部沿海地区包括北海市、防城港市、钦州市三个行政区域，海岸线长 1 595 km，沿海滩涂 1 005 km²，共划定了 82 个环境功能区。其中，一类环境功能区 7 个，主要为儒艮、红树林、珊瑚礁等海上自然保护区、珍稀濒危海洋生物保护区、渔业及养殖资源保护区等，水质保护目标为一类海水水质标准；二类环境功能区 22 个，主导功能为海水养殖场、海水浴场、盐业、滨海旅游区等，水质保护目标为二类海水水质标准；三类环境功能区 41 个，主导功能为一般工业用水区、港口、渔港、滨海旅游、油气资源开发、工业用海及排污控制区等，水质保护目标为三类海水水质标准；四类环境功能区 12 个，主导功能为港口、运输、通航等海洋港口水域、海洋开发作业区等，水质保护目标为不低于四类海水水质标准。

北部湾东部湛江市沿海地区共划定 56 个环境功能区。其中，一类环境功能区 5 个，水质保护目标为一类海水水质标准；二类环境功能区 33 个，水质保护目标为二类海水水质标准；三类环境功能区 7 个，水质保护目标为三类海水水质标准；四类环境功能区 11 个，水质保护目标为三类海水水质标准。茂名市沿海地区共划定 13 个环境功能区。其中水质保护目标为二类海水水质标准的环境功能区有 7 个，三类海水水质标准的环境功能区有 6 个。

北部湾南部海南省沿海地区共划定 39 个环境功能区。其中，水质保护目标为一类海水水质标准的环境功能区有 6 个，主要为白蝶贝、珊瑚礁等自然保护区；二类海水水质标准的环境功能区有 17 个，主要为红树林保护区、盐业、渔业、浴场及工业用水区；三类海水水质标准的环境功能区有 8 个，主要为港口水域；四类海水水质标准的环境功能区有 8 个，主要为港口水域及排污控制区。

4.2.3 沿海主要保护区与重点保护目标

北部湾沿海主要环境保护区与重点保护目标共有 72 处（表 4-3），面积 $140.20 \times 10^4 \, hm^2$。其中，广西片区沿海主要保护区或重点保护目标 23 处，总面积 $121.67 \times 10^4 \, hm^2$，涉及自然保护区 6 处、种质资源保护区 1 处、珊瑚礁 1 处、风景旅游区 11 处、盐田区 4 处；广东片区沿海主要保护区或重点保护目标 37 处，总面积 $10.76 \times 10^4 \, hm^2$，涉及自然保护区 15 处、幼鱼幼虾保护区 4 处、风景旅游区 18 处；海南片区沿海主要保护区或重点保护目标 12 处，总面积 $7.64 \times 10^4 \, hm^2$，涉及自然保护区 8 处、旅游区 2 处、盐田区 2 处。

表 4-3　北部湾沿海主要环境保护区、风景名胜旅游和敏感区一览表

区域	环境保护目标	地区	地理位置	面积 /hm²
广西片区	北部湾二长棘鲷长毛对虾国家级种质资源保护区	广西壮族自治区	北部湾东北部沿岸区域，广西壮族自治区防城港市、北海市近岸海域	1 142 158
	山口国家级红树林生态自然保护区	北海市	合浦县丹兜海与英罗港湾内	8 000（其中海域4 000）
	北仑河口国家级自然保护区	防城港市	防城区和东兴市的北仑河河口三角洲我方一侧	11 927
	合浦儒艮国家级自然保护区	北海市	合浦县沙田港至英罗港南部海域	35 000

区域	环境保护目标	地区	地理位置	面积 /hm²
广西片区	茅尾海红树林自然保护区	钦州市	茅尾海大风江口	2 784
	涠洲岛-斜阳岛珊瑚礁自然保护区	北海市	北部湾海域中的涠洲岛、斜阳岛	2 500
	营盘马氏珍珠贝自然保护区	北海市	营盘镇南部10 m等深线附近浅海	1 125
	涠洲岛、斜阳岛火山地貌遗迹自然保护区	北海市	北部湾海域中的涠洲岛、斜阳岛	493
	涠洲岛、斜阳岛旅游区	北海市	北部湾海域中的涠洲岛、斜阳岛	2 750
	七十二泾风景旅游区	钦州市	钦州湾中部龙门群岛的七十二泾一带	1 800
	沙扒墩旅游区	防城港市	企沙湾口门东侧海域	50
	针鱼岭长榄岛旅游区	防城港市	防城港西湾北部	80
	北海银滩度假旅游区	北海市	东起大冠沙，西至南万渔业基地	2 000
	北海市北部度假旅游区	北海市	西起外沙岛西端，东至靖海镇岭底	700
	麻蓝岛-三娘湾度假旅游区	钦州市	钦州湾东南海岸带地区	900
	江山半岛度假旅游区	防城港市	防城区江山乡南部	5 500
	天堂坡度假旅游区	防城港市	企沙半岛南部沿岸	300
	山口红树林生态旅游区	北海市	英罗港、马鞍岭西侧海域	300
	冠头岭森林公园旅游区	北海市	北海半岛西南端冠头岭一带	258
	竹林盐场	北海市	福成镇东村、西村沿岸一带	957

续表

区域	环境保护目标	地区	地理位置	面积/hm²
广西片区	大灶盐田区	钦州市	犀牛脚镇大灶附近沿海	270
	平山盐田区	钦州市	犀牛脚镇西北部平山南、西、北面	150
	企沙盐田区	防城港市	企沙半岛中部东岸沿海	634
广东片区	湛江红树林国家级自然保护区	湛江市	呈带状分布于雷州半岛沿海滩涂，分为72个保护小区	20 278.8
	徐闻珊瑚礁国家级自然保护区	湛江市	徐闻县西部角尾乡和西连镇沿海	14 378.5
	雷州珍稀海洋生物国家级自然保护区	湛江市	雷州半岛西侧海域	46 864.7
	茂名放鸡岛文昌鱼自然保护区	茂名市	大、小放鸡岛周围海域	3 428.9
	湛江吴川东风螺自然保护区	湛江市	吴川市吴阳镇东部海域	4 240.4
	吴川文昌鱼自然保护区	湛江市	吴川市吴阳镇东部海域	1 391.7
	湛江吴川紫血蛤自然保护区	湛江市	吴川市鉴江入海口	71.2
	湛江东南文昌鱼自然保护区	湛江市	硇洲岛西部海域	1 373.6
	雷州东里楸江琉自然保护区	湛江市	雷州市东里镇东北部海域	311.4
	湛江雷州湾中华白海豚自然保护区	湛江市	东海岛民安镇南部海域	2 781.2
	湛江廉江沙虫自然保护区	湛江市	廉江市营仔镇李乡墩南部海域	179.8
	湛江北潭儒艮自然保护区	湛江市	遂溪县北潭镇西部海域	1 655.1
	雷州海草自然保护区	湛江市	覃斗镇西部海域	3 378.8
	遂溪中国鲎保护区	湛江市	角头沙北部海域	1 566.3

区域	环境保护目标	地区	地理位置	面积 /hm²
广东片区	湛江角头沙儒艮自然保护区	湛江市	遂溪县下六镇角头沙西部海域	1 848.6
	茂名沿海幼鱼和幼虾保护区	茂名市	电白区沿海20 m以浅海区	—
	吴川沿海幼鱼和幼虾保护区	湛江市	吴川市沿海20 m以浅海区	—
	外罗港-鉴江口海域幼鱼和幼虾保护区	湛江市	徐闻县外罗港-鉴江口沿海20 m以浅海区	—
	安铺港-流沙港海域幼鱼和幼虾保护区	湛江市	安铺港、流沙港20 m以浅海区	—
	硇洲岛灯塔海景旅游区	湛江市	那晏东部海域	164.2
	南三岛海岛森林公园旅游区	湛江市	南三岛东部沿岸海域	475.0
	东海岛森林公园旅游区	湛江市	东海岛东部海域	534.7
	特呈岛风景旅游区	湛江市	特呈岛北部海域	53.3
	角尾旅游区	湛江市	角尾南部海域	149.2
	仙图角风景旅游区	湛江市	拳盐北部海域	51.0
	吉兆旅游区	湛江市	吉兆南部海域	367.6
	龙海天度假旅游区	湛江市	东海岛东部海域	484.5
	青安湾度假旅游区	湛江市	青安湾海域	140.1
	白沙湾度假旅游区	湛江市	白沙湾海域	153.3
	乌石旅游区	湛江市	北拳西部海域	66.9
	角头沙度假旅游区	湛江市	角头沙西部海域	118.6
	赤豆寮度假旅游区	湛江市	赤豆寮西部海域	91.9
	江洪度假旅游区	湛江市	江洪西部海域	82.6
	大放鸡岛旅游区	茂名市	大放鸡岛周边海域	384.5

区域	环境保护目标	地区	地理位置	面积/hm²
广东片区	龙头山旅游区	茂名市	龙头山南部海域	93.4
	中国第一滩度假旅游区	茂名市	西割沟南部海域	297.9
	虎头山旅游区	茂名市	虎头山西南海域	179.8
海南片区	儋州东场自然保护区	儋州市	儋州市东场村沿岸	696
	儋州磷枪石岛珊瑚礁自然保护区	儋州市	磷枪石岛沿岸海域	131
	儋州白蝶贝自然保护区	儋州市	儋州市浅海	29 900
	儋州新英红树林自然保护区	儋州市	洋浦地区，新英湾底的东部和南部沿岸滩涂一带	710
	临高彩桥红树林自然保护区	临高县	彩桥沿海一带	350
	临高县临高角自然保护区	临高县	临高角沿海一带	3 467
	临高县珊瑚礁自然保护区	临高县	临高县沿海	32 400
	临高白蝶贝自然保护区	临高县	临高县红石岛至儋州市神确村连线25 m等深线以内海域	343
	秀英滨海娱乐区	海口市	秀英海湾	350
	临高角旅游开发区	临高县	临高角沿海	100
	莺歌海盐田区	乐东黎族自治县	莺歌海盐场	3 800
	东方盐田区	东方市	墩头至面前海、通天河口至感城角沿海	4 200

4.2.3.1 自然保护区

北部湾经济区有沿海各级自然保护区29处，其中广西片区6处，广东片区15处，海南片区8处。自然保护区的保护内容十分丰富，包括红树林、珊瑚礁、儒艮、白蝶贝、马氏珍珠贝、文昌鱼、火山地貌遗迹等。国家级自然保护区有6个，包括湛江红树林国家级保护区、徐闻珊瑚礁国家级自然保护区、雷州珍稀海洋生物国家级自然保护区、山口国家级红树林生态自然保护区、北仑河口国家级自然保护区、合浦儒艮国家级自然保护区。

4.2.3.2　水产种质资源保护区

北部湾是我国水产种质资源的宝库。湾内沿岸分布的各种保护区，是指为保护和合理利用水产种质资源及其生存环境，在保护对象的索饵场、越冬场、洄游通道等主要生长繁育区域依法划出一定面积的水域滩涂和必要的土地，予以特殊保护和管理的区域。环北部湾区域内的水产保护区有二长棘鲷幼鱼保护区，儒艮自然保护区，幼鱼、幼虾保护区，大黄鱼、鲷鱼保护区，白蝶贝自然保护区，蓝圆鲹、沙丁鱼幼鱼保护区，麒麟菜自然保护区，大黄鱼幼鱼保护区。主要保护渔业物种类包括二长棘鲷、儒艮、白蝶贝、蓝圆鲹、沙丁鱼、麒麟菜、大黄鱼等。

4.2.3.3　产卵场

产卵场是维系生物资源补充量的重要场所，是水生生物种群赖以延续发展的基础。产卵场的健康、稳定与否，直接关系到海洋生物资源的可持续发展与利用。北部湾海域主要经济渔业物种的产卵场多分布在近岸水深40 m等深线范围以内，主要保护渔业物种包括二长棘鲷、蓝圆鲹、鲐鱼、金线鱼、绯鲤、大眼鲷、幼虾等。

4.2.3.4　主要风景名胜旅游区

北部湾经济区有我国大陆最著名的海滩旅游圣地——北海银滩。北海银滩因沙滩由上等石英砂构成，经阳光照射会泛出银光，所以被称为"银滩"。北海银滩东西绵延24 km，以"滩长平、沙白细、水温静、浪柔软、无鲨鱼、无污染"而享有"天下第一滩"的美誉。北海银滩是全国首批4A级景点，1992年经国务院批准成为12个国家旅游度假区之一，1995年被国家旅游局评为35个"王牌景点"之"最美休憩地"，每年吸引着数百万游客前来旅游观光。

4.3 关键制约因素分析方法

4.3.1 海域生态环境现状评价方法

4.3.1.1 数据来源

北部湾经济区海洋生态环境现状与历史趋势分析数据主要来源于广东、广西、海南三省区 1990 年、1995 年、1998—2007 年已有的环境质量、生态状况和渔业资源等调查研究成果和资料数据，并在此基础上补充 2009—2010 年近岸海域生态环境现状调查与监测资料数据。

4.3.1.2 水质状况评估方法

对照《海水水质标准》（GB 3097—1997）[130]，确定各监测点水质类别。水质类别按年均值进行划分，即某一测站所有监测项目中任一监测项目年均值超过一类标准的为二类水质，超过二类标准的为三类水质，超过三类标准的为四类水质。全海域海水质量状况划分与水质类别的对应关系如下：

——清洁海域：符合国家海水水质标准中第一类海水水质的海域，适用于海洋渔业水域、海上自然保护区和珍稀濒危海洋生物保护区。

——较清洁海域：符合国家海水水质标准中第二类海水水质的海域，适用于水产养殖区、海水浴场、人体直接接触海水的海上运动或娱乐区，以及与人类食用直接有关的工业用水区。

——轻度污染海域：符合国家海水水质标准中第三类海水水质的海域，适用于一般工业用水区。

——中度污染海域：符合国家海水水质标准中第四类海水水质的海域，适用于海洋港口水域和海洋开发作业区。

——严重污染海域：劣于国家海水水质标准中第四类海水水质的海域。

4.3.1.3 环境功能区水质现状评价方法

按照粤、桂、琼三省区 2007 年近岸海域环境功能区划所确定的水质目标评价海水水质达标情况。水质现状评价分别采用单因子指数法与综合指数法（内梅罗指数法）进行评价。

采用单因子指数法评价单项指标对环境产生的等效影响程度，分析各监测点的水质类别和功能区达标状况。其中，对于所有未检出的项目，其含量取最低检出限值的 1/2 进行单因子指数法计算，平均值和超标率均以样品个数为计算单元。单因子指数法的计算公式为

$$Q_{ij} = \frac{C_{ij}}{C_{0i}} \text{。} \tag{4-1}$$

对于海水溶解氧，采用公式

$$Q_i = |C_f - C_j| / |C_f - C_0|, C_j \geqslant C_0; \tag{4-2}$$

$$Q_j = 10 - 9C_j / C_0, C_j < C_0 \text{。} \tag{4-3}$$

对于海水 pH，采用公式

$$Q_j = |2C_j - C_{0(\text{upper})} - C_{0(\text{lower})}| / [C_{0(\text{upper})} - C_{0(\text{lower})}] \text{。} \tag{4-4}$$

式中，Q_{ij} 为站 j 评价因子 i 的标准指数，C_{ij} 为站 j 评价因子 i 的实测值，C_{0i} 为评价因子 i 的评价标准值，C_f 为现场水温和盐度条件下的溶解氧饱和含量，$C_{0(\text{upper})}$ 为 pH 的评价标准值上限，$C_{0(\text{lower})}$ 为 pH 的评价标准值下限。

用综合指数法评价海域水质综合环境质量现状。综合指数法的计算公式为

$$\text{WQI} = \sqrt{\frac{P_{\max}^2 + (\frac{1}{n} \sum_{i=1}^{n} P_i)^2}{2}} \text{。} \tag{4-5}$$

式中，WQI 为多项因子的综合质量指标，P_i 为因子 i 的单因子指数，n 为评价因子总数。

采用综合指数法既考虑了平均分指数的影响，也照顾到最大分指数的影响。综合评价分级判据：WQI < 1 为环境达标区，1 ≤ WQI ≤ 2 为轻度超标区，2 ≤ WQI ≤ 5 为中度超标区，5 ≤ WQI ≤ 10 为重度超标区，WQI ≥ 10 为严重超标区。

4.3.1.4 表层沉积物、海洋生物质量现状评价方法

表层沉积物、海洋生物质量现状评价主要依据《海洋沉积物质量标准》（GB 18668—2002）及《海洋生物质量标准》（GB 18421—2001）。根据海域不同使用功能要求的海洋沉积物或海洋生物质量类别，采用前述的单因子指数法对照相应的质量标准进行海洋沉积物或海洋生物质量评价。

4.3.1.5　海洋生态状况分析方法

通过海洋生态现状调查了解区域海洋生态状况。海洋生态状况主要分析海域初级生产力的空间分布特征，浮游植物的种类组成、优势种及其丰度、多样性指数与均匀度，浮游动物、底栖生物与潮间带生物的种类组成、栖息密度、生物量、多样性指数与均匀度，游泳生物的渔获率与资源分布密度。

初级生产力采用叶绿素 a 法，按照 Cadee 提出的简化公式估算[131]：

$$P=C_aQLt/2 。 \tag{4-6}$$

式中，P 为初级生产力［mg/（m^2·d）］；C_a 为叶绿素 a 的含量（mg/m^3）；Q 为同化系数［mg/（mg/h）］，根据中国水产科学研究院南海水产研究所以往调查结果，秋季取值 3.42，冬季取值 3.52；L 为真光层的深度（m）；t 为白昼时间（h），根据中国水产科学研究院南海水产研究所以往调查结果，秋季取值 10.5，冬季取值 9.5。

本书采用扫海面积法估算研究区域的游泳生物资源密度。公式如下：

$$B=\frac{SY\times10^{-3}}{A（1-E）} 。 \tag{4-7}$$

式中，B 为现存资源量（t）；A 为每小时扫海面积（km^2/h）；S 为调查监测水域面积（km^2）；Y 为平均渔获率（kg/h）；E 为逃逸率，取 0.5。

4.3.2　海域环境质量演变趋势分析方法

4.3.2.1　近岸海域水质历史趋势分析方法

近岸海域水质历史趋势分析主要从富营养化水平、重金属污染水平两方面进行。

采用目前国内常用的富营养化公式评价近岸海域富营养化状况。富营养化状态指数（E）以海水中无机氮（TIN）、活性磷酸盐浓度（SRP）为基本要素，以 COD 浓度升高表示海水富营养化间接环境生态效应。公式如下：

$$E=\frac{COD\times SRP\times TIN}{4\,500}\times10^6 。 \tag{4-8}$$

E 值越大，表示海水富营养化越严重。当 $E\geqslant1$，表示海水处于富营养化状态；

$E \geqslant 5$，表示海水处于过营养化状态，一般为赤潮高发区。

采用重金属综合污染指数 P 描述重金属污染水平[133]：

$$P = \frac{1}{n} \sum_{i=1}^{n} \frac{C_i}{\mathrm{Cs}_i} \qquad (4-9)$$

Cs 采用《海水水质标准》（GB 3097—1997）第二类标准值，评价的重金属包括 Hg、Cu、Pb、Cd、Zn 五项。

4.3.2.2　表层沉积物质量历史趋势分析方法

表层沉积物中的重金属有可能重新进入食物链循环，破坏生物体正常生理代谢活动[134]，威胁生态系统健康。同时，沉积物中污染物的浓度较为稳定，对沉积物中的污染物进行分析评价较水质评价而言更具有代表性[135]。生态风险指数法是划分沉积物污染程度及其水域潜在生态风险的一种相对快速、简单和标准的方法，本书采用 Hakanson 潜在风险指数法评价重金属潜在生态危害性变化。

瑞典学者 Hakanson 提出的潜在生态风险指数法[136]从生态角度考虑，利用典型有机污染物和重金属污染物的多指标生态评价体系，评价沉积物中重金属综合污染的潜在生态风险。该方法评价指标全面，且考虑区域背景值，适合于大区域不同源沉积物之间的比较，已经成为我国沉积物质量评价中应用最为广泛的评价方法。

Hakanson 潜在生态风险指数法计算公式：

$$RI = \sum_{i=1}^{n} E_r^i = \sum_{i=1}^{n} T_r^i \times C_f^i = \sum_{i=1}^{n} T_r^i \times \frac{C^i}{C_b^i}; \qquad (4-10)$$

$$C_d = \sum_{i=1}^{n} \frac{C^i}{C_b^i}。 \qquad (4-11)$$

式中，RI 为潜在生态风险指数，E_r^i 为某单个污染物的潜在生态风险系数，T_r^i 为毒性响应系数，C_d 为综合污染指数，C_f^i 为污染指数，C^i 为污染物实测浓度，C_b^i 为污染物的背景值。

陈静生等从"元素丰度原则"和"元素释放度"确定 Cu、Pb、Cd、As、Hg 的毒性响应系数分别为 5、5、30、10、40[137]。为更好地反映广西海域的污染状况并利于与其他区域对比，在分析比较了 1991—2000 年广西近岸海域背景值[138]和中国大陆沉积物背景值[139]的基础上，选取中国大陆沉积物背景值（Cu、Pb、

Cd、As、Hg 分别取 20 mg/kg、25 mg/kg、0.1 mg/kg、8.5 mg/kg、0.03 mg/kg）作为当地沉积物重金属背景值。

C_f^i、E_r^i 值对应的单个污染物污染程度和潜在生态风险程度划分参照 Hakanson 的方法，同时参照刘成等[140]、马德毅等[141]的研究成果，划分 C_d、RI 值对应的综合污染程度、潜在生态风险程度，具体见表 4-4、表 4-5。

表 4-4　综合污染程度各指标级别划分

指标	低污染	中污染	较高污染	很高污染
C_f^i	<1	[1, 3)	[3, 6)	≥6
C_d	<8	[8, 16)	[16, 32)	≥32

表 4-5　潜在生态风险程度各指标级别划分

指标	低潜在生态风险	中潜在生态风险	较高潜在生态风险	高潜在生态风险	很高潜在生态风险
E_r^i	<40	[40, 80)	[80, 160)	[160, 320)	≥320
RI	<150	[150, 300)	[300, 600)	≥600	

4.3.3　海岸线与滩涂资源演变趋势分析方法

4.3.3.1　海岸线、土地利用数据来源与预处理

海岸线、土地利用遥感数据是本书研究的基础数据。海岸线、土地利用遥感影像数据包括 1990 年、2000 年和 2007 年等三期 Landsat TM/ETM+ 影像，每期约需 10 景影像覆盖北部湾经济区，影像行列号分别为 123-44、123-45、124-44、124-45、124-46、124-47、125-44、125-45、126-44、126-45，影像空间分辨率为 28.5 m，大地坐标系为 WGS84，投影为 UTM。

影像预处理工作包括几何校正、辐射标定、大气校正、镶嵌和裁剪。

——几何校正。2000 年的北部湾经济区 ETM+ 影像已经过正射校正，可作

为 1990 年、2007 年 TM 影像几何校正的参考影像。具体步骤如下：① 选取地面控制点。在两期遥感影像上选择道路交叉点、建筑物等清晰且不随时间变化的定位标志，并使控制点尽可能均匀地分布在整幅图像内。② 多项式模型。由于数据量较大，考虑计算速度，并尽可能减少非线性变形带来的几何误差，本次校正选用的是一次多项式校正模型，几何校正精度在 0.5 个像元内。③ 重采样。对 1990 年和 2007 年的 TM 影像按一定规则进行重采样，采用最近邻内插法（确保卫星影像的灰度值变化较小，可进行相关的定量遥感分析）进行灰度值的插值计算。由此，得到经过几何校正的 1990 年和 2007 年遥感影像。

——辐射定标与大气校正。辐射畸变的校正一般是通过定期的地面测定进行，Landsat 5 和 7 系列的遥感器纠正是通过飞行前实地测量，预先测出各个波段的辐射值和记录值之间的校正增益系数和校正偏移量，可进行辐射定标，将灰度值转换为辐射亮度。大气校正模型采用黑体减法模型。

——镶嵌。由于覆盖北部湾经济区的影像多达 10 景，所以根据影像的投影和坐标系统进行镶嵌，得到覆盖北部湾经济区遥感影像图。

利用海岸线提取技术方法（参考《海岛海岸带卫星遥感调查技术规程》[142]），以湾的反射光谱曲线地物为界作为北部湾经济区的遥感影像解译海岸线，此界线以内包含滩涂、人工建筑物、港口码头等。

4.3.3.2 滩涂数据来源与预处理

历史滩涂数据来自全国 1∶250 000 地形数据库中的北部湾经济区部分，该数据库是国家基础地理信息系统三个全国性空间数据库之一，质量优良可靠。其中，区域滩涂以 1∶250 000 地形图的滩涂靠海一侧界限为下限，以 1∶250 000 地形数据中的海岸线为上限，上下限之间的浅滩即为滩涂，主要包括沙滩、沙砾滩、岩滩、珊瑚滩、淤泥滩、沙泥滩和红树林滩等七种类型。

4.3.3.3 演变趋势分析方法

收集海岸带 1990 年、2000 年、2007 年的遥感影像，应用 GIS 专业软件，通过监督分类和二值法等遥感解译方法，进行遥感影像解译和分类。根据遥感影像解译结果，分析重点开发或即将重点开发的岸段在时间、空间上的演变趋势，分析研究区域海岸线、滩涂资源的变化趋势。

4.4 近岸海域环境质量现状分析

4.4.1 近岸海域水质现状

4.4.1.1 监测站点情况

区域近岸海域水质现状数据采用2007年粤、桂、琼三省区在北部湾经济区内的近岸海域水质常规监测站点资料，共95个站点，其中广西片区48个站点，广东片区25个站点，海南片区22个站点。北部湾经济区近岸海域常规监测站点和补充监测站点情况见表4-6～表4-8。

表4-6 广西片区近岸海域常规环境监测站点

海域名称	海域编号	功能区名称	海域名称	海域编号	功能区名称
铁山港海域	GX012	白沙海养区	英罗港海域	GX029	沙田海养区
	BH6	铁山港排污区		GX032	沙田儒艮保护区
	GX023	环境质量监测点		GX016	山口红树林保护区
营盘海域	GX030	营盘海产品增殖区	茅尾海	GX001	茅尾海海水养殖区
	GX037	营盘海产品增殖区		GX002	茅尾海海水养殖区
	GX034	营盘马氏珍珠贝保护区		QZ3	钦江口航道区
银滩海域	GX033	银滩旅游度假区		QZ4	茅岭江口航道区
钦州湾海域	GX003	钦州湾红树林保护区	廉州湾海域	GX015	党江海养区
	GX004	钦州港口作业区		BH2	涠洲南湾港口区
	GX010	犀牛脚港口区		BH4	华侨港港口区
	GX005	龙门港口区		BH5	南沥渔港港口区

海域名称	海域编号	功能区名称	海域名称	海域编号	功能区名称
钦州湾海域	GX006	钦州湾三墩、麻蓝头风景旅游区	廉州湾海域	GX020	大风江口海产品增殖区
	QZ1	钦州港疏浚泥倾倒区		GX025	北海港口区
	QZ2	钦州龙门水道排污区		GX026	北海港口区
	GX035	大风江海产品增殖区		GX028	北海港疏浚泥倾倒区
	GX022	钦州海产品增殖区		GX036	北部湾渔业捕捞区
	GX008	钦州湾海产品增殖区	防城港海域	GX017	天堂滩旅游区
珍珠港海域	GX014	江平江入海口		GX007	北风脑海养区
	GX018	珍珠港海养区		GX009	东湾海养区
珍珠港海域	GX021	金滩海水浴场风景区		GX011	光坡海养区
	GX024	北仑河口保护区		GX013	防城港港口综合排污区
涠洲岛海域	BH1	涠洲海水养殖区	防城港海域	GX019	大平坡海水浴场区
	BH3	涠洲珊瑚礁保护区		GX031	防城港海产品增殖区
	GX038	北部湾渔业捕捞区		GX027	防城港疏浚泥倾倒区

表4-7　广东片区近岸海域常规环境监测站点

海域名称	功能区名称（质量点位编码）	海域名称	功能区名称（质量点位编码）
水东港	澳内工业排污区	雷州湾海域	硇洲岛鲍鱼自然保护区
	水东港口区		南渡河口稀释混合区
	虎头山海滨旅游区（GD0901）		城月河口稀释混合区

续表

海域名称	功能区名称（质量点位编码）	海域名称	功能区名称（质量点位编码）
湛江港及附近海域	鉴江河口沙螺保护区（GD0801）		GD0804
	GD0803		雷州半岛西南盐业养殖区
湛江港及附近海域	湛江港湾旅游港口综合工业区（GD0802）	雷州半岛西部海域	雷州白蝶贝资源保护、养殖区（GD0809）
	东海岛龙海天海滨旅游区		GD0810
博贺湾	博贺湾养殖盐业区		GD0811
	鸡打港盐业区		雷州半岛西部沿海养殖区
	GD0902	安铺湾	廉江高桥英罗湾红树林保护区
琼州海峡北部海域	雷州东里调风海水养殖区（GD0805）		徐闻东南沿海海水养殖区
	GD0806	安铺湾	GD0808
	GD0807		

表 4-8　海南片区近岸海域常规环境监测站点

海域名称	站点编号	站点名称	海域名称	站点编号	站点名称
海口湾	HN0107	东水港	洋浦湾	HN9303	儋洲白蝶贝自然保护区
	HN0108	东寨红树林		HN9305	海头港渔业养殖区
	HN0109	桂林洋		HN9307	三都海域
	HN0106	寰岛		HN9306	头东村养殖区
	HN0110	假日海滩		HN9302	新英湾养殖区

海域名称	站点编号	站点名称	海域名称	站点编号	站点名称
海口湾	HN0103	三连村	棋子湾	HN3102	昌化港口区
	HN0105	秀英港	东方近海	HN9703	八所港
澄迈诸湾	HN2702	马村港	东方近海	HN9701	八所化肥厂外
	HN2701	桥头金牌		HN9704	东方盐场
后水湾	HN2803	马袅区	乐罗近海	HN9401	求雨村养殖区
	HN2802	美夏区		HN9402	望楼港养殖区

4.4.1.2 调查内容

近岸海域水质调查指标包括水温、盐度、透明度、叶绿素 a、pH、石油类、挥发酚、硫化物、Hg、Cu、Pb、Cd、Zn、Cr、As、COD、五日生化需氧量（BOD_5）、溶解氧、活性磷酸盐、活性硅酸盐、非离子氨、无机氮（NO_3^--N、NO_2^--N、NH_3^+-N）、悬浮物、粪大肠菌群等 24 项。其中 COD、BOD_5、无机氮及磷酸盐为重点调查指标。

所有样品的采集、保存、运输和分析均按照《海洋调查规范》（GB 12763—2007）和《海洋监测规范》（GB 17378—2007）的要求进行。

4.4.1.3 近岸海域水质现状评价

北部湾近岸海域 95 个水质常规监测站点 2007 年枯水期、丰水期、平水期及年度监测数据统计结果（图 4-1）表明，北部湾近岸海域丰水期浓度明显高于平水期、枯水期浓度的项目有 COD、BOD_5、溶解态无机氮（DIN）、非离子氮和粪大肠菌群，说明这些污染物受入海河流携带入的陆源污染物影响较大。其他项目各水期变化不明显。

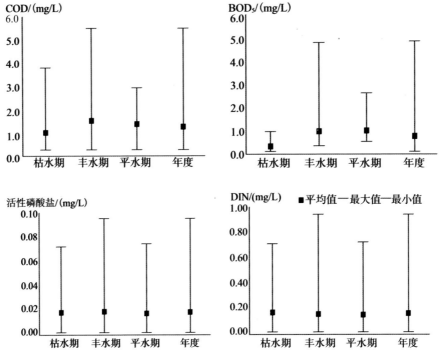

图 4-1　北部湾主要水污染物浓度统计结果

按监测站点统计的 2007 年丰水期、平水期、枯水期及年度的站点水质类别见表 4-9。从全年来看，环北部湾海域一、二类海水区占 80%，为清洁海域；三类海水区约占 15%，为轻度污染海域；四类及劣四类海水区约占 5%，仅分布在广西海域排污口附近。

表 4-9　2007 年北部湾经济区各类水质类别对应的常规站点数

海域水质	一类	二类	三类	四类	劣四类
北部湾经济区	42	39	14	3	2
广东片区	8	15	3	0	0
海南片区	11	11	2	0	0
广西片区	23	13	9	3	2

4.4.2 近岸海域环境功能区水质评价

2007 年环北部湾近岸海域海水环境功能区达标率为 71.6%（表 4-10），枯水期、丰水期和平水期达标率分别为 74.0%、65.7% 和 76.3%。超标因子有无机氮、粪大肠菌群、活性磷酸盐、COD、溶解氧、pH。部分生态敏感水域如茅尾海、英罗港和银滩的环境功能达标率分别为 8.3%、33.3% 和 33.3%。

表 4-10 2007 年环北部湾近岸海域环境功能区水质达标率

海域	枯水期 /%	丰水期 /%	平水期 /%	全年 /%
环北部湾海域	74.0	65.7	76.3	71.6
西北部海域	55.4	55.9	74.1	61.8
南部海域	100.0	77.3	—	88.6
东北部海域	100.0	81.0	81.8	86.9

近岸海域水质综合指数（WQI）评价结果表明，区域水质综合指数总体呈现出东高西低、北高南低的规律。达标海域主要为海南西部和广西近岸海域，轻度超标海域主要分布于广东的湛江湾内海域、雷州湾排污混合区海域和雷州半岛南部海域，中度超标区出现于广西近岸的茅尾海水域和廉州湾海域。超标因子主要为无机氮、粪大肠菌群。

从不同水期看，由于入海河流携带污染物的影响，对于入海河流汇入的英罗港海域、廉州湾海域、钦州湾海域、防城港海域和雷州半岛南部海域，水质综合指数明显呈现出丰水期＞平水期＞枯水期的特征，其他海域水质季节变化不明显（图 4-2 ～ 4-4）。

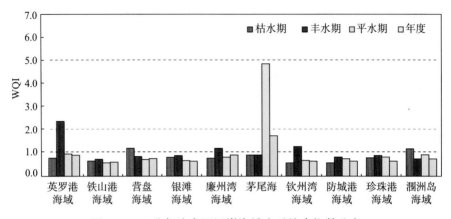

图 4-2　环北部湾广西近岸海域水质综合指数分布

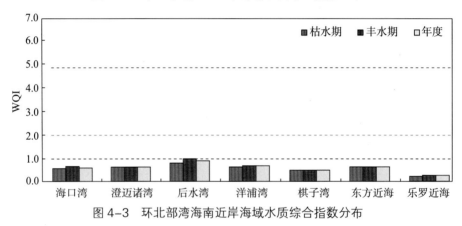

图 4-3　环北部湾海南近岸海域水质综合指数分布

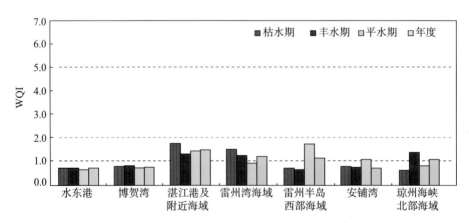

图 4-4　环北部湾广东近岸海域水质综合指数分布

4.4.3 表层沉积物质量现状评价

表层沉积物质量现状评价采用广西近岸海域 69 个监测站的数据资料。评价指标包括 Hg、Cd、Pb、Zn、Cu、Cr、As、有机碳、硫化物、石油类等 10 项。评价结果表明，环北部湾广西近岸海域表层沉积物质量现状优良，一类质量占 87.0%，环境功能区达标率为 94.2%，超标水域主要为防城港局部海域，超标因子主要为石油类。

4.4.4 海洋生物质量现状评价

根据 2009—2010 年补充监测与分析结果，北部湾海域鱼类生物质量良好，部分海域贝类生物体的粪大肠菌群、Zn、Cu 出现超标。广西片区除铁山港个别站点 Cu、Zn 和粪大肠菌群超过海洋生物质量二类标准外，其余各指标情况较好。广东片区鱼类生物质量较好，仅东海岛附近海域的样品 Cu、Zn 含量轻微超标。海南片区除 Cu、Zn 和粪大肠菌群含量超标外，其余指标均达到或优于海洋生物质量二类标准。

4.5 海洋生态状况与生态系统现状分析

4.5.1 海洋生态状况

4.5.1.1 叶绿素a

2009—2010 年秋、冬季生态现状补充调查结果表明，环北部湾海域叶绿素 a 浓度变化范围为 0.30～5.80 mg/m³，平均为 1.58 mg/m³，总体处于较高水平。

秋季，环北部湾海域叶绿素 a 浓度变化范围为 0.30～5.10 mg/m³，均值为 1.48 mg/m³，叶绿素 a 浓度较低。广西海域的变化范围（0.49～5.10 mg/m³）最大，而海南海域的变化范围（0.30～2.66 mg/m³）最小。各个分海域的均值相差不大，以广东海域叶绿素 a 浓度（1.89 mg/m³）最高，广西海域（1.66 mg/m³）次之，海南海域（1.02 mg/m³）最低。

冬季，环北部湾海域叶绿素 a 浓度为 0.44～5.80 mg/m³，均值为 1.68 mg/m³，较秋季调查时略高。广西海域的变化范围（0.44～5.80 mg/m³）最大，海南海域变化范围

（0.77～1.59 mg/m³）最小，与秋季调查时基本一致。广西海域的均值（1.92 mg/m³）和广东海域的（2.07 mg/m³）相差不大，而海南海域的均值（1.19 mg/m³）相对较低。

4.5.1.2　初级生产力

环北部湾海域秋、冬季初级生产力变化范围为 37.72～501.97 mg/（m²·d），平均为 152.42 mg/（m²·d），属于高水平级。

秋季，初级生产力水平变化范围为 41.75～356.19 mg/（m²·d），均值为 155.11 mg/（m²·d），初级生产力水平较低。广西海域的变化范围［46.86～356.19 mg/（m²·d）］最大，而海南海域变化范围［41.75～211.15 mg/（m²·d）］最小。广西海域的均值［191.62 mg/（m²·d）］略高于广东海域［189.66 mg/（m²·d）］，海南海域的均值［97.26 mg/（m²·d）］最低。

冬季，整个调查海域初级生产力变化范围为 37.72～501.97 mg/（m²·d），均值为 149.72 mg/（m²·d）较秋季略低。广西海域变化范围［56.92～501.97 mg/（m²·d）］最大，而海南海域变化范围［37.72～274.87 mg/（m²·d）］最小。广西海域的均值［164.72 mg/（m²·d）］最高，而海南海域的均值［135.07 mg/（m²·d）］最低。

4.5.1.3　浮游藻类

环北部湾浮游藻类呈现明显的热带‐亚热带近岸群落区系特征，具明显的港湾、近海属性，以沿岸及近海广布种为主，暖水区系特征较为明显，也出现一定数量的外海种和部分咸淡水种。

——种类组成。补充调查期间共鉴定浮游藻类 4 门 191 种（类）。硅藻门种类最多，共 153 种，占总种类数的 80.1%；甲藻门次之，出现 33 种，占总种类数的 17.3%；蓝藻门出现 4 种，占总种类数的 2.1%；定鞭藻门出现 1 种，占总种类数的 0.5%。

——优势种。以优势度大于 0.015 为判断标准，秋季整个调查区域的优势种为旋链角毛藻（*Chaetoceros curvisetus*）、柔弱菱形藻（*Nitzschia delicatissima*）、绕孢角毛藻（*C. cinctus*）、菱形海线藻（*Thalassionema nitzschioides*）、丹麦细柱藻（*Leptocylindrus danicus*）和窄隙角毛藻（*C. affinis*）。以旋链角毛藻和柔弱菱形藻最占优势，优势度分别为 0.295 和 0.156；其他优势种优势度为 0.015～0.022。冬季整个调查区域的优势种为球形棕囊藻（*Phaeocystis pouchetii*）及细弱海链藻（*Thalassiosira subtilis*），优势度分别为 0.324、0.062。

——丰度分布。秋季，环北部湾海域浮游藻类丰度变化范围为 $4.56 \times 10^4 \sim$ $17\,015.62 \times 10^4$ 个 / 米^3，平均为 $1\,227.09 \times 10^4$ 个 / 米^3。其中硅藻门平均占 99.7%，甲藻门占 0.2%，蓝藻门占 0.1%。广西海域丰度明显高于粤西海域，粤西海域丰度明显高于海南海域，三个海域平均丰度分别为 $2\,916.53 \times 10^4$ 个 / 米^3、714.31×10^4 个 / 米^3 和 133.41×10^4 个 / 米^3。最高丰度出现在广西铁山港沿岸海域，广西北海、钦州、防城港海域和粤西的东海岛海域丰度次之，粤西的茂名港海域和海南的海口、澄迈、临高海域丰度较低，海南的洋浦、东方海域和粤西的徐闻海域丰度最低。茂名港和洋浦开发区附近海域蓝藻门和甲藻门丰度百分比大于邻近海域。

冬季，环北部湾海域浮游藻类丰度变化范围为 $25.67 \times 10^4 \sim 353\,790.00 \times 10^4$ 个 / 米^3，平均为 $15\,257.71 \times 10^4$ 个 / 米^3。其中，定鞭藻门平均占 97.3%，硅藻门占 2.7%，甲藻门占 0.03%，蓝藻门占 0.01%。粤西海域丰度高于广西海域，广西海域丰度明显高于海南海域，三个海域平均丰度分别为 $31\,544.83 \times 10^4$ 个 / 米^3、$15\,019.79 \times 10^4$ 个 / 米^3 和 $3\,250.55 \times 10^4$ 个 / 米^3。最高丰度出现在粤西徐闻沿岸海域，平均丰度为 $181\,349.92 \times 10^4$ 个 / 米^3；广西防城港沿岸海域和海南海口、澄迈沿岸海域丰度次之，平均丰度分别为 $43\,249.89 \times 10^4$ 个 / 米^3 和 $19\,988.82 \times 10^4$ 个 / 米^3，广西钦州湾沿岸海域、粤西东海岛沿岸海域和海南临高沿岸海域丰度偏高，平均丰度范围为 $2\,554.68 \times 10^4 \sim 8\,773.56 \times 10^4$ 个 / 米^3；北海沿岸、铁山港沿岸、茂名沿岸、洋浦和东方海域丰度较低，平均丰度范围为 $63.60 \times 10^4 \sim 464.52$ 个 / 米^3。

——多样性水平。秋季，三个海域浮游藻类生物多样性指数平均为 3.04，以海南海区为最高（3.44），其次为粤西海区（2.96），以广西海区为最低（2.71）。均匀度指数总平均为 0.66，以粤西海区为最高（0.71），其次为海南海区（0.69），以广西海区为最低（0.59）。

冬季，整个环北部湾海域浮游藻类生物多样性指数平均为 2.47，广西海域（2.86）≈ 海南海域（2.80）> 粤西海域（1.57）。均匀度指数总平均为 0.52，海南海域（0.58）≈ 广西海域（0.57）> 粤西海域（0.37）。

4.5.1.4 浮游动物

浮游动物饵料生物量较低，表现出明显的热带低纬度海域浮游动物生物量较低的一般特征，平面分布与总生物量分布趋势基本一致，共出现浮游动物 224 种（类）。秋季浮游动物栖息密度平均为 131.39 个 / 米^3，生物量均值为 85.83 mg/ 个 / 米^3；冬季栖息密度均值为 163.40 个 / 米^3，生物量均值为 105.47 mg/m^3。秋、冬季共出现底栖生物 180 种，总平均生物量 92.06 g/m^2，平均栖息密度 173.87 个 / 米^3。

潮间带生物有 241 种，平均生物量为 311.69 g/m^2，平均栖息密度为 521.99 个 / 米^3。鱼卵、仔鱼样品出现 28 个种类，隶属于 24 科 28 属，平均密度为 1.279 个 / 米^3，仔、稚鱼平均密度为 0.049 0 尾 / 米^3。游泳生物有 224 种，其中鱼类 157 种，甲壳类和头足类分别为 53 种和 14 种，秋、冬两季平均资源密度为 318.15 kg/km^2。

4.5.2 典型海岸带生态系统

4.5.2.1 红树林

红树林是生长于热带、亚热带海岸潮间带上部，能适应潮间带恶劣生境，以红树植物为主体的常绿灌木或乔木组成的潮滩湿地木本生物群落。红树林主要分布在海河交汇处或河口海湾、淤泥碎屑沉积形成的广阔滩涂及其附近，是陆地向海洋过渡的特殊生态系统。

红树植物以红树科的种类为主，红树科有 16 属 120 种。北部湾经济区红树植物种类多，红树林分布广，生态系统处于健康状态。广东、广西、海南红树林面积在我国位居前三，共 21 389 hm^2，占全国红树林总面积的 94.4%，是我国红树林分布最集中的区域。我国的红树林植物共有 36 种，海南、广东和广西分别有 35 种、19 种和 17 种。北部湾海域红树林保护区总面积约 34 960 hm^2，其中海南、广东和广西片区红树林保护区面积分别占 11%、58% 和 31%。

广东的红树林主要分布于粤西雷州半岛。湛江红树林国家级自然保护区位于我国大陆最南端，自然资源十分丰富，保护区面积 20 278 hm^2，是我国最大的红树林湿地保护区，是我国七个国际重要湿地之一。

广西的红树林以北海、防城港分布最广，有山口国家级红树林生态保护区及北仑河口国家级自然保护区。山口国家级红树林生态保护区由广西合浦县东南部沙田半岛的东西两侧海岸及海域组成，红树植物有 7 科 9 属 9 种。防城港北仑河口国家级自然保护区面积为 2 680 hm^2，共有 15 种红树植物分布，生物多样性高。

海南的红树林以琼山、文昌分布最广。海南红树林有 23 科 37 种，最高者达 10 m，其中海桑属于国家一级保护植物。海南东寨港红树林保护区面积 3 337 hm^2，是我国建立的第一个红树林保护区，也是我国七个国际重要湿地之一。该区域的红树种类十分丰富，占全国红树种类的 60% 以上。

4.5.2.2　珊瑚礁

北部湾海域有三处珊瑚密集分布区，分别为徐闻珊瑚礁国家级自然保护区、海南西北部澄迈至东方八所浅海区、环涠洲岛浅海区。

广东徐闻珊瑚礁国家级自然保护区位于徐闻县角尾乡和西连镇沿海，面积14 378.5 hm^2，是我国面积最大、珊瑚种类最多、连片最完整的珊瑚礁自然保护区。区内珊瑚种类有 3 目 18 科 65 种。其中，石珊瑚目 10 科 37 种，均为国家二级重点保护动物。

海南现有珊瑚礁分布面积 22 217 hm^2，岸礁长度 717.5 km，其珊瑚种类、分布面积与生态条件均居全国之首。其中，儋州市和澄迈县珊瑚礁面积约 2 000 hm^2，儋州市岸礁长度 150 km。西北部澄迈至东方八所沿岸均有珊瑚礁分布，主要分布在洋浦湾、后水湾及澄迈湾。从目前的状况来看，海南保存完好的珊瑚礁及现生珊瑚基本分布在三亚、琼海、文昌、临高、儋州、昌江和东方沿岸。

涠洲岛珊瑚覆盖率近 20%，是广西沿海唯一的珊瑚礁分布地，也是广西近海海洋生态系统的重要组成部分。环涠洲岛活珊瑚种类共有 21 属 45 种。

4.5.2.3　海草床

我国沿海已知的海草床生物有 8 属，其中海菖蒲、海龟草、喜盐草、海神草、二药藻和针叶藻等 6 属是暖水性种类，分布于广东、海南和广西三省区沿海，约20 多种（类）。北部湾的海草床主要分布于广东的雷州半岛流沙湾、湛江东海岛和阳江海陵岛，以及广西的铁山港和英罗港的西南部海域、珍珠港海域。海南东部从文昌至三亚、西部从澄迈到东方的近岸海域均有海草床分布，但主要分布于黎安港、新村港、亚龙湾和三亚湾等。

4.5.3 典型生物物种

4.5.3.1 白蝶贝

白蝶贝是一种海产双壳珍珠贝类，是世界稀有的最大最优质珍珠贝，也是我国南海特有的珍珠贝种类，被列入《我国现阶段不对国外交换的水产种质资源名录》，是国家二级保护动物，也是环北部湾沿海重要的保护生物和敏感指示生物。北部湾目前有三个省级白蝶贝自然保护区，是我国现有为数不多的白蝶贝栖息分布区和自然保护区之一。

儋州市、临高县白蝶贝自然保护区面积为 674 km²。自成立以来，没有开展全面的资源调查。从最近几年开展局部海区调查的结果来看，白蝶贝已经很难采到。2010 年 4 月的调查结果显示，洋浦海域白蝶贝出现频率和栖息密度明显低于临高附近海域，资源量下降明显（图 4-5）。

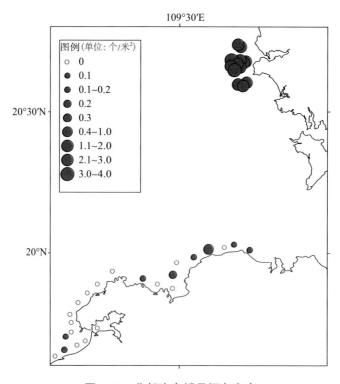

图 4-5　北部湾白蝶贝栖息密度

广东省雷州白蝶贝自然保护区位于雷州半岛西侧，面积为 446 km^2，其保护对象为白蝶贝、江珧、蚶类、长竹蛏、棒锥螺等及其自然生态环境。根据 2008 年中国水产科学研究院南海水产研究所的调查结果，雷州半岛海域的白蝶贝资源状况相对较好。

4.5.3.2 文昌鱼

文昌鱼是国家二级保护动物。文昌鱼对自然生态环境的要求十分苛刻，所以在世界的分布范围有限。在环北部湾的沿岸海域分布着较多珍贵的文昌鱼资源。广东茂名文昌鱼市级保护区总面积为 14 255 hm^2，核心区为 5 948 hm^2，调查结果显示茂名海域是迄今我国已知的第一大文昌鱼资源集中分布区域。

4.5.3.3 中华白海豚

中华白海豚属国家一级保护动物，在我国主要分布于东海、南海和北部湾沿岸水域，其栖息地由于退化和破碎化已被分隔为几个小片。已见报道的有 4 个种群，分别生活在闽南沿岸水域、台湾西部沿岸水域、珠江口水域及北部湾沿岸水域。在环北部湾海域，中华白海豚只见于湛江雷州湾、钦州三娘湾。

钦州三娘湾中华白海豚密集分布区经常出现的中华白海豚有 100～120 头。湛江雷州湾中华白海豚密集分布区约有 300 头，是我国沿岸中华白海豚的一个十分重要的栖息地。研究表明，海洋环境污染，海上和海岸工程建设，船只误伤，渔船误捕，过度捕捞，港口、航运和旅游活动，等等，都对中华白海豚的生存造成不可估量的负面影响。

4.5.3.4 儒艮

儒艮俗称美人鱼，为国家一级保护动物，在我国分布于台湾南部的南海海域、广西北海沿海海域。广西北海合浦儒艮国家自然保护区是我国唯一的儒艮国家级自然保护区，该保护区内虽多次发现儒艮活动踪迹，但没发现其实体。

4.5.3.5 二长棘鲷

国家级水产种质资源保护区是指在国内、国际有重大影响，具有重要经济价值、遗传育种价值或特殊生态保护和科研价值，保护对象为重要的、洄游性的共用水产种质资源或保护对象分布区域跨省际行政区划或海域管辖权限，经国务院或农业部批准并公布的水产种质资源保护区。

二长棘鲷国家级种质资源保护区的核心区特别保护期为 1 月 15 日至 3 月 1 日，

主要保护对象为二长棘鲷和长毛对虾，其他保护物种包括金线鱼、蓝圆鲹、黄带鲱鲤、长尾大眼鲷、蛇鲻类、日本金线鱼、墨吉对虾、长足鹰爪虾、中华管鞭虾、锈斑蟳、逍遥馒头蟹、日本蟳、马氏珍珠贝、方格星虫等。

4.5.3.6 近江牡蛎

近江牡蛎以广东、广西、海南和福建沿海为主要分布区，在北部湾区内主要分布于北海市西部到防城港市一带的河口附近低盐海区。钦州湾是我国最大的近江牡蛎养殖种苗基地，尤其是茅尾海及附近海域，是近江牡蛎母本资源集中分布区，占我国牡蛎种苗市场 70% 以上的份额。近年来，由于频繁的人类活动以及不断扩大的养殖规模，该海区的牡蛎资源已呈现衰退的迹象，表现为生长速度减缓、养殖周期延长、病害频发等。

4.6 海域环境质量历史演变趋势研究

4.6.1 近岸海域富营养化水平历史演变趋势研究

从环北部湾近年海域富营养化指数历史变化基本趋势（图 4-6 ～ 4-8）看，历年富营养化水平总体下降，空间分布特征差异较大，部分海域营养化水平呈波浪式上升。东北部的湛江港、水东港海域，西北部的茅尾海海域、廉州湾海域 E 值持续较高，其他海域 E 值相对较低。2007 年，广东湛江港及附近海域、水东港，广西茅尾海海域呈富营养化状态。同时，无机氮是导致近岸海域海水富营养化的主要因素。

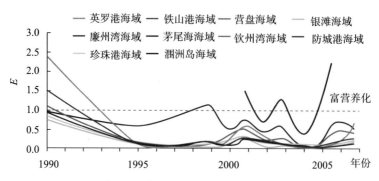

图 4-6 环北部湾广西近岸海域富营养化指数历史变化趋势

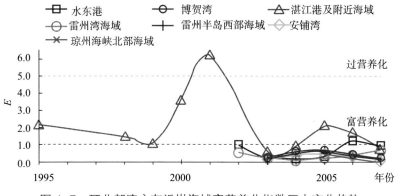

图 4-7 环北部湾广东近岸海域富营养化指数历史变化趋势

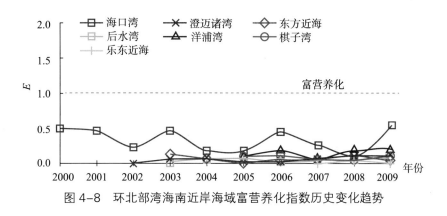

图 4-8 环北部湾海南近岸海域富营养化指数历史变化趋势

4.6.2 海水重金属污染水平历史演变趋势分析

从重金属污染水平历年变化（图 4-9 ～ 4-11）看，海水重金属综合污染指数 P 值总体平缓下降。2002 年后，各海域 P 值持续维持在较低水平（未污染），空间分布特征差异较小。

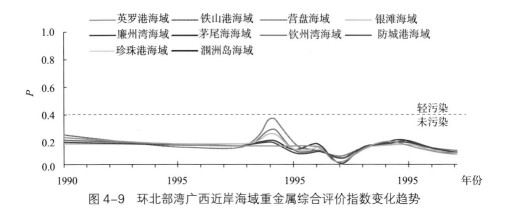

图 4-9 环北部湾广西近岸海域重金属综合评价指数变化趋势

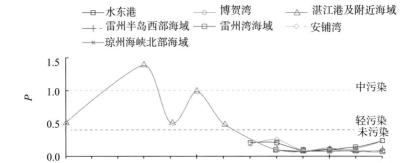

图 4-10 环北部湾广东近岸海域重金属综合评价指数历史变化趋势

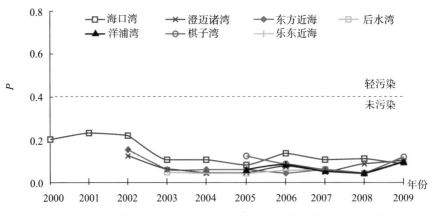

图 4-11 环北部湾海南近岸海域重金属综合评价指数历史变化趋势

4.6.3　海水营养盐结构长期演变趋势分析

营养盐含量是影响北部湾近岸海域水质类别构成的主要因素。本书选取环北部湾广西近岸海域进行营养盐结构长期演变特征分析。

广西近岸海域营养盐结构长期演变特征可归为两种类型。

4.6.3.1　主要河口水域

钦州湾内、廉州湾内、大风江口等主要河口附近水域的 DIN 组成（图 4-12）均是 NO_3^--N 占主导地位，所占比例大于 70%；NH_4^+-N 比例在 20% 以下；NO_2^--N 比例变化不大，维持在 10% 以下。无机氮的组成结构与钦州湾海域研究成果[142]吻合，与以 NH_4^+-N 为主要组成的一些近海如胶州湾[144,145]、渤海湾[146]、深圳湾[147]的研究结果不同，这些海域的 NH_4^+-N 对 DIN 的贡献率大。钦州湾内、廉州湾内、大风江口的氮源主要以长距离河流输送和水产养殖为主，其中长距离河流输送占绝对优势，类似于长江口水域[148,149]，河流的输送过程中，生活污水的 NH_4^+-N 部分被氧化为 NO_3^--N。从 1995—2007 年上述水域的 N/P 值变化趋势上看，由于 DIP 浓度总体随时间上升，N/P 值总体呈下降趋势，仍持续大于 Redfield 比值（16），为磷限制状态。

4.6.3.2　其他水域

对于湾内、湾口水域，DIN 仍以 NO_3^--N 为主要组分，基本占 50% ～ 60%，NH_4^+-N 的比例基本大于 20%，NO_2^--N 的比例基本维持在 10% 以下。珍珠湾内、防城港湾内、防城港湾口、铁山港湾口水域总体为氮限制状态；钦州湾口 N/P 值波动较大，总体为磷限制状态（图 4-13）。

综上，钦州湾内、廉州湾内、大风江口为磷限制状态，N/P 值呈下降趋势，DIN 主要组成形态为 NO_3^--N，其他监测水域总体为氮限制状态，N/P 值年际变化较复杂。NO_3^--N 比例从河口、湾口至湾外持续降低，NH_4^+-N 比例从河口、湾口至湾外有增加趋势，说明径流量大的入海河流为河口输送来的 DIN 以 NO_3^--N 为主。湾外水域 NH_4^+-N 占 30% ～ 60%，受陆源输入影响小，接近外海区 NH_4^+-N 比例[150]。

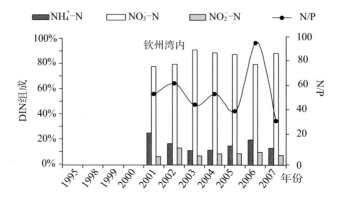

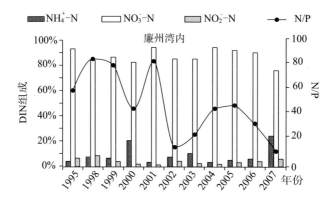

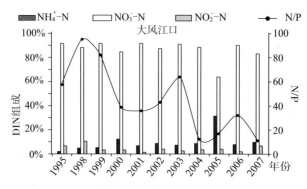

图 4-12　主要河口水域 DIN 组成与 N/P 变化

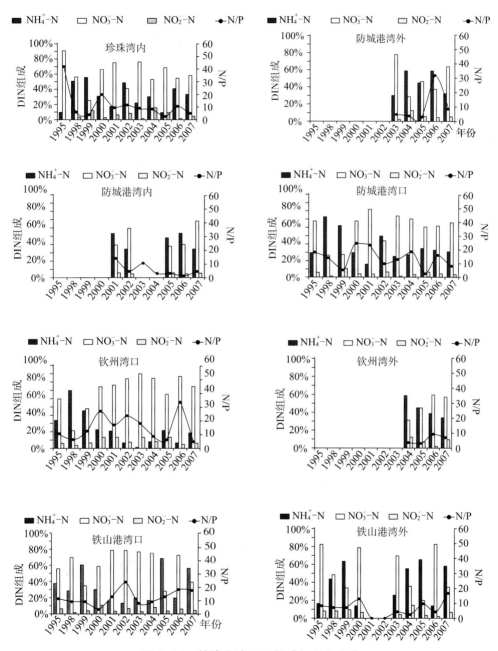

图 4-13　其他水域 DIN 组成与 N/P 变化

4.6.4 表层沉积物重金属潜在生态风险变化分析

由于资料受限，搜集 2000 年、2007 年环北部湾西北部近岸海域常规表层沉积物监测数据进行趋势分析。

2007 年，该近岸海域沉积物总体尚处于低潜在生态风险。各种重金属潜在生态风险程度呈现 Hg > Cd > As > Pb > Cu 的特征。As、Pb、Cu 的平均值小于 40，为低潜在生态风险；Hg 在防城港、廉州湾海域出现中潜在生态风险和较高潜在生态风险；Cd 在防城港出现较高潜在生态风险。同时，环北部湾西北部近岸海域沉积物中 As 的生态风险呈现下降趋势，而 Hg、Cd、Pb、Cu 呈明显上升趋势，Pb 上升特别显著。防城港海域从 2000 年的低潜在生态风险向 2007 年的中潜在生态风险转化。

2000 年、2007 年近岸海域沉积物潜在生态风险定量计算结果见表 4-11。

表 4-11　表层沉积物重金属潜在生态风险评价结果

海域	年份	单个因子的生态风险指数					RI
		Cu	Pb	Cd	As	Hg	
英罗港	2000	0.2	0.3	6.00	1.60	4.33	12.4
	2007	1.0	2.0	6.00	6.30	16.00	31.3
铁山港	2000	1.2	0.3	6.00	14.51	4.60	26.6
	2007	0.6	1.0	10.00	8.79	14.22	34.6
营盘	2000	1.8	0.3	6.00	3.54	2.93	14.5
	2007	1.3	1.9	6.00	5.15	19.11	33.4
银滩	2000	0.17	0.3	6.00	3.50	3.46	13.4
	2007	0.25	0.3	6.00	1.05	6.66	14.3
廉州湾	2000	1.2	0.4	9.75	38.22	21.70	71.3
	2007	3.0	4.5	17.00	11.27	46.81	82.5
茅尾海	2000	—	—	—	—	—	—
	2007	2.2	2.8	14.25	7.95	30.00	57.1

海域	年份	单个因子的生态风险指数					RI
		Cu	Pb	Cd	As	Hg	
钦州湾	2000	2.4	1.9	12.00	21.97	12.66	51.0
	2007	2.5	3.0	8.10	14.24	39.57	67.4
防城港	2000	1.7	0.3	6.00	10.00	12.00	30.0
	2007	3.6	5.5	94.87	10.81	78.83	193.5
珍珠港	2000	0.7	0.3	6.00	6.65	9.66	23.3
	2007	2.8	3.7	11.25	6.75	9.33	33.8
广西北部湾	2000	1.16	0.48	7.35	14.59	10.22	33.8
	2007	2.48	3.61	25.18	9.93	38.71	79.9

2000 年、2007 年各单要素对潜在生态风险的贡献有所变化。2000 年，As 和 Hg 是主要潜在生态风险因子，二者贡献率为 74%。2007 年，Hg 和 Cd 成为主要潜在生态风险因子，二者贡献率达 80%。Pb 的贡献率由 1% 增加至 5%，而 As 的贡献率由 44% 下降至 12%。

4.7 典型生态敏感单元历史演变趋势研究

4.7.1 典型生态系统变化趋势研究

4.7.1.1 红树林

20 世纪 50 年代至 21 世纪初，由于围海造田、围塘养殖、工程开发、砍伐薪材和环境污染等原因，区域红树林面积减少明显。近年来经过人工恢复和保护，区域红树林面积趋于稳定。2004—2008 年监测结果表明，区域红树林生态系统基本保持稳定，总体处于健康水平。

4.7.1.2 珊瑚礁

北部湾珊瑚礁面积大、种类多，珊瑚礁历史退化趋势明显，近年相对较稳定。

1950 年以来，海南沿海 80% ～ 95% 的珊瑚礁受到不同程度的破坏，其中近岸珊瑚礁破坏严重。目前海南岸礁面积比 20 世纪 60 年代减少 55.6%，仅剩 22 217 hm²，岸礁长度减少 59.1%。2004—2008 年海南珊瑚礁监测结果显示，西北部澄迈至东方八所沿岸珊瑚礁虽有退化现象，但目前仍处于健康状况，五年来变化趋势基本稳定。

广西涠洲岛珊瑚礁种类组成变化大，多样性下降明显，活的造礁石珊瑚覆盖率低，死亡率高，2005 年平均死亡率为 31.4%，珊瑚礁退化趋势明显。2004—2008 年，涠洲岛珊瑚礁两个监测区监测结果显示近年来未出现珊瑚大规模持续死亡的情况，营养化指示海藻也很少出现，涠洲岛珊瑚礁生态系统五年来变化趋势呈基本稳定状态，但没有明显的恢复迹象。涠洲岛珊瑚礁总体处于健康状况。

4.7.1.3 海草床

本区沿海的海草床面积逐渐缩小，破碎化程度略有增加，局部破坏严重，难以成床。2004—2008 年监测结果表明，广东流沙湾海草床和东海岛海草床现处于健康状况，五年来变化趋势基本稳定；广西合浦附近海域海草床因受挖沙虫、耙螺、电鱼、电虾等人为活动的影响，从 2005 年起逐渐衰退，面积逐渐减小；广西海草床虽略有衰退，总体仍处于健康状况；海南岛西部从澄迈到东方的近岸海域海草床受破坏程度严重，分布较疏，海草很难成床，处于不健康状况。

4.7.2 典型生物物种变化趋势研究

4.7.2.1 儒艮

与 20 世纪 60 年代相比，自 20 世纪 80 年代以来，儒艮数量下降明显，20 世纪 90 年代已很少发现儒艮的踪影。1978—1994 年，儒艮活动出现次数为 56 头次；1997—2001 年，共发现 31 头次，其中活的 28 头次，死的 3 头次；自 2001 年至今，虽多次发现儒艮的活动踪迹，但没发现儒艮活体。

4.7.2.2 中华白海豚

广西三娘湾中华白海豚密集分布区经常出现的中华白海豚有 100 ～ 120 头。最近几年的调查监测数据表明，保护区内中华白海豚种群数量处于稳定状态。

广东湛江雷州湾中华白海豚种群数量约 300 头,是我国沿岸中华白海豚的一个十分重要的栖息地,密集区处于雷州湾口海域,面积 10 268 hm²。最近几年的调查监测数据表明,保护区内中华白海豚的种群数量处于稳定状态。

4.7.2.3 白蝶贝

20 世纪 60 年代以前,白蝶贝一般在海南岛周围水深 10 m 以上海域都可采捞到,尤以儋州到临高一带沿海资源更为丰富。据统计,20 世纪 80 年代初的四年中,海南沿海共潜水采捞了白蝶贝 50 t,最大个体重达 7 kg。2009 年,海南省水产研究所在临高和儋州的调查表明,白蝶贝自然保护区近岸水深 15 m 以内,白蝶贝已近乎绝迹,只在 20 m 左右水深处才能发现白蝶贝。

4.7.2.4 文昌鱼

2004—2008 年连续监测的结果表明,适于文昌鱼栖息的生境区域缩小和破碎化,文昌鱼数量呈减少趋势,文昌鱼分布区和文昌鱼拟建保护区内文昌鱼的资源数量持续衰退,处于不稳定状态。随着沿海工业的发展,工程建设和围垦导致栖息地的萎缩,旅游活动的增加,海水养殖业无序的发展,养殖污染物沉降导致沉积物组分改变,陆源污染的增加以及过度捕捞,等等,诸多因素破坏文昌鱼的栖息环境,使得适宜文昌鱼栖息的区域面积减少,并损害文昌鱼资源。

4.8 岸线与滩涂资源历史演变趋势研究

区域岸线的历史与现状空间分布由 1990 年、2000 年、2007 年 Landsat TM/ETM+ 的二值法遥感解译获得,对区域天然岸线的变迁进行识别,分析区域重点产业临海布置、码头港口规模扩大和城市建设填海造陆等所带来的海岸线变化。

区内大部分岸线基本保持稳定,小部分岸线因重点产业临海布置、码头港口规模扩大和城市建设填海造陆等而变化较大,改变了区域内局部地区的自然岸线。茂名市电白区因城市发展建设、湛江市因湛江港建设,1990—2000 年填海造陆面积持续增加;广西防城港、钦州港和铁山港近 17 年间的港口规模不断扩大,岸线变化明显;海南海口市城市化、洋浦经济开发区和东方工业区因产业发展,在 2000—2007 年填海造陆,进行港口建设,由此带来滩涂湿地生境的改变。

近 50 年来,环北部湾区域围海造地、开垦滩涂总面积超过 7×10⁵ hm²。围填海活动直接破坏了北部湾典型的红树林生态系统和经济鱼类的产卵场。北部湾区域大约 69% 的红树林在 20 世纪遭到破坏，分布于近岸 40 m 等深线范围以内的主要经济渔业生物的产卵场、索饵场、孵育场等遭到较大破坏，近年来即使分布在保护区内的白蝶贝资源也严重衰减。

北部湾区域沿海地区天然岸线和滩涂开发利用逐年增大，填海造陆和港口航道工程建设等带来的沿海滩涂湿地重要生态功能单元面积减少、生境退化，红树林、珊瑚礁、海草床和白蝶贝覆盖面积明显减少，局部砂质岸线受到侵蚀，自然岸线人工化，生境缩小和破碎化程度加剧。可以预测，随着石化、钢铁、造纸等大型项目带动聚集区和港口的大规模开发建设，围填海活动将导致滩涂湿地面积大量减少，生境破碎化和退化明显，生物多样性降低的风险凸显。

4.9 海洋灾害历史演变趋势

4.9.1 赤潮发生现状及历史演变趋势

北部湾赤潮暴发频率不高，自 20 世纪 80 年代以来，北部湾赤潮次数只占南海海域赤潮总数的 6% 左右，尚属赤潮低发水域，但增加趋势明显。根据 1980—2008 年的监测资料，统计时段内北部湾海域共发生赤潮事件 71 次。其中，2000 年以前北部湾海域赤潮发生的频率较低，通常为 1 ~ 2 次 / 年，面积也较小；2000 年后发生频率有了明显增加，如 2006 年就发生 7 次。

赤潮发生较多的海域为湛江港和海口附近海域，其次为涠洲岛和茅尾海附近海域。其中湛江港水域赤潮的暴发频率最高，面积最大。

根据对南海赤潮生物的统计，在 1980—2000 年的赤潮事件中，由夜光藻引发的赤潮约占 50%；而 2000—2008 年，由球形棕囊藻引发的赤潮达总次数的 50%，夜光藻引发的赤潮仅占少数。球形棕囊藻是典型的外来赤潮种类，主要随船舶压舱水带入，极易出现在北部湾港口地区。

4.9.2 海上溢油事故现状及历史演变趋势

环北部湾海域发生的溢油事故少，个别事故影响大。根据对 2001—2008 年环北部湾海域的溢油事故的统计，统计年限中，共发生大大小小的海上溢油事故7次。2008年8月发生的一次溢油事故影响较大，其他的溢油事故影响范围较小，没有造成明显的经济损失。

4.10 沿海重大生态环境问题与制约因素分析

第一，排海营养物质增加，港口建设和海上运输业的发展，将加大北部湾海洋灾害发生概率。

北部湾近岸海域环境质量总体较好，受影响的海域主要是海水养殖区和港口排污区，主要受无机氮和石油类影响，局部海域受活性磷酸盐影响。由于港口区大多还是各地的主要纳污区，污染物入海量相对较多，同时，港口区基本在海湾，海水交换条件相对较弱，污染物不易扩散，受污染物影响程度较大。随着北部湾区域沿岸经济开发的兴起，工业排污和生活排污将逐渐增加，沿海环境质量将面临着巨大的压力，加上城市污水处理设施未跟上社会城镇化进程，未来北部湾沿岸海域会面临污染的严峻挑战。

目前，北部湾仍属于赤潮的低发海域，但近年来，赤潮特别是有毒有害的外来藻种赤潮的发生频率上升、面积增大的趋势明显，海口市近岸海域和湛江湾海域尤为显著，其次为北海涠洲岛海域。赤潮生物以夜光藻、球形棕囊藻、中肋骨条藻等为主，尤其是棕囊藻赤潮，发生频率高、区域广、持续时间长，已在湛江港附近海域多次发生。随着北部湾沿海区域开发、经济增长、人口聚集，排海污染物将逐步增加，港湾及沿岸海域的营养水平将进一步提高。同时，港口运输发展，船舶压舱水将带来更多的外来赤潮种类，预计赤潮暴发的风险将大大增加。此外，北部湾临海规划建设的炼油、石化等重化项目将增加海上溢油事故风险，对区域生态也将构成严重威胁。

第二，沿海重点产业发展与区域开发，使北部湾典型生态系统及重点敏感生物的保护面临更大的挑战。

北部湾岸线港湾众多，建港条件良好，是我国西南沿海人口密度最高、经济开发活动最频繁的区域。由于临海产业带、交通网络、水工工程和城镇化等大规模建设，近岸海域生态环境已受到不同程度的影响，尤其是一些无序无度的开发利用,使北部湾沿海地区天然岸线和滩涂开发利用逐年增大,填海造陆和港口航道工程建设等将导致沿海滩涂湿地重要生态功能单元面积减少,生境退化,局部砂质岸线受到侵蚀,自然岸线人工化,生境缩小和破碎化程度加剧。在缺乏合理规划和完善的保护措施情况下,大型海藻床和天然红树林面积会逐步缩小,珊瑚礁的覆盖度和健康度会进一步下降。同时,由于生境压缩、受干扰,北部湾的珍稀保护动物如中华白海豚、儒艮、白蝶贝、文昌鱼等种群健康受到更大威胁。例如,文昌鱼广泛分布在北部湾的砂质海滩,沿海地区天然岸线和滩涂开发利用将直接造成文昌鱼的生物量损失。海草床是儒艮的最重要生境系统,近年来儒艮保护区的海草床破坏严重。随着铁山港工业区的进一步发展,如果不采取积极的保护措施,海草床将进一步破碎化,儒艮将走向灭绝。

北部湾是我国宝贵的生物种质库,除国家级珍稀濒危保护动物外,湾内也是我国二长棘鲷和近江牡蛎种苗的主要供应地。受沿海快速工业化的影响,这些优质甚至是全国唯一的种质基地也面临着人类活动的严峻挑战,白蝶贝资源的极度衰退就是典型案例。

第三,填海造陆和航道工程等致使沿海滩涂湿地重要生态功能单元生境退化,降低近岸海域的净化能力,引起污染富集。

填海、航道工程建设、围垦、养殖开垦等资源开发利用一方面造成生物多样性的降低,另一方面造成滩涂、红树林、海防林等重点生态功能单元面积减少和退化等生态问题,还造成局部海岸受到侵蚀,如广东电白沙尾,海南海甸岛、新埠岛、新海、洋浦湾等地海岸侵蚀严重。

主要临海产业聚集区及城市建设的快速发展,将加快自然岸线的人工化。部分产业集聚区和人工岸线临近自然保护区和重要滩涂湿地,如铁山港工业区临近国家级红树林保护区和儒艮保护区,钦州港开发区临近省级茅尾海自然保护区和三娘湾白海豚聚集区、旅游区,洋浦和临高开发区临近白蝶贝保护区,等等。产业排污将给海洋生物带来污染富集影响。

综上,排海营养物质的环境容量、密集分布的保护区域典型生物物种生境等生态敏感性是制约沿海集聚区重点产业发展的关键因素。

4.11 小结

海岸带环境承载力研究必须立足于研究区域的特征，掌握影响海岸带环境承载力的关键限制要素，这是构建好的海岸带环境承载力评价体系的重要前提。本章准确把握区域的生态环境功能定位，即北部湾区域海洋的主导生态功能为渔业资源维护与海洋生物多样性保护，从而明确了北部湾经济区海岸带环境承载力的主导驱动力与环境功能需求。基于此需求，本章在全面搜集区域 1990 年、1995 年、1998—2007 年已有环境质量、生态状况和渔业资源等调查研究成果和资料数据的基础上，补充进行了 2009—2010 年近岸海域生态环境现状调查与监测。根据取得的现状生态环境资料，对区域海域的环境质量现状和海域生态现状进行分析与评价，为区域现状环境承载状态分析提供数据支持。根据搜集的中长期环境资料，系统分析区域生态环境的历史演变趋势，评估区域发展中出现的区域性、累积性资源环境问题与关键制约因素，为北部湾经济区海岸带环境承载力指标的选取提供依据。

本章主要研究结论有以下几点：

——近岸海域环境质量现状：① 海域水质现状总体优良，清洁和较清洁海域占现状监测海域面积的 92.6%，中度和重度污染海域占 0.7%。② 区内近岸海域环境功能区达标率为 71.6%，主要污染因子为无机氮，部分生态敏感点水域水质污染物超标，呈现受污染态势。③ 区域综合水质指数总体呈现出东高西低、北高南低的规律。轻度污染海域主要分布于湛江湾内和雷州湾排污混合区水域，中度污染区出现于茅尾海、廉州湾、湛江港内局部海域。④ 近岸海域表层沉积物现状质量优良，重金属含量空间分布特征反映北部湾区位发展的差异性。⑤ 北部湾海域鱼类生物质量良好，贝类生物质量一般，部分贝类检测站位的粪大肠菌群、Zn、Cu 有超标现象。

——近岸海域生态现状：海域生态现状良好，为高初级生产力、高生物量和高生物多样性海域，渔业资源丰富，海域生态系统处于健康及亚健康状态。

——近岸海域环境质量演变趋势：① 近岸海域历年富营养化水平总体下降，空间分布特征差异较大，湛江港及附近海域、水东港海域、西北部茅尾海海域营养化水平呈波浪式上升。无机氮是导致近岸海域海水富营养化的主要因素。海水重金属污染水平总体呈平缓下降趋势，平面分布特征差异较小。② 广西近岸海域海水 DIN 组成年际变化不大，NO_3^--N 比例从河口、湾口至湾外持续降低，NH_4^+-N 比例从河口、湾口至湾外持续增加。③ 广西近岸海域表层沉积物中 Hg、Cd、Pb、Cu 呈明显上升趋势，Cr、As 总体呈下降趋势，Hg 和 Cd 是主要潜在生态风险因子，综合潜在生态风险趋势增加。

——典型生物物种与生境演变趋势：①沿海滩涂和重要生态功能单元面积减少趋势明显，生境退化和破碎化程度加剧，珍稀海洋生物状况总体持续衰退。②珊瑚礁破坏程度严重，珊瑚礁种类组成和覆盖率呈明显下降趋势。③ 中华白海豚种群数量处于稳定状态，重要栖息地为湛江雷州湾（约 300 头）和广西三娘湾（100～120 头）。④ 南海特有的珍珠贝种白蝶贝的资源状况不容乐观，洋浦海域白蝶贝资源严重衰退。⑤ 适于文昌鱼栖息的生境缩小和破碎化，文昌鱼数量呈减少趋势，文昌鱼分布区和文昌鱼拟建保护区内资源数量持续衰退，处于不稳定状态，较高密度的文昌鱼分布区为茂名放鸡岛、湛江硇洲岛西部浅海和广西沿岸等。⑥ 儒艮资源极度衰退，近年未发现其实体。

——排海营养物质的环境容量、密集分布的保护区域典型生物物种生境等生态敏感性是制约沿海集聚区重点产业发展的关键因素。

第5章

北部湾经济区驱动力与压力分析

5.1 分析预测方法

5.1.1 社会经济发展预测方法

社会经济发展是最基本的驱动力，因而也是环境承载力评估的基础。社会经济发展预测内容主要包括人口预测、城市化率预测与国民经济发展预测。对于产业发展战略环境影响评价的环境承载力评估而言，区域社会经济发展预测已在区域相关的规划中予以明确，因而不需要再预测。

5.1.1.1 人口预测方法

人口预测就是根据某一区域某一时期的人口状况和人口变化过程的规律性，考虑影响人口发展的各种因素，结合各种计算方法进行人口增长预测，然后通过比较分析选择最佳结果，从而确定合理的人口增长数量[151,152]。

——方法一：指数增长法（马尔萨斯人口模型）。

马尔萨斯人口模型的原型假设单位时间内人口的增长量与基准年人口成正比。预测模式如下：

$$x_t = x_0 e^{r(t-t_0)} \text{。} \tag{5-1}$$

式中，x_t 表示第 t 年的人口数，x_0 表示基准年人口数（初始值），t 为时间，r 为人口年增长率。

通常 $r < 1$，因此预测模式为

$$x_t = x_0 (1+r)^t \text{。} \tag{5-2}$$

——方法二：回归趋势外推。

该方法根据研究区域人口的历史数据进行分析,忽视了人口增长自身的规律,是一种纯粹的外推预测。

——方法三:阻滞增长模型(逻辑斯蒂模型)。

该模型修正了马尔萨斯关于人口增长率是常数的假设,假定 $r(x)$ 是 x 的线性函数,即人口增长率逐渐下降,最后趋于稳定状态,比较符合现阶段北部湾经济区人口增长率逐年下降的实际情况。

$$x_t = \frac{x_m}{1 + \left(\frac{x_m}{x_0} - 1\right) e^{-rt}} ; \qquad (5-3)$$

$$r(x) = r\left(1 - \frac{x}{x_m}\right) 。 \qquad (5-4)$$

式中,r 表示净增长率,x_m 表示自然资源和环境条件所能容纳的最大人口数量,x_0 表示基准年人口数(初始值),x_t 表示第 t 年的人口数。

5.1.1.2 城市化率预测方法

城市化是区域发展的重要指标之一,通常采用人口的城镇化率(城镇人口占总人口的比例)来表示。

城镇化率预测方法一般有两种[153]:第一种是预测城镇人口,通过城镇人口与总人口的比来确定城镇化率,城镇人口预测与人口预测方法一致;第二种是相关系数法,即根据城市化水平与经济发展水平的关系,选取某一评价指标如 GDP 与城镇化率的长系列数据进行相关分析,根据获得的方程进行预测。

北部湾经济区的北海、钦州、防城港、湛江、茂名及海口等重点城市均已完成城市总体规划并通过审查,因此这些城市的总人口、城镇化率可采用城市总体规划中的数据。对于未开展城镇总体规划的市县,采用前述的三种人口预测方法分别进行总人口、城镇人口预测,选取各方案中相近预测值,确定北部湾经济区各市县总人口规模、城镇人口规模和城镇化率。

5.1.2 水污染物排放预测方法

5.1.2.1 重点产业水污染物预测方法

重点产业发展的水污染物排放预测按以下原则进行:对于已批待建项目,原则上以已批复的环评报告书为依据，并按新颁布的排放标准进行修正；对于规划项目，参考清洁生产要求，按照统一排放标准进行预测。

——钢铁行业。类比已批复过的《湛江钢铁基地环境影响报告书》《防城港钢铁项目工程环境影响报告书》中的污染源源强进行预测。广西片区和海南片区的钢铁行业污染源预测引用或类比《防城港钢铁项目工程环境影响报告书》，广东片区的钢铁行业污染源预测引用或类比《湛江钢铁基地环境影响报告书》。

——石油化工行业。引用或类比已批环境影响报告书进行预测。广东片区引用或类比《中国石油化工股份有限公司茂名分公司油品质量升级改扩建工程环境影响报告书》《中科合资广东炼油化工一体化项目环境影响报告书》《中国石化湛江东兴石油企业有限公司炼油配套完善工程环境影响报告书》，海南片区引用或类比《中国石化海南炼油化工有限公司炼油项目环境影响补充报告书（800 万吨）》《海南实华嘉盛化工有限公司苯乙烯项目环境影响报告书》《中国石化海南炼油化工有限公司加工高硫原油项目环境影响报告书》《60 万吨 / 年对二甲苯工程环境影响报告书》，广西片区引用《中国石油广西石化有限公司加工 1 000 万吨 / 年苏丹原油项目环境影响报告书》的污染源源强。

——林浆、造纸行业。类比《斯道拉恩索（广西）林浆纸有限公司 90 万吨浆、90 万吨纸和纸板项目环境影响报告书》污染源源强，并参考《制浆造纸工业水污染物排放标准》（GB 3544—2008）、《清洁生产标准　造纸工业（硫酸盐化学木浆生产工艺）》（HJ/T 340—2007）进行预测。

——生物化工。区域内生物化工产业发展规划对象为非粮乙醇，其水污染物排放引用或类比《广西中粮生物质能源有限公司 20 万吨 / 年燃料乙醇项目环境影响报告书》污染源源强进行预测。

5.1.2.2 重点产业带动城镇发展的生活水污染源预测方法

生活源根据预测城镇人口数量进行预测，主要考虑城镇生活废水。预测中，污水产生浓度参考区域污水处理厂进水平均水质，污水排放浓度统一按《城镇污水处理厂污染物排放标准》（GB 18918—2002）一级标准中的 B 标准。污水收集率按照污水处理厂设计处理规模的 70% 考虑。生活源预测分两种情形：① 理想情形，按照各地市环境保护规划确定的城镇生活污水处理率进行预测；② 不理想情形，按照现状污水处理规模进行预测。

5.1.3 岸线提取与压力预测方法

遵循生态保护优先原则，按海岸线的生态敏感性、自然属性、使用功能定位，将海岸线划分为生态保护岸线和可利用岸线。生态保护岸线细分为绝对优先保护岸线和相对优先保护岸线。绝对优先保护岸线包括保护区及成片红树林岸线、海洋生态保护区岸线、珍稀濒危物种密集分布区岸线、重要旅游资源岸线，在规划中禁止开发。相对优先保护岸线包括旅游度假区岸线、养殖区岸线、增殖区岸线和人工鱼礁等，在规划中限制开发。可利用岸线为除生态保护岸线外的其他岸线资源。

生态保护岸线的判定主要依据各省区海洋功能区划、数字化后的生态环境敏感区空间分布信息等。相关的空间配准、数字化与生态保护岸线矢量数据获取步骤如下：① 图件镶嵌。将多幅图件进行空间数据镶嵌，形成整体信息来源图件，如海南区的海洋功能区划图件的镶嵌。② 图件投影。规划图与相关生态敏感点图件没有投影信息，给图件定义与 1∶250 000 地形数据库边界、河流等图层和 2007 年遥感影像相同的投影及地理坐标信息。③ 选取地面控制点。对照 2007 年遥感影像和地形数据库边界河流等图层，在规划图上选择明显、清晰的相同地物作为定位标志。④ 空间配准。在图件上输入与控制点位置相对应的 2007 年影像或 1∶250 000 地形数据库边界、河流等图层上点的坐标，增加多个控制点，以使控制点均匀布满图件。经过 GIS 软件对控制点的计算，对图件进行空间配准。⑤ 生态保护岸线矢量数据获取。根据空间配准与数字化的相关生态敏感点和海洋功能区划信息，在生态保护岸线划定的原则下，利用 GIS 软件制作生态保护岸线矢量数据，并建立相关属性表。

5.1.4 滩涂提取与压力预测方法

5.1.4.1 现状滩涂资源数据获取方法

提取 2007 年北部湾经济区土地利用分类数据中的城乡用地等土地利用信息，在 1∶250 000 地形数据库中的 1995 年滩涂测量调查数据的基础上进行空间叠加分析，去除已被占用的滩涂，获取区域现状滩涂资源分布。

5.1.4.2 可围填滩涂提取方法

与可利用岸线提取方法类似，将区内海洋功能区划、生态环境敏感区空间分布数据与现状滩涂空间分布数据叠加，在现状滩涂范围内扣除海洋保护区，珍稀濒危物种密集分布区，滨海旅游区，渔业资源区，泄洪、潮汐通道等范围，可得到北部湾经济区的可围填滩涂空间分布数据。

5.1.4.3 滩涂资源压力预测方法

本书对滩涂资源的压力预测考虑海洋功能区划的填海区、港区规划的填海区以及产业集聚区规划的填海区占用的可围填滩涂范围。在对已收集的海洋功能区划和相关的填海规划图件进行空间配准后，进行填海区域数字化。同时考虑到海洋功能区划、有关的填海规划中关于填海的范围会出现重叠现象，且部分规划的填海区中已出现填海，所以需对三者进行空间分析。

5.2 区域重点产业发展态势

5.2.1 *产业发展历程*

5.2.1.1 经济发展迅速，经济总量逐年提高

20 世纪 80 年代以来，北部湾经济区进入持续平稳的发展时期，尤其 20 世纪 90 年代后，经济发展迅速。区域经济总量由 1996 年的 1 265.29 亿元增长到 2007 年的 4 491.38 亿元，增长了约 2.5 倍（图 5-1）。从发展速度来看，21 世纪以来，区域发展速度虽有所波动，但总体呈明显高位状态，且发展速度不断提高，2007 年 GDP 增速为 20.4%，高于粤、桂、琼三省区增速（图 5-2）。

5.2.1.2 经济结构逐步优化，三大产业协调发展

经过长期发展，北部湾经济区的产业结构不断优化。第一产业比重逐步缩小；第二产业比重经过短时间的微小下调，从 2000 年开始逐步上升；第三产业比重不断提高。1996 年，北部湾经济区的产业结构为 33.99：29.86：36.15，2007 年优化为 19.54：39.68：40.78（图 5-3），第二产业比重低于全国水平，第三产业比重与全国相当。但总体来看，三大产业开始协调发展。

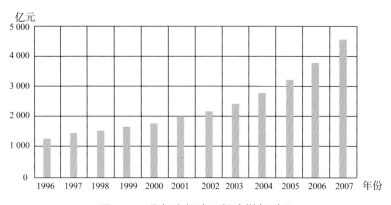

图 5-1　北部湾经济区经济增长过程

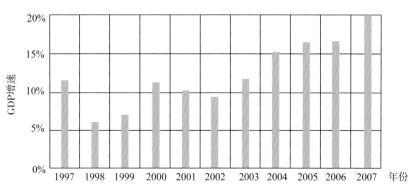

图 5-2　北部湾经济区经济增长速度演变

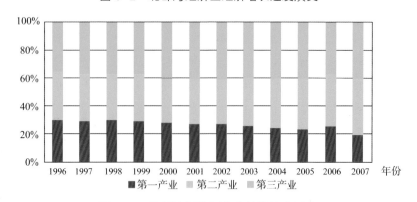

图 5-3　北部湾经济区产业结构演变历程

5.2.1.3　工业总产值逐年增加，工业实力逐步增强

北部湾经济区工业发展迅速，工业规模迅速扩大，工业总产值逐年增加，工业

的主导地位基本确立。2007 年，北部湾经济区工业总产值达到 5 253.24 亿元。其中，广西片区 1 778.79 亿元，占区域工业总产值的 33.86%；广东片区 2 529.51 亿元，占区域工业总产值的 48.15%；海南片区 944.94 亿元，占区域工业总产值的 17.99%。

从历史趋势来看，北部湾经济区工业总产值逐年增加，从 2000 年的 1 674.58 亿元增加到 2007 年的 5 253.24 亿元（图 5-4），增长了 2 倍多。其中广西片区增长了 1.98 倍，广东片区增长了 1.78 倍，海南片区增长了 4.68 倍。

从区域内部规模来看，广东片区所占比例最大，近八年基本保持稳定，略有下降。广西片区所占比例次之，基本稳定在 35% 左右。海南片区所占比例最小，近年略有上升。

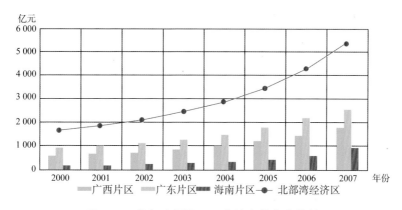

图 5-4　北部湾经济区工业总产值变化趋势

5.2.1.4　产业发展呈点状分散发展，集聚区带动作用明显

目前北部湾经济区共有产业集聚区 40 个，其中国家级工业区 8 个，省级工业区 32 个。经国家发展和改革委员会、国土资源部和建设部审核的集聚区有 35 个，未批准的有 5 个。

2007 年，集聚区工业总产值为 2 558.75 亿元，占北部湾经济区工业总产值的 66.54%。其中，南宁高新技术产业开发区、茂名石化工业区、洋浦经济技术开发区、海南国际科技工业园、海南海口保税区等产业集聚区发展态势良好，2007 年工业总产值超过 100 亿元。

各产业集聚区具体情况见表 5-1。

表 5-1 北部湾经济区产业集聚区概况

序号	集聚区名称	级别	批复年份	批复面积/hm²	规划面积/hm²	主导产业	开发现状
1	南宁高新技术产业开发区	国家级	1992	850	—	生物医药、电子信息、先进制造技术设备	现有企业325家
2	南宁-东盟经济开发区	省级	1990	312.9	—	医药、农副产品加工	现有企业117家
3	南宁江南工业园区	省级	2006	512	—	铝材加工、水泥制品、剑麻纺织	现有企业25家
4	南宁经济技术开发区	国家级	2001	1 079.6	—	电子、通信电缆、精细化工、制药	已开发6.22 km²，现有企业110家
5	广西良庆经济开发区	省级	2006	262.72	—	食品、建材、有色金属深加工	现有企业179家
6	南宁仙葫经济开发区	省级	2001	1 130.52	—	印刷、食品精细加工	现有企业35家
7	南宁六景工业园区	省级	2002	168.04	—	制药、农产品加工、钢结构产品	现有企业18家
8	东兴边境经济合作区	国家级	1992	407	—	边境贸易、产品进出口加工、边境旅游	全部开发完成、现有企业32家
9	钦州河东工业园区	—	—	—	3 000	—	现有企业11家
10	防城港企沙工业区	—	—	—	28 500	钢铁、电力、化工	未开发

续表

序号	集聚区名称	级别	批复年份	批复面积/hm²	规划面积/hm²	主导产业	开发现状
11	广西钦州港经济开发区	省级	1996	1 000	—	石化、磷化工	已开发20 km²，现有企业30家
12	广西合浦工业园区	省级	1992	612.14	—	制革、饲料、变性淀粉	现有企业80家
13	广西北海出口加工区	国家级	2003	145.4	—	电子信息、精密机械、生物制药、精细化工、新型建材	现有企业35家
14	广西北海高新技术产业园区	省级	2006	120.34	—	海产品深加工、感光材料、轻工机械	现有企业39家
15	北海铁山港工业区	省级	2008	27.2	—	化工、造纸、矿产资源加工、船舶修造	已进驻企业10家
16	广西北海工业园区	省级	2003	1 938.1	—	机械制造、轻工	已开发7.78 km²，现有企业112家
17	广东信宜经济开发区	省级	1992	93.8	—	电子、玉器、毛纺	已开发2.14 km²，现有规模以上企业22家
18	广东高州金山经济开发区	省级	1993	321.26	2 200	皮革制品、铸造、工艺品加工	已开发4 km²，现有规模以上企业28家
19	广东廉江经济开发区	省级	1996	830	852.6	家用电器、机械、饲料	已开发340 hm²，投产企业110家，2007年工业总产值24.1亿元

135

续表

序号	集聚区名称	级别	批复年份	批复面积/hm²	规划面积/hm²	主导产业	开发现状
20	广东化州鉴江经济开发区	省级	1993	500	1 000	家具、服装、皮革制品	已开发2 km²，主要入驻规模以上企业9家
21	茂名石化产业园区河西工业区片区	—	—	—	6 408.5	石油化工、油页岩发电	基本建成
22	茂名石化产业园区乙烯区片区	省级	2003	1 350	—	石油化工	已开发4.5 km²，主要入驻企业16家，规模以上企业9家
23	广东茂名茂南经济开发区	省级	1992	1 000	1 360	饲料、石油化工	已开发5 km²，现有规模以上企业26家，服务业9家
24	广东茂名茂港经济开发区	省级	1992	600	—	精细化工、机械、电子	已开发20 km²，现有规模以上企业3家
25	茂名石化产业园区博贺新港区片区	—	—	—	450	石油化工、电力、钢铁	已入驻小轧钢厂1家
26	广东吴川经济开发区	省级	1997	860	—	机械、塑料制品、水产品加工	已开发166.7 hm²，落户企业362家，2007年工业总产值8.1亿元
27	广东湛江麻章经济开发区	省级	1997	886.11	—	水产品加工、电子、医药	已开发166.7 hm²，已建成企业185家，2007年工业总产值50.5亿元

续表

序号	集聚区名称	级别	批复年份	批复面积/hm²	规划面积/hm²	主导产业	开发现状
28	湛江经济技术开发区（建成区）	国家级	1984	920	—	特种纸业、电子电器、通信器材、生物医药、建筑机具、石油化工	已开发8.53 km²，现有企业137家，2007年工业总产值59.5亿元
29	广东湛江临港工业园区	省级	2006	1 000	—	石化、造船、钢铁下游工业	已征地151 hm²，拟引进企业4家
30	广东湛江东海岛经济开发区	省级	2006	543	—	石油化工	已征用166 hm²，现有企业14家，2007年生产总值14.9亿元
31	广东徐闻经济开发区	省级	1992	1 603	—	有色金属加工、家用电器、水产品加工	已开发87.6 hm²，2007年工业总产值2.21亿元
32	海口桂林洋经济开发区	省级	1992	942	—	食品、电子、塑料制品	已征项目17个，2007年工业总产值16.9亿元、工业增加值2.89亿元，税收1.35亿元。企业106家
33	金盘工业区	省级	1991	—	4 130	摩托车制造、制药业、水产加工工业	2007年工业总产值近30亿元
34	海南海口保税区	省级	1988	306	280	汽车、电子、家具、仪器、珠宝、建材、制药、纺织、饮料加工	至2007年，已引进企业100多家，2007年工业总产值133.45亿元
		国家级	1992	193	—	生物制药、汽车制造、电子信息和机电加工	

续表

序号	集聚区名称	级别	批复年份	批复面积/hm²	规划面积/hm²	主导产业	开发现状
35	海口国家高新技术产业开发区（下分四个园区）	国家级	1991	3 950	5 542	汽车制造、生物医药、微电子、光机电一体化	截至2007年，共引进企业124家，其中高新技术企业48家。2007年工业总产值195.76亿元，工业增加值37.03亿元
36	老城经济开发区	省级	2006	3 688	4 460	电力、石油、化工、玻璃深加工、建材、制药、食品、纺织、饲料、机电	截至2007年，共引进389家企业，规模以上企业38家。2007年工业总产值90.32亿元
37	临高金牌港经济开发区	省级	1994	1 000	2 050	化工、电子、水产品深加工	截至2007年，没有一家企业建成投产
38	洋浦经济开发区	国家级	1992	3 000	6 900	油气化工、林浆	2007年GDP 74.2亿元，工业总产值417.4亿元，工业增加值55.1亿元。拥有泊位21个
39	昌江循环经济开发区	省级	2003	2 046	—	资源工业、钢铁、建材和循环工业	2007年GDP 344 897万元，工业总产值32.21亿元，工业增加值16.9亿元。已引进企业11家
40	东方工业区	—	—	2 960	—	天然气化工、水力发电、风力发电（2.5×10⁵ kW·h）、农产品加工	2007年工业总产值50.0亿元

5.2.1.5　石化、农副食品加工、能源等主导产业持续稳步发展

20世纪90年代以来，石油炼制、石油化工、电力、农副产品加工等产业蓬勃发展，逐步成长为北部湾经济区的主导产业。上述产业的产值占北部湾经济区总产值的比例维持在2/3左右。

20世纪60年代，石油化工业开始发展。东翼的茂名最早发展石油化工业，之后北海和湛江形成小规模石油化工企业。21世纪以来，南部的洋浦和西翼的钦州已建成大规模石油化工企业。近年来，石油化工产值呈稳定的增长趋势，其比重虽有所波动，但总体呈上升趋势。

农副食品加工业，尤其是海产品加工业依靠当地农产品资源平稳发展，在各区域均有分布。2004—2007年，农副食品加工业产值占北部湾经济区工业产值的比例维持在15%左右。其中湛江、北海等沿海地区都建成了海产品养殖、加工基地。

能源产业作为支撑产业，近年来发展较快，工业产值不断提高，已由2002年的41.7亿元增加到2007年的242.1亿元，在工业产值中的比重也由2002年的2.96%增加2007年的5.59%。

2002—2007年三大主导产业工业总产值及所占比例变化趋势见图5-5、图5-6。

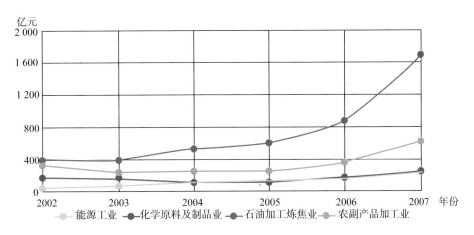

图 5-5　北部湾经济区三大主导产业工业总产值变化趋势

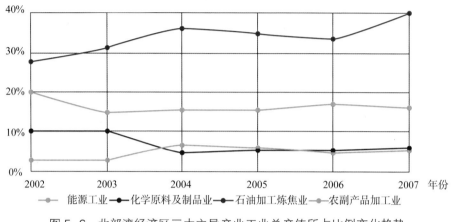

图 5-6　北部湾经济区三大主导产业工业总产值所占比例变化趋势

5.2.2　重点产业界定

基于各地市统计资料和发展规划，综合考虑区域产业现状特征、发展态势及产业发展可能带来的生态环境影响，以污染物排放贡献率、区域经济贡献率和未来发展态势作为评判标准，识别和筛选北部湾经济区沿海重点产业。重点产业的具体界定原则如下：

——水污染程度较高、生态破坏相对较大产业。根据各产业的等标污染负荷确定，按照各产业的水等标污染负荷进行筛选，分别选取污染负荷比大于 0.05 的行业或排在前五位的行业，以及改变原有生态环境和占地、占用海域较大的产业或工程，如林纸浆生产一体化的速生林材工程、大型港口和航道工程。

——占区域经济比重较大的产业。选取其工业总产值占区域工业总产值比例超过 5% 的产业。

——区域未来规划重点发展的产业。

根据北部湾经济区环境、经济统计数据分析，以及对国家与地方综合规划和／或行业规划的梳理，按照上述三大原则筛选得出的北部湾经济区沿海重点产业为石化、钢铁、林浆纸（含造纸）、能源、生物化工。

5.2.3　重点产业发展现状

5.2.3.1　产业结构相对协调，初步形成石化、农副食品加工、能源等主导产业

经过长期发展，北部湾经济区的产业结构不断优化。第一产业比重逐步缩小；第二产业比重经过短时间的微小下调，从 2000 年开始逐步上升；第三产业比重不断提高。1990 年，北部湾经济区的产业结构为 33.99∶29.86∶36.15，2007 年优化为 19.54∶39.68∶40.78，第二产业比重低于全国水平，第三产业比重与全国相当。但总体来看，三大产业开始协调发展。

区域已具备相对完整的工业结构，已初步形成石化、农副食品加工和能源等主导产业。2007 年，北部湾经济区工业总产值为 4 335.58 亿元，石化产业、农副食品加工产业、能源产业居于前三位，占区域工业总产值的 65.7%，成为支撑北部湾经济区发展的主要产业。北部湾经济区主要工业结构见图 5-7。

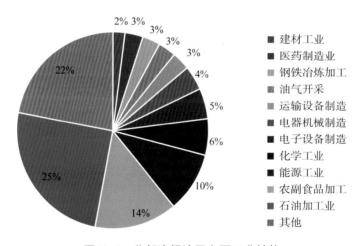

图 5-7　北部湾经济区主要工业结构

沿海石化产业布局在东西两翼和南部。其中，东翼以茂名河西工业园片区和湛江临港经济技术开发区为载体，炼油能力达 1 850 万吨/年，其中湛江 500 万吨/年、茂名 1 350 万吨/年。西翼则集中在钦州港工业区，已有 100 万吨产能，2009 年1 000 万吨项目也开始投产，北海现有 60 万吨产能。南部以洋浦开发区为载体，炼油能力达 800 万吨/年。以中石油钦州千万吨炼油厂、中石化北海异地炼油项

目为代表，西北部石化和化工产业产值从 2006 年的几十亿元猛增到 2011 年的 1 020 亿元。

林浆纸主要分布在西翼和南部，以工业聚集区为载体。西翼以钦州港工业园为载体，纸浆规模已达 30 万吨 / 年，林业基地布设在南宁、钦州。南部以洋浦开发区为载体，纸浆规模达 100 万吨 / 年，林业基地分布在海南，已形成浆纸林 772 km^2。

农副食品加工业分散，各地区均有分布。其中，蔗糖在各地均有分布，已有 327 万吨的产能；海产品加工业在区内湛江、北海、钦州等沿海城市均有分布。目前，多数企业未进入产业集聚区集中发展。

支撑性产业能源工业在东西两翼和南部沿海呈点状分布，多数企业已进入或紧邻集聚区发展。2007 年，北部湾经济区火电产能为 799.4 万千瓦·时，占全国的 1.43%。其中，东翼已有 300 万千瓦·时的产能，但未入产业聚集区。西翼已有 300 万千瓦·时的火电产能，包括钦州港工业区 120 万千瓦·时、企沙工业区 120 万千瓦·时和铁山港工业区 60 万千瓦·时，已进入或紧邻产业集聚区发展。南部火电 126 万千瓦·时布局在澄迈老城工业区旁。天然气发电以洋浦开发区为载体，产能为 44 万千瓦·时。

建材以水泥和玻璃为主，生产规模分别约为 2 500 万吨和 1 000 万吨，点状分散分布。其中，东翼水泥规模为 300 万吨，分布在湛江和茂名；西翼和北部的水泥产能分别为 150 万吨和 1 363 万吨；南部的建材业主要分布在昌江工业园和老城工业区，其中昌江有水泥产能 600 万吨，澄迈有玻璃产能 36 万吨。

5.2.3.2 沿海沿江基本形成六大产业组团

随着西部大开发的实施和中国－东盟合作的日渐纵深，北部湾经济区经济发展迅速，基本形成六大产业组团的空间格局，其中钦防、北海、湛茂、海口和洋浦东方等五大产业组团为临海组团。产业组团承载了北部湾经济区的主要工业实体。从内部来看，湛茂组团和南宁组团的经济总量较高，占区域经济总量的 66.5%，占据该区域的主要经济份额。

5.2.3.3 现代港口物流业已初具规模

北部湾经济区具有沿海的天然优势，发展现代港口物流业具有巨大潜力。截至 2007 年，已形成众多沿海港口，其中大型港口有湛江港、茂名港、防城港、

钦州港、北海港、海口港、洋浦港、八所港。目前，沿海港口共形成码头岸线
54.25 km，有生产性泊位 401 个，其中万吨级以上泊位达 94 个，占全国的 8.7%。
货物年通过能力 2.17 亿吨，2007 年实际吞吐量为 2.51 亿吨，占全国沿海港口货
物吞吐量的 6.2%，其中集装箱吞吐量为 108.26 万标准箱。

5.3 重点产业发展战略与情景分析

经筛选，北部湾经济区的重点产业主要有石油化工、钢铁工业、林浆纸一体
化、能源业、生物化工。

按照不同层级在北部湾经济区的发展意愿与目标进行重点产业发展情景
梳理：

——情景一：重点梳理国家层级的各类规划，规模和环境影响较小。

——情景二：重点梳理省层级及以上的各类规划，规模和环境影响一般。

——情景三：重点梳理地市层级及以上的各类规划，规模和环境影响最大。

从梳理结果看，本区域已成为国家大力扶持的重点开发区和战略部署区域。
围绕国家意志，粤、桂、琼及其各地市分别编制了相关发展规划，包括区域规划
或振兴规划、工业规划、重点产业规划、行业规划（如港口、石化、燃料乙醇、
林浆纸、铝工业、钢铁、能源）等。各城市的发展定位反映出强烈的重化工业发
展趋向，包括钢铁、石化、林浆纸一体化、能源（火电、核电）、船舶修造等。
通过发展，将区域打造成"我国新兴的大型林浆纸一体化产业基地""国家级临
海石油化工石化产业基地""沿海大型钢铁工业基地""沿海大型船舶修造基地"。

区域沿海重点产业发展呈现 "四基地""四片区"宏观发展格局。"四基地"
指石化基地、钢铁基地、能源基地和林浆纸生产基地。石油化工成为各地区规划
的重点发展产业，从广西的钦州、北海、防城港，到广东的湛江和茂名，再到海
南的洋浦和东方，均有石油化工的规划和布局，形成沿海石化基地。作为支撑体
系的煤电产业在沿海各地也均有规划和布局，形成沿海能源基地。防城港和湛江
的钢铁产业形成大型钢铁基地。北海、钦州及洋浦的林浆纸一体化造就了大型林
浆纸产业基地。"四片区"指西部、中部、东部和南部四大板块。西部是广西的
重点开发区域，重点发展石化、钢铁、林浆纸、能源、修造船和港口物流业。东

部是广东的振兴区域，重点发展石化、钢铁、林浆纸、能源等。南部是海南工业发展的主要承载区，重点发展石化、天然气化工、林浆纸、能源等工业。综合来看，各板块虽有不同的重点发展产业，规模也不同，但仍存在一定的产业雷同现象，尤其表现在石化、火电与林浆纸一体化的布局。

重点产业发展情景见表5-2。按照情景三，区域远期将形成约1.28亿吨原油、8 000万吨钢铁、760万吨纸浆、1 067万吨造纸、5 200万千瓦时电力等规模。其中，炼油、乙烯、钢铁、纸浆、能源等分别比2007年扩张4.7倍、7.0倍、28倍、5.0倍、6.3倍。未来该地区的经济体系将呈现明显的重化工业结构特征，并迅速推进该地区的工业化进程。

新兴沿海产业集聚园区成为北部湾经济区发展的主要承载空间。

表5-2　北部湾经济区重点产业发展情景

产业形式	二级产品	现状	中期	远期
石油化工	炼油/万吨	2 710	6 060 ~ 7 300	6 060 ~ 12 800
	乙烯/万吨	100	370 ~ 503	370 ~ 723
钢铁工业	钢铁/万吨	286	2 800 ~ 3 000	2 800 ~ 8 000
	钢材/万吨	266	2 502 ~ 2 504	2 604 ~ 4 657
林浆造纸业	纸浆（木浆）/万吨	110	315 ~ 468.8	315 ~ 675
	纸浆（蔗浆）/万吨	33.7	49 ~ 54	49 ~ 54
	纸浆（竹浆）/万吨	4.5	20 ~ 35	20 ~ 35
	造纸/万吨	64	438 ~ 447	438 ~ 1 067
能源工业	火电/万千瓦·时	781.4	1 777 ~ 2 320	1 777 ~ 3 550
	热电联产/万千瓦·时	75	90 ~ 105	90 ~ 215

产业形式	二级产品	现状	中期	远期
能源工业	油页岩发电/万千瓦·时	0	42	42 ~ 102
	核电/万千瓦·时	0	330 ~ 530	330 ~ 1 060
	风电/万千瓦·时	0	105	105 ~ 129
	气电/万千瓦·时	44	120	120 ~ 156
生物化工	燃料乙醇/万吨	0	150.5	150.5

注: "中期"栏的低数值为情景一的规模数值,高数值为情景二、三的最大值。国家规划中无具体规模,因此"远期"栏的数值为情景二至情景三的规模。

围绕港口构建新的工业园区,发展临港经济和临水经济成为北部湾经济区发展的重要途径。既有工业园区中,国家级开发区有 8 个,省级开发区有 32 个。这些工业园区是产业发展的主要承载空间,多数产业集聚区处于起步阶段,部分产业集聚区已形成一定规模。目前,北部湾经济区的新建工业园区主要分布在沿海地区。典型的集聚区有防城港企沙工业区、北海铁山港工业区、钦州港工业区、南宁江南铝工业园、湛江经济技术开发区东海岛新区、茂名石化工业区、洋浦经济技术开发区、东方化工园区,分别成为各地区产业布局和发展的主要承载区域。这些新兴沿海产业集聚区重点发展钢铁工业、石油化工、林浆纸一体化、天然气化工、能源工业(火电和核电)、铝工业、生物化工和船舶修造业,但各有侧重。这些产业集聚区成为北部湾经济区发展的新经济增长点,并沿海岸线形成新的沿海经济带,成为北部湾经济区打造"西部大开发新的战略高地"的主要依托力量。

5.4 相关城市发展规划与情景分析

根据北部湾经济区各市县总体规划、城镇规划与人口预测结果,整理得到北部湾经济区相关市县规划人口及城市化率(表 5-3)。

表 5-3　北部湾经济区沿海重点城市发展规划

市县	规划人口 / 万人		城市化率（%）	
	2015 年	2020 年	2015 年	2020 年
南宁市	690 ~ 710	780 ~ 800	48 ~ 52	60 ~ 65
北海市	230	380	68	84
钦州市	353	370	40	52
防城港市	135	180	66	71
湛江市	870	920	60	65
茂名市	733	805	53	58
海口市	200	250	72	80
澄迈县	55	63	34	40
临高县	49	57	28	30
儋州市（含洋浦）	106	109	43	50
昌江黎族自治县	26	30	52	60
东方市	54	58	41	48
乐东黎族自治县	58	63	25	30

5.5　未来区域资源环境效率评价分析

5.5.1　重点产业资源环境效率现状评价

根据北部湾经济区重点产业发展现状及发展规划，选取石油炼制和林浆纸两个重点产业进行资源环境效率分析。

5.5.1.1　石油炼制

北部湾经济区石油炼制行业每吨原油的综合能耗、炼油装置新鲜水耗量、工业废水产生量、COD 排放量、石油类排放量分别为 64.71 kg 标油、1.05 m³、0.44 m³、0.03 kg 原油、0.001 8 kg，基本可达到国内清洁生产一级水平，同国内先进企业——中海油大亚湾 1 200 万吨炼油技术改造项目相比基本持平。北部湾经济区炼油资源环境效率现状情况见表 5-4。

表 5-4　北部湾炼油资源环境效率现状

现状规模	每吨原油综合能耗/kg	每吨原油炼油装置新鲜水耗量/m³	每吨原油工业废水产生量/m³	净化水回用率（%）	每吨原油COD排放量/kg	每吨原油石油类排放量/kg
北部湾	64.71	1.05	0.44	—	0.03	0.001 8
洋浦800万吨炼油	84.8	1.46	0.285	54.08	0.015 9	0.001 4
茂名石化1 350万吨炼油	52.8	0.80	0.525	—	0.039 8	0.002 1
国内清洁生产一级水平	≤80	≤1.0	≤0.5	>65	≤0.02	≤0.002 5
中海油先进水平（大亚湾1 200万吨炼油技术改造项目）	—	—	0.235	—	0.013 5	0.001 1

5.5.1.2　林浆纸

以洋浦 100 万吨林浆纸项目为例，分析北部湾经济区林浆纸资源环境效率。从表 5-5 中可见，洋浦 100 万吨林浆纸项目的取水量、废水产生量均可达到国内清洁生产一级水平，表明北部湾经济区林浆纸行业资源环境效率水平处于国内先进水平。

5.5.2　区域产业资源环境效率现状评价

2007 年，北部湾经济区万元 GDP 能耗（0.94 t 标煤）整体优于全国平均水平（1.16 t 标煤），水耗（341 m³）整体高于全国平均水平（222 m³）。万元工业总产值 COD 排放量（14.87 kg）整体高于全国平均水平（4.4 kg），氨氮排放量（0.29 kg）整体与全国平均水平持平（0.3 kg）。2007 年北部湾经济区现状资源环境效率见表 5-6。

表 5-5　北部湾林浆纸资源环境效率现状

现状规模	综合能耗 /kg	取水量 /m³	水重复利用率（%）	废水产生量 /m³	COD 产生量 /kg
洋浦100万吨林浆纸	—	本色木浆：28.6	—	本色木浆：16.8	本色木浆：1.85
国内清洁生产一级水平	本色木浆：≤400	本色木浆：≤35；漂白木浆：≤50	本色木浆：≥90；漂白木浆：≥85	本色木浆：≤30；漂白木浆：≤45	本色木浆：≤35；漂白木浆：≤55
国内清洁生产二级水平	本色木浆：≤450；漂白木浆：≤550	本色木浆：≤45；漂白木浆：≤70	本色木浆：≥85；漂白木浆：≥82	本色木浆：≤40；漂白木浆：≤60	本色木浆：≤50；漂白木浆：≤70

表 5-6　北部湾经济区现状资源环境效率

区域	全社会资源利用水平（万元 GDP）		工业资源环境效率（万元工业增加值）			
	能耗 /t	水耗 /m³	能耗 /t 标煤	水耗 /m³	COD/kg	氨氮 /kg
北部湾	0.94	341	2.19	118.00	14.87	0.29
东翼	0.99	292	1.84	44.15	7.95	0.18
西翼及北部	0.85	390	1.95	225.18	32.62	0.33
南部	1.04	348	2.71	161.50	3.83	0.18
全国平均	1.16	222	1.60	57.90	4.40	0.30

5.5.3 未来区域资源环境效率评价

北部湾经济区未来区域资源环境效率评价以重点产业的资源环境效率评价为主。根据北部湾重点产业发展规划，选取石油炼制、钢铁和林浆纸三个重点产业进行资源环境效率分析。

5.5.3.1 石油炼制行业

未来北部湾经济区石油炼制行业每吨原油的综合能耗、炼油装置新鲜水耗量、工业废水产生量、净化水回用率、COD排放量、石油类排放量将分别达到70.37 kg标油、0.59 m³、0.21 m³、78.67%、0.02 kg、0.001 3 kg，石油炼制的资源环境效率水平较现状（表5-4）有较大幅度提升，达到国内清洁生产一级水平，基本达到中海油国内先进水平。北部湾石油炼制行业未来资源环境效率情况见表5-7。

表 5-7　未来北部湾石油炼制资源环境效率

规划规模	每吨原油综合能耗 /kg	每吨原油炼油装置新鲜水耗量 /m³	每吨原油工业废水产生量 /t	净化水回用率（%）	每吨原油COD排放量 /kg	每吨原油石油类排放量 /kg
北部湾经济区	70.37	0.59	0.21	78.67	0.02	0.001 3
洋浦1 200万吨炼油	65.0	0.85	0.184	90.0	0.009 5	0.000 4
茂名石化1 800万吨炼油	66.44	0.56	0.313	69	0.024 8	0.002 3
钦州1 000万吨炼油	74.69	0.485	0.164	67	0.009 8	0.000 8
湛江1 500万吨炼油	76.52	0.49	0.13	88.99	0.02	0.001
国内清洁生产一级水平	≤80	≤1.0	≤0.5	>65	≤0.02	≤0.002 5
中海油先进水平（大亚湾1 200万吨炼油技术改造项目）	—	—	0.235	—	0.013 5	0.001 1

5.5.3.2 钢铁产业

以北部湾经济区规划两大钢铁基地为例，进行北部湾钢铁行业未来资源环境效率评价，资源环境效率情况见表5-8。

北部湾经济区未来钢铁行业资源环境效率水平已达国内清洁生产一级水平。同国际先进企业宝钢 2007 年资源环境效率水平比较，仅有生产水循环利用率指标略低，其余指标均高于宝钢。

表 5-8　未来北部湾经济区钢铁行业资源环境效率

规划规模	每吨产品综合能耗 /kg	每吨产品新鲜水耗量 /m³	生产水循环利用率（%）	每吨产品COD 排放量 /kg
北部湾经济区	646.43	3.88	97.60	0.03
防城港钢铁1 100万吨	625	3.87	97.5	0.044
湛江钢铁基地1 000万吨	670	3.9	97.7	0.022
国内清洁生产一级水平	≤680	≤6.0	≥95	≤0.2
国际先进水平	676	4.08	97.66	0.05

5.5.3.3　林浆纸行业

以北部湾经济区规划洋浦林浆纸和北海林浆纸项目为例，进行北部湾经济区林浆纸行业未来资源环境效率评价，资源环境效率情况见表 5-9。其中洋浦林浆纸为本色木浆，北海林浆纸为漂白木浆。洋浦本色木浆项目和北海漂白木浆项目未来资源环境效率水平均能达到国内清洁生产一级水平。

表 5-9　未来北部湾经济区林浆纸行业资源环境效率

现状及规划规模	取水量 /m³	水重复利用率（%）	废水产生量 /m³	COD 产生量 /kg	可吸附有机卤化物（AOX）产生量 /kg
洋浦现状100万吨浆纸	本色木浆：28.6	—	本色木浆：16.8	本色木浆：1.85	—
洋浦规划160万吨浆纸	本色木浆：28.6	—	本色木浆：14.2	本色木浆：1.8	—
北海规划90万吨浆纸	漂白木浆：33.3	漂白木浆：89.0	漂白木浆：30.0	漂白木浆：42.3	漂白木浆：0.37

现状及规划规模	取水量 /m³	水重复利用率（%）	废水产生量 /m³	COD 产生量 /kg	可吸附有机卤化物（AOX）产生量 /kg
国内清洁生产一级水平	本色木浆：≤35；漂白木浆：≤50	本色木浆：≥90；漂白木浆：≥85	本色木浆：≤30；漂白木浆：≤45	本色木浆：≤35；漂白木浆：≤55	漂白木浆：≤1.0
国内清洁生产二级水平	本色木浆：≤45；漂白木浆：≤70	本色木浆：≥85；漂白木浆：≥82	本色木浆：≤40；漂白木浆：≤60	本色木浆：≤50；漂白木浆：≤70	漂白木浆：≤2.0

5.6 涉海水环境压力现状与预测分析

5.6.1 入海水污染物压力现状

根据 2007 年全国污染源普查数据，北部湾经济区 COD、氨氮和石油类入海排放量分别为 15.58 万吨、1.36 万吨和 160.8 吨（表 5-10）。

表 5-10 北部湾经济区涉海环境压力

单位：t

项目	湛江	茂名	北海	钦州	防城港	海南片区	合计
COD	52 130	12 408	37 853	2 206	3 944	47 293	155 835
氨氮	4 765	1 128	2 445	117	424	4 710	13 589
石油类	58.9	5.8	4.4	2.3	64.8	24.6	160.8

5.6.2 涉海水污染物压力预测

按前述水污染物排放预测方法对北部湾经济区入海水污染物进行预测，具体结果见表 5-11。

表 5-11 北部湾经济区水污染物涉海环境压力预测

单位：t

情景			污染物	湛江	茂名	北海	钦州	防城港	海南西部	合计
情景一	中期	不理想情形	COD	77 944	17 309	44 962	2 928	4 503	53 876	201 522
			氨氮	8 185	2 414	3 347	590	789	5 782	21 108
			石油类	90.6	12.2	35.9	34.5	105.0	118.6	396.8
		理想情形	COD	60 539	22 187	41 110	5 619	10 972	50 671	191 099
			氨氮	5 670	2 543	2 646	596	596	5 428	17 479
			石油类	90.6	12.2	35.9	34.5	105.0	118.6	396.8
	远期	不理想情形	COD	88 225	19 280	64 048	3 550	5 339	59 818	240 261
			氨氮	9 522	2 725	5 542	774	1 229	6 168	25 960
			石油类	90.6	18.5	35.9	34.5	105.0	161.6	446.1
		理想情形	COD	60 947	22 088	48 021	5 916	11 713	56 068	204 753
			氨氮	6 074	3 078	3 569	756	880	5 748	20 106
			石油类	90.6	18.5	35.9	34.5	105.0	161.6	446.1
情景二	中期	不理想情形	COD	77 950	17 309	44 962	2 928	4 519	54 140	201 807
			氨氮	8 186	2 414	3 439	606	917	5 811	21 373
			石油类	91.1	12.2	35.9	34.5	105.0	127.1	405.8
	中期	理想情形	COD	60 545	22 187	41 110	5 619	11 018	50 939	191 418
			氨氮	5 671	2 543	2 743	621	757	5 457	17 792
			石油类	91.1	12.2	35.9	34.5	105.0	127.1	405.8
	远期	不理想情形	COD	89 125	19 345	65 106	3 884	5 451	61 992	244 902
			氨氮	9 530	2 725	5 679	857	1 283	6 339	26 413
			石油类	103.8	18.5	35.9	44.2	124.2	173.4	500.2

情景		污染物	湛江	茂名	北海	钦州	防城港	海南西部	合计
情景二	远期 理想情形	COD	65 828	27 989	49 666	8 422	16 662	58 527	227 094
		氨氮	6 084	3 078	3 715	912	956	5 940	20 685
		石油类	103.8	18.5	35.9	44.2	124.2	173.4	500.2
情景三	中期 不理想情形	COD	77 950	17 354	44 962	2 941	4 520	54 987	202 713
		氨氮	8 186	2 426	3 439	623	917	5 870	21 461
		石油类	91.1	12.2	35.9	34.6	105.8	127.1	406.6
	中期 理想情形	COD	60 545	22 271	41 110	5 651	11 021	51 833	192 431
		氨氮	5 671	2 562	2 743	649	758	5 521	17 904
		石油类	91.1	12.2	35.9	34.6	105.8	127.1	406.6
	远期 不理想情形	COD	89 361	19 370	64 994	3 900	5 451	61 992	245 069
		氨氮	9 530	2 747	5 672	1 025	1 283	6 341	26 599
		石油类	116.5	34.6	35.9	45.7	125.0	173.8	531.6
	远期 理想情形	COD	66 111	28 047	49 552	8 471	16 666	58 527	227 373
		氨氮	6 084	3 120	3 708	1 227	957	5 943	21 038
		石油类	116.5	34.6	35.9	45.7	125.0	173.8	531.6

　　理想情形下，区域内主要污染物涉海量明显持续上升。情景三 COD、氨氮和石油类入海排放量，中期较 2007 年分别增加 23.5%、31.8% 和 152.8%，远期较 2007 年分别增加 45.9%、54.8% 和 230.6%。理想情形下，区域内主要污染物入海总排放情况见图 5-8。

　　不理想情形下，区域内主要污染物涉海量显著上升。情景三 COD、氨氮和石油类入海排放量，中期较 2007 年分别增长 30.1%、57.9% 和 152.8%，远期较 2007 年分别增长 57.3%、95.7% 和 230.6%。不理想情形下，区域内主要污染物入海总排放情况见图 5-9。

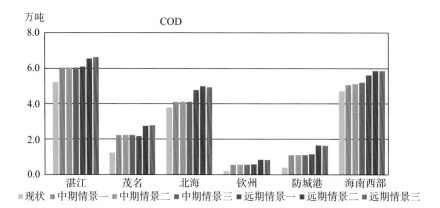

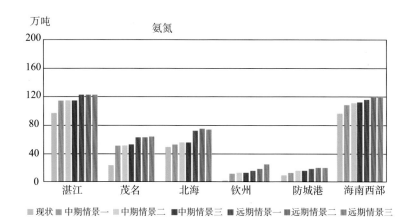

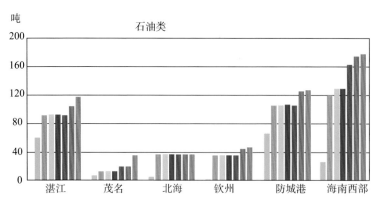

图 5-8 理想情形下区域内主要污染物入海总排放情况

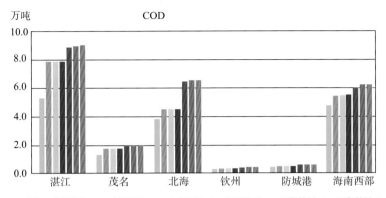

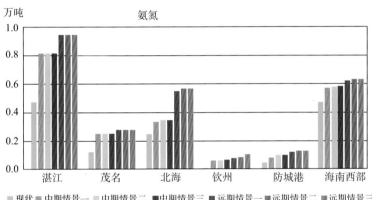

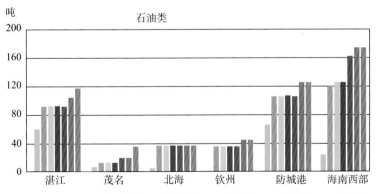

图 5-9 不理想情形下区域内主要污染物入海总排放情况

5.7 岸线资源利用压力现状与预测分析

5.7.1 岸线资源利用压力现状

北部湾经济区岸线利用内部差异明显。区域岸线总长度约为 4 147.4 km，区域港口岸线与工业岸线约 110.3 km（未包括南部海口市等市县的工业岸线）。区域东部茂名市和湛江市岸线约 1 738.5 km，港口和临港工业占用岸线约占区域东部岸线的 1.0%；区域西部北海、钦州、防城港等市的岸线约 1 628.59 km，港口和临港工业占用岸线约占区域西部岸线的 1.1%；区域南部海口市等市县的岸线总长度约为 780 km，港口占用岸线约占区域南部岸线的 7.6%。北部湾经济区岸线资源现状见表 5-12。

表 5-12　北部湾经济区岸线资源现状

地区		总岸线长度 /km	港口与工业已利用岸线长度 /km
东部	茂名市	182.8	2.9
	湛江市	1 555.7	13.0
西部	北海市	528.1	4.4
	钦州市	562.7	8.0
	防城港市	537.8	12.3
南部	海口市	179.8	10.2
	澄迈县	89.8	4.0
	临高县	71.1	0.0
	儋州市	240.1	5.8
	昌江黎族自治县	52.0	0.0
	东方市	84.5	1.7
	乐东黎族自治县	63.0	0.0

北部湾经济区东部茂名市所辖岸线 182.8 km，其中大陆岸线长 166.4 km，岛屿岸线 16.4 km，拥有岛屿 8 个。现状已开发的岸线主要用于港口、临港工业、渔业、养殖业、临海工业和滨海旅游业等。其中港口岸线 2.9 km，占 1.45%；临港工业岸线 2.0 km，占 1.0%；渔港岸线约 5 km；滨海旅游岸线 4.0 km，占 2.0%；其余多为盐业、养殖业和红树林保护使用。总体上开发程度较低。

北部湾经济区东部湛江市大陆海岸线长 1 243.9 km，岛屿岸线长 311.8 km，岸线总长度为 1 555.7 km。根据湛江港岸线利用规划，规划岸线 356 km，其中港口发展岸线 158 km，港口工业岸线 29.2 km，港口支持保障系统岸线 5.5 km，生活旅游岸线 108.7 km，其他行业（含军事、水产）岸线 54.6 km，现已使用港口岸线 13 km。

北部湾经济区南部海口市等市县的岸线总长度约为 780 km，主要有琼西岸段和琼北岸段。琼西岸段主要包括儋州市、昌江黎族自治县、东方县和乐东黎族自治县沿海；琼北岸段位于琼州海峡南岸，主要包括海口市、琼山市、澄迈县、临高县沿海。经初步统计，区域南部海南岛的港口（含渔港）使用岸线约 59 km，主要集中在海口港、洋浦港、八所港等琼北和琼西岸线；水产养殖使用岸线约 363 km；滨海旅游使用岸线约 278 km；保护区使用岸线约 225 km；城镇建设使用岸线约 33 km；其他行业（包括工业、军事等）使用岸线 140 km。

区域西部北海、钦州、防城港等市的大陆海岸线约 1 628.59 km。目前广西海岸线开发利用主要分为港口、临港工业、渔业、旅游业、养殖业、保护区及其他，工业开发程度不高，港口和临港工业占用岸线约 17.2 km，约占全区大陆海岸线的 1.1%。其中深水码头岸线 9.5 km，占港口和临港工业岸线的 55.2%；现有电厂 3 个，占用岸线约 4.8 km；另有渔港 12 个，码头长约 8.7 km。沿海未进行工业开发的岸段多数为水产养殖业和旅游业所利用。

5.7.2 岸线资源利用压力预测

岸线资源利用压力来自区域港口发展规划中的岸线利用规划、海洋功能区划和其他围海造地规划，设定岸线资源利用情景包括规划港口岸线和填海利用岸线。其中，规划港口岸线数据来源于《全国沿海港口布局规划》《广西壮族自治区沿海港口布局规划》《海南省港口布局规划》《湛江市港总体规划》《茂名港总体规划》的港口岸线规划情况；填海利用岸线是基于北部湾经济区海洋功能区划和相关规划中的填海需求，对相关图件进行空间几何配准后，进行规划填海利用岸线的数字化与空间分析。

北部湾经济区规划利用岸线总长约 708 km，其中港口码头规划岸线总长为 582.1 km，规划未来填海利用岸线总长约为 125.9 km。从各片区来看，广西片区规划利用岸线最长，为 351 km；广东片区次之，为 257.1 km；海南片区最短，不足 100 km。北部湾经济区各市县岸线利用情景分析见表 5-13。

表 5-13 北部湾经济区各市县岸线利用情景分析

单位：km

地区	港口岸线规划	填海利用岸线		
		海洋功能区划中填海利用岸线长度	其他规划中填海利用岸线长度	扣除重复岸线后综合利用岸线长度
湛江市	157.9	—	16.6	16.6
茂名市	60.2	—	22.4	22.4
广东片区	218.1		39.0	39.0
北海市	88.0	31.5	27.4	32.2
防城港市	105.0	42.9	4.3	41.9
钦州市	74.0	6.6	9.9	9.9
广西片区	267.0	81.0	41.6	84.0
海口市	8.4	—	—	—
澄迈县	20.0	—	—	—
临高县	5.7			
儋州市	49.3		2.9	2.9
昌江黎族自治县	4.9	—	—	—
东方市	6.1			
乐东黎族自治县	2.6	—	—	—
海南片区	97.0		2.9	2.9
北部湾经济区	582.1	81.0	83.5	125.9

北部湾经济区规划利用岸线中，约 628 km 规划岸线分布于可利用岸线范围，约 80 km 规划岸线为占用区内禁止开发岸线和旅游岸线、增殖区岸线等限制开发岸线。北部湾经济区生态敏感性岸线压力分析见表 5-14。

表 5-14 北部湾经济区生态敏感性岸线压力分析

地区		占用生态敏感性岸线的规划岸线
东部	茂名	11.2 km规划岸线占用电白区东南部沿岸的文昌鱼保护区禁止开发岸线与旅游度假等限制开发岸线
	湛江	21.2 km规划岸线占用角尾乡-覃斗镇、下六镇-营仔镇沿岸的禁止开发岸线和乌石镇-覃斗镇的限制性开发岸线
西部	北海	3.3 km规划岸线占用儒艮保护区的禁止开发岸线、银海区南部的禁止开发岸线
	钦州	15 km规划岸线占用规划中的三娘湾白海豚保护区沿岸生态敏感岸线
	防城港	10 km规划岸线占用北仑河口自然保护区禁止开发岸线
南部	海口	1.3 km规划岸线占用海口西海岸滨海旅游区的限制开发岸线
	澄迈	5 km规划岸线占用澄迈湾马岛沿岸的旅游度假限制开发岸线
	临高	2.3 km规划岸线占用白蝶贝保护区临高县沿岸禁止开发岸线
	儋州	2.6 km规划岸线占用白蝶贝保护区岸线
	昌江	4.5 km规划岸线占用昌江黎族自治县北部沿岸的珊瑚礁生态区岸线
	东方	2.8 km规划岸线占用八所镇北部和南部的旅游岸线等限制开发岸线
	乐东	1.2 km规划岸线占用白沙港北部沿岸的旅游限制开发岸线

若以岸线利用长度与非敏感性岸线长度的比值表示区域岸线资源利用的压力，区域港口规划利用岸线的压力最高为 0.27，约是规划填海利用岸线压力的 6 倍。岸线利用压力主要来自港口规划，大部分填海利用岸线与港口规划利用岸线相重合。其中，茂名市和儋州市的岸线利用压力较高，高出区域平均岸线利用压力 1 倍以上。北部湾经济区港口工业岸线规划利用压力分析见表 5-15。

表 5-15　北部湾经济区各市县岸线利用压力分析

地区	港口规划利用岸线压力	填海利用岸线		
		海洋功能区划中利用岸线压力	其他规划中填海利用岸线压力	扣除重复岸线后综合利用岸线压力
湛江市	0.24	—	0.03	0.03
茂名市	0.70	—	0.26	0.26
广东片区	0.30		0.05	0.05
北海市	0.36	0.13	0.11	0.13
防城港市	0.35	0.14	0.01	0.14
钦州市	0.18	0.02	0.02	0.02
广西片区	0.28	0.08	0.04	0.09
海口市	0.06	—	—	—
澄迈县	0.36	—	—	—
临高县	0.26	—	—	—
儋州市	0.58	—	0.03	0.03
昌江黎族自治县	0.30	—	—	—
东方市	0.09	—	—	—
乐东黎族自治县	0.05	—	—	—
海南片区	0.22			
北部湾经济区	0.27	0.04	0.04	0.06

5.8　滩涂资源利用压力预测分析

5.8.1　滩涂资源利用现状

基于 1:250 000 地形数据的面状水系数据（更新年限为 1995—1997 年），获取北部湾经济区滩涂资源空间分布（表 5-16），包括沙滩、砂砾滩、岩滩、珊瑚滩、淤泥滩、沙泥滩、红树林滩等七种滩涂类型。

表 5-16　北部湾经济区各市县建设用地利用滩涂情况

地区	建设用地利用滩涂面积 / hm²	占区域已利用滩涂比例（%）
湛江市	2 079.74	34.59
茂名市	451.87	7.51
广东片区	2 531.61	42.10
北海市	1 429.05	23.77
防城港市	1 218.17	20.26
钦州市	534.90	8.90
广西片区	3 182.12	52.92
海口市	271.14	4.51
澄迈县	—	—
临高县	3.03	0.05
儋州市	25.29	0.42
昌江黎族自治县	—	—
东方市	—	—
乐东黎族自治县	—	—
海南片区	299.46	4.98
北部湾经济区	6 013.19	100

　　现状土地利用数据源为 2007 年广东省、海南省、广西壮族自治区生态环境质量评价报告中的土地利用矢量数据，主要由 Landsat TM 影像解译获得。数据处理包括几何配准、分类体系匹配、数据合并和剪切等过程。提取 2007 年区域遥感解译土地类型中的建设用地，将其与滩涂空间分布数据进行空间叠加分析，获取各市县建设用地的滩涂利用面积。经分析，1995—2007 年北部湾经济区建设用地共利用滩涂面积约 6 013.19 hm²，广东片区建设用地利用滩涂占已利用滩

涂面积比例为 42.1%，广西片区为 52.9%，海南片区为 5.0%，其中湛江、北海和防城港等市均高于 20%。

5.8.2 滩涂资源利用压力预测

滩涂资源利用情景主要分析规划填海对滩涂资源的利用，在对经济区海洋功能区划和相关的填海规划图件进行空间配准的基础上，进行填海区域数字化与空间分析，将填海分布数据与滩涂分布数据进行空间叠加分析。结果显示，北部湾经济区填海造地利用滩涂的情景主要出现在湛江市、防城港市、钦州市和北海市，广西片区填海面积约占区域的 82%（表 5-17）。目前填海范围较大的钦州港区域、铁山港区域已分别完成相应建设用海规划的审批。未来主要填海利用滩涂资源类型见表 5-18。

表 5-17　北部湾经济区各片区的填海规划统计

单位：hm²

地区	海洋功能区划中填海面积	其他规划中填海面积	扣除重复及已填海区域后实际总填海面积
湛江市	—	1 858	1 856
茂名市	—	2 856	2 671
广东片区	—	4 714	4 526
北海市	3 812	4 192	5 182
防城港市	8 888	992	8 851
钦州市	1 859	7 009	6 507
广西片区	14 559	12 193	20 541
儋州市	—	95	91
海南片区	—	95	91
北部湾经济区	14 559	17 002	25 158

表 5-18　北部湾经济区未来主要填海利用滩涂资源类型

单位：hm²

填海类型	地区	沙滩	沙砾滩	岩滩	珊瑚滩	淤泥滩	沙泥滩	红树林滩	合计
海洋功能区划中填海利用滩涂	湛江市	—	—	—	—	—	—	—	—
	茂名市	—	—	—	—	—	—	—	—
	广东片区	—	—	—	—	—	—	—	—
	北海市	2 171	0	0	0	507	411	0	3 089
	防城港市	896	0	27	33	0	973	239	2 169
	钦州市	223	0	0	25	1 039	0	0	1 288
	广西片区	3 290	0	27	59	1 546	1 384	239	6 546
	北部湾经济区	3 290	0	27	59	1 546	1 384	239	6 546
其他规划中填海利用滩涂	湛江市	152	0	0	0	989	0	0	1 141
	茂名市	155	0	0	0	1 106	0	0	1 261
	广东片区	307	0	0	0	2 095	0	0	2 402
	北海市	2 450	0	0	0	164	477	0	3 091
	防城港市	175	0	38	0	0	0	0	213
其他规划中填海利用滩涂	钦州市	281	0	0	52	2 496	0	0	2 828
	广西片区	2 906	0	38	52	2 660	477	0	6 132
	北部湾经济区	3 213	0	38	52	4 755	477	0	8 534
扣除重复区域后综合利用滩涂	湛江市	152	0	0	0	989	0	0	1 141
	茂名市	155	0	0	0	1 106	0	0	1 261
	广东片区	307	0	0	0	2 095	0	0	2 402
	北海市	2 693	0	0	0	533	477	0	3 703
	防城港市	916	0	38	33	0	973	239	2 200

续表

填海类型	地区	沙滩	沙砾滩	岩滩	珊瑚滩	淤泥滩	沙泥滩	红树林滩	合计
扣除重复区域后综合利用滩涂	钦州市	281	0	0	52	2 496	0	0	2 828
	广西片区	3 889	0	38	85	3 029	1 450	239	8 731
	北部湾经济区	4 196	0	38	85	5 124	1 450	239	11 133

对收集的海洋功能区划、港口规划与相关产业集聚区的填海区进行数字化与空间分析后，得到区域填海造地利用滩涂的方案。可发现，区域规划围填海范围分布于湛江市、茂名市、防城港市、钦州市、北海市的可利用滩涂范围内。

用填海利用滩涂面积与相应的行政区滩涂面积的比值表示经济区滩涂资源利用压力（表5-19）。钦州市滩涂利用压力最高，其后依次为北海市和湛江市。

表5-19　北部湾经济区主要市县滩涂利用压力分析

地区	海洋功能区划中填海利用滩涂压力	其他规划中填海利用滩涂压力	扣除重复区域后综合利用滩涂压力
湛江市	0.066	0.066	0.080
茂名市	0.093	0.009	0.095
广东片区	0.079	0.173	0.173
北海市	0.076	0.071	0.101
防城港市	—	0.014	0.014
钦州市	—	0.209	0.209
广西片区	—	0.027	0.027
儋州市	0.033	0.044	0.057
海南片区	0.066	0.066	0.080
北部湾经济区	0.093	0.009	0.095

5.9 小结

本章基于各地市统计资料和发展规划，综合考虑区域产业现状特征、发展态势及产业发展可能带来的生态环境影响，以污染物排放贡献率、区域经济贡献率和未来发展态势作为评判标准，识别和筛选出北部湾经济区沿海重点产业，具体包括石化、钢铁、林浆纸（含造纸）、能源、生物化工。

对不同层次规划的梳理结果表明，在国家宏观政策的支持下，区域未来将成为我国沿海经济新的增长极，各城市的发展定位反映出强烈的重化工业发展趋向，石化、钢铁、林浆纸（含造纸）、能源、生物化工等产业成为未来十年内大力发展的产业。沿海产业集聚园区是区内发展的主要承载空间，但各规划存在一定的产业雷同现象，尤其表现在石化、火电、林浆纸一体化的布局。远期（2020 年），区域将形成约 1.28 亿吨原油、8 000 万吨钢铁、760 万吨纸浆、1 067 万吨造纸、5 200 万千瓦·时电力等规模。其中，炼油、乙烯、钢铁、纸浆、能源等分别比 2007 年扩张 4.7 倍、7.0 倍、28 倍、5.0 倍、6.3 倍。伴随着重点产业的大规模发展，区域海洋水环境压力均较现状大幅增加，岸线资源、滩涂资源和典型生态系统等均面临前所未有的压力。

第6章

北部湾经济区海岸带环境承载力量化与评价

6.1 海域排污区水环境容量及其承载力时空变化分析

水环境容量是指某一确定的环境水体在规定的环境目标下可容纳的污染物质的量，其大小与水体特征（水文条件蕴涵的自然功能）、水质目标（与人类使用功能有关）、污染物特性（影响功能的因子，包括种类及时空分布）等有关[154]。以环境基准值作为环境目标的控制指标所得到的就是自然环境容量，以环境标准值作为环境目标的控制指标所得到的是管理环境容量，管理环境容量除去背景值和不可控污染物所占用的部分为可利用容量[155]。

实际上，在同一海域的各个排放源位置确定的情况下，在一定的水质目标约束下计算该海域的污染物最大允许排放总量及其在各排放源之间的分配（尽管结果不是唯一的）是有实际管理意义的，反映了各个主要排污口的累积影响和叠加影响，即海域排污口污染物最大允许排放量[156]。

本书采用的海域排污区水环境容量定义为满足排污环境功能区边界和外围高环境功能区水质目标要求的排污区最大水污染物允许排放量，即沿海排污区最大允许排放量。考虑排污冲击负荷及不可预见性，排污区海域环境容量按 80% 控制使用，本书定义其为可利用环境容量。

研究采用包括整个环北部湾海域三维动力环境数值模型，可以较好地反映区域的累积影响，同时考虑现状河流和面源等污染物的背景贡献，同步模拟出全部排污区水域功能区控制边界增值浓度，再叠加各纳污海域的背景浓度，据此计算出沿海主要排污区的 COD 和氨氮环境容量。

6.1.1 南海（大区）海洋潮流数值模型构建与模拟

南海（大区）海洋模式采用三维非线性斜压数值模式 ECOM-sed 中的热力学和动力学模式[157]。为解决陡峭地形等引起的斜压梯度力计算误差过大且计算不易稳定等问题，对斜压部分进行改进，并嵌入数据同化功能，利用卫星观测海面动力高度，对模式预报结果及时校正，以使模式具备模拟南海环境动力过程长期变化特征及其对气候变化响应的能力。该模型采用较为成熟且计算量较小的最优插值（OI）同化方法[158]，以及同化卫星高度计海面高度（sea surface height）数据，对模式预报场及时校正，从而提高对海洋环境动力参数的模拟精度，计算出南海 1993—2008 年的海洋环境高分辨率三维温度、盐度、流速过程，为南海（小区）模型提供潮流边界条件。

ECOM-sed 模式采用基于静力和 Boussinesq 近似下的海洋原始方程[149]，水平正交曲线网格、垂向采用 σ 坐标系，变量空间配置采用 Arakawa C 格式，上边界为自由海表面，并采用 Mellor 和 Yamada 的 2.5 阶湍流闭合模型求解垂向湍流黏滞系数和扩散系数，使模式在物理和数学上闭合，水平湍流黏滞系数和扩散系数基于 Smagorindky 参数化方案求解，该模式同时还耦合完整的热力学方程。在方程离散过程中，ECOM-sed 模式采用了有限差分分裂算子技术，将慢过程（平流项等）和快过程（外重力波项等）分开，分别采用不同的时间步长积分，快过程时间步长受严格的 Courant-Friedrichs-Levy（CFL）判据限制。

6.1.1.1 模型的基本假设和近似

描述海洋中水动力和热力系统的基本方程包括描述运动的 Navier-Stokes 方程、描述质量守恒的连续方程、海水的状态方程、温度的守恒方程。为了把这些方程应用到海洋，对这些方程做以下近似与假定：

——海水运动的速度远小于声速，所以把海水看作是不可压缩流体；

——假设海水密度的变化仅与温度有关；

——对于大多数海水，水体垂直方向的运动速度比重力加速度小得多，可以近似认为服从准静压力平衡分布，即重力加速度与垂向压力梯度力相平衡；

——在运动方程中仅包含科氏力的水平分量；

——海面大气压强为常数。

6.1.1.2　基本控制方程

假设一个右手笛卡尔坐标系 (x, y, z) 建立在静止的海面上，向东为 x 轴方向，向北为 y 轴方向，垂直向上为 z 轴方向。海水的自由表面定义在 $Z = \eta(x, y, t)$，而海洋的底部定义在 $Z = -H(x, y)$。假设 $\overline{V}(u, v)$ 为水平流速矢量，∇ 为水平梯度运算符，W 为垂直流速矢量，则连续方程可写成

$$\nabla \cdot \overline{V} + \frac{\partial W}{\partial z} = 0 。 \tag{6-1}$$

雷诺动力方程：

$$\nabla U + W \frac{\partial U}{\partial z} - fV = -\frac{1}{\rho_0} \times \frac{\partial P}{\partial x} + \frac{\partial}{\partial z}\left(K_M \frac{\partial U}{\partial z}\right) + F_x , \tag{6-2}$$

$$\nabla U + W \frac{\partial U}{\partial z} + fU = -\frac{1}{\rho_0} \times \frac{\partial P}{\partial y} + \frac{\partial}{\partial z}\left(K_M \frac{\partial U}{\partial z}\right) + F_y , \tag{6-3}$$

$$\rho g = -\frac{\partial P}{\partial z} 。 \tag{6-4}$$

其中，ρ_0 是海水密度常数，ρ 是海水实际密度，g 是重力加速度，P 是海面大气压强，K_M 是垂向湍动能混合的涡黏系数，f 是随纬度变化的科氏力参数。

任一水深处的压力是通过把公式（6-4）沿垂向从 z 积分至自由表面 η 得到：

$$P(x, y, z, t) = P_{atm} + g\rho_0\eta + g\int_z^0 \rho(x, y, z', t)dz' 。 \tag{6-5}$$

这里将大气压力 P_{atm} 视为常数。

温度、盐度、污染物的守恒方程可以写成下式：

$$\frac{\partial \theta}{\partial t} + \overline{V} \cdot \Delta\theta + W \frac{\partial \theta}{\partial Z} = \frac{\partial}{\partial Z}\left[K_H \frac{\partial \theta}{\partial z}\right] + F_\theta , \tag{6-6}$$

$$\frac{\partial S}{\partial t} + \overline{V} \cdot \Delta S + W \frac{\partial S}{\partial Z} = \frac{\partial}{\partial Z}\left[K_H \frac{\partial S}{\partial z}\right] + F_S , \tag{6-7}$$

$$\frac{\partial C}{\partial t} + \overline{V} \cdot \Delta C + W \frac{\partial C}{\partial Z} = \frac{\partial}{\partial Z}\left[K_H \frac{\partial C}{\partial z}\right] + F_C 。 \tag{6-8}$$

由于描述污染物扩散的方程与温度、盐度方程类似，下面凡涉及污染物方程的项不再重复列出。在污染物的模拟中，实际上也是采用与求解温度、盐度相类似的模块实现的。

在公式（6-6）～公式（6-8）中，θ 是位温或实际温度，S 是盐度，K_H 是垂向热和盐度扩散系数。海水密度根据 Fofonoff（1962）给出的状态方程计算：

$$\rho = \rho(\theta, S)。 \tag{6-9}$$

对于湍动所引起的水平扩散项，由于湍动时变流速为远小于网格精度的小量，无法直接求解，通常采取参数化的方法处理。公式 6-2、6-3、6-6、6-7 中的 F_x、F_y、F_θ、F_s 即代表了这些未能处理的项。常用的做法是采用类比分子扩散的表达式，引入水平涡黏系数 A_M 和水平扩散系数 A_H，写成如下形式：

$$F_x = \frac{\partial}{\partial x}\left[2A_M \frac{\partial U}{\partial x}\right] + \frac{\partial}{\partial y}\left[A_M\left(\frac{\partial U}{\partial y} + \frac{\partial V}{\partial x}\right)\right], \tag{6-10}$$

$$F_y = \frac{\partial}{\partial x}\left[2A_M \frac{\partial V}{\partial y}\right] + \frac{\partial}{\partial x}\left[A_M\left(\frac{\partial U}{\partial y} + \frac{\partial V}{\partial x}\right)\right], \tag{6-11}$$

$$F_{\theta,s} = \frac{\partial}{\partial x}\left[A_H \frac{\partial(\theta, S)}{\partial y}\right] + \frac{\partial}{\partial y}\left[A_H \frac{\partial(\theta, S)}{\partial y}\right]。 \tag{6-12}$$

式中，A_M 和 A_H 一般取 $10~\text{m}^2/\text{s}$。

改进的做法是建立每一计算时间步长 A_M、A_H 与流速间的关系，公式如下：

$$(A_M,~A_H) = C_v \Delta x \Delta y \sqrt{\left(\frac{\partial u}{\partial x}\right)^2 + \left(\frac{\partial v}{\partial y}\right)^2 + \frac{1}{2}\left(\frac{\partial u}{\partial y} + \frac{\partial v}{\partial x}\right)^2}。 \tag{6-13}$$

其中，Δx、Δy 为水平网格距，C_v 取值范围为 0.1 ～ 0.5。

6.1.1.3 湍流闭合

控制公式 6-2、6-3、6-6、6-7、6-8 中对垂向混合系数 K_M 和 K_H 的求解采用的是 Mellor-Yamada 2.5 阶湍流闭合方程，即求解由湍动能 $q^2/2$、湍流长度 l 组成的方程组：

$$\begin{cases} \dfrac{\partial q^2}{\partial t} + \overline{V} \cdot \nabla q^2 + W\dfrac{\partial q^2}{\partial z} = \dfrac{\partial}{\partial z}\left(K_q \dfrac{\partial q^2}{\partial z}\right) + \\[2mm] 2K_M\left[\left(\dfrac{\partial U}{\partial z}\right)^2 + \left(\dfrac{\partial V}{\partial z}\right)^2\right] + \dfrac{2g}{\rho_0}K_H\dfrac{\partial \rho}{\partial z} - \dfrac{2q^3}{B_1 l} + F_q, \end{cases} \tag{6-14}$$

$$\begin{cases} \dfrac{\partial(q^2 l)}{\partial t} + \overline{V} \cdot \nabla(q^2 l) + W\dfrac{\partial(q^2 l)}{\partial z} = \dfrac{\partial}{\partial z}\left[K_q \dfrac{\partial}{\partial z}(q^2 l)\right] + \\[2mm] lE_1 K_M\left[\left(\dfrac{\partial U}{\partial z}\right)^2 + \left(\dfrac{\partial V}{\partial z}\right)^2\right] + \dfrac{lE_1 g}{\rho_0}K_H\dfrac{\partial \rho}{\partial z} - \dfrac{q^3}{B_1}\widetilde{W} + F_l。 \end{cases} \tag{6-15}$$

其中，$\widetilde{W}$、L 定义为

$$\widetilde{W} = 1 + E_2 \left(\frac{l}{\kappa L} \right)^2 , \qquad (6-16)$$

$$(L)^{-1} = (\eta - z)^{-1} + (H + z)^{-1} 。 \qquad (6-17)$$

在接近固体表面的地方，l/κ 和 L 等于距离固体表面的距离（$\kappa = 0.4$，是 von Karman 常数），因此 $\widetilde{W} = 1 + E_2$；在远离固体表面的地方，$l \ll L$，$\widetilde{W} \approx 1$。

上式中，

$$K_M = lqS_M , \qquad (6-18)$$

$$K_H = lqS_H , \qquad (6-19)$$

$$K_q = lqS_q 。 \qquad (6-20)$$

其中，

$$S_M = \frac{B_{-1}^{-1/3} - 3A_1 A_2 G_H \left[(B_2 - 3A_2)\left(1 - \frac{6A_1}{B_1}\right) 3C_1 (B_2 + 6A_1) \right]}{\left[1 - 3A_2 G_H (6A_1 + B_2) \right] (1 - 9A_1 A_2 G_H)} , \qquad (6-21)$$

$$S_H = \frac{A_2 \left(1 - \frac{6A_2}{B_2}\right)}{1 - 3A_2 G_H (6A_1 + B_2)} , \qquad (6-22)$$

$$G_H = - \left(\frac{Nl}{q} \right)^2 , \qquad (6-23)$$

$$N = \left(- \frac{g}{\rho_0} \times \frac{\partial \rho}{\partial y} \right)^{1/2} 。 \qquad (6-24)$$

其中，N 为 Brunt-Väisälä 频率，其他经验参数由 Mellor 和 Yamada 提出，（A_1，A_2，B_1，B_2，C_1，E_1，E_2，S_q）=（0.92，0.74，16.6，10.1，0.08，1.8，1.33，0.2）。

6.1.1.4　边界条件

位于自由表面 $Z = \eta (x, y, t)$ 处的边界条件：

$$\rho_0 K_M \left(\frac{\partial U}{\partial z}, \frac{\partial V}{\partial z} \right) = \{ \tau_{ox}, \tau_{oy} \} , \qquad (6-25)$$

$$\rho_0 K_H \left(\frac{\partial \theta}{\partial z}, \frac{\partial S}{\partial z} \right) = \{ \dot{H}, \dot{S} \} , \qquad (6-26)$$

$$q^2 = B_1^{2/3} u_{ts}^2 , \qquad (6-27)$$

$$q^2 = B_1^{2/3} u_\tau^2 , \qquad (6-28)$$

$$W = U\frac{\partial \eta}{\partial x} + V\frac{\partial \eta}{\partial y} + \frac{\partial \eta}{\partial t} 。 \qquad (6-29)$$

其中，(τ_{ox}, τ_{oy}) 是表面风应力向量，$u_{\tau s}$ 是向量量级，$B_1^{2/3}$ 是根据湍流闭合关系得出的经验常数，$\dot{H}$ 是净湖面热通量。而 $\dot{S} = S_0(\dot{E} - \dot{P})/\rho_0$，其中 $\dot{E} - \dot{P}$ 是海表面净降雨质量通量与蒸发质量通量的差，S_0 是表面污染物浓度。

位于侧边界和底边界处，对于温度和盐度取 0 通量，即认为没有温度和盐度通量穿过固壁。其他条件：

$$\rho_0 K_M\left(\frac{\partial \theta}{\partial z}, \frac{\partial V}{\partial z}\right) = \{\tau_{bx}, \tau_{by}\} , \qquad (6-30)$$

$$q^2 = B_1^{2/3} u_{\tau b}^2 , \qquad (6-31)$$

$$q^2 = B_1^{2/3} u_\tau^2 , \qquad (6-32)$$

$$W = -U_b\frac{\partial H}{\partial x} - V_b\frac{\partial H}{\partial y} 。 \qquad (6-33)$$

其中，$H(x, y)$ 是海底地形，$u_{\tau b}$ 是摩阻流速，(τ_{bx}, τ_{by}) 是底部剪切应力。底部剪切应力是由壁面流速对数定律所决定，即

$$\vec{\tau}_b = \rho_0 C_D |V_b| V_b 。 \qquad (6-34)$$

拖曳系数 C_D 由如下公式给出：

$$C_D = [1/\kappa \ln(H+z_b)/z_0]^{-2} 。 \qquad (6-35)$$

其中，z_b 和 V_b 分别是底层网格中心距海底的距离和相应的流速，κ 是 von Karman 常数。当 C_D 大于 0.002 5 时，取 C_D 值为 0.002 5。

6.1.1.5 开边界条件

对于温度和盐度有两种类型的开边界条件，即入流和出流。入流边界条件一般给定相应的值，出流边界条件通过求解下式得出：

$$\frac{\partial}{\partial t}(\theta, S) + S_n\frac{\partial}{\partial n}(\theta, S) = 0 。 \qquad (6-36)$$

其中，下标 n 表示垂直于边界的方向。

大区外海潮位开边界采用四个分潮调和常数计算水位边界，即

$$\eta = \eta_0 + \sum_{i=1}^{\infty} A_i f_i \cos\left[\omega_i t + (V_0 + u_0) - \Phi_i\right]。 \tag{6-37}$$

其中，η_0 为平均潮位，A 为分潮振幅，ω 为分潮角速率，f 为交点因子，t 是区时，$V_0 + u_0$ 是平衡潮展开分潮的区时初相角，Φ 为区时迟角。

温盐边界条件采用当季（WOA2005）温度、盐度资料。

诊断计算通过观测资料给定开边界流速、温度、盐度，预报计算通过全球预报模式（SODA），再分析结果给定开边界流速、温度、盐度。

对于主要入海河流，考虑多年平均入海流量。

6.1.1.6　垂向坐标系

为了较好地拟合海底地形，模型垂向采用 σ 坐标系统，即地形跟踪坐标系统（图 6-1）。

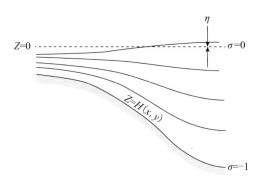

图 6-1　σ 坐标系变换示意

在 σ 坐标系中，$x' = x$，$y' = y$，$\sigma = \dfrac{z - \eta}{H + \eta}$，$t' = t$。

限于篇幅的限制，有关方程转换的详细过程及结果在此省略。

6.1.1.7　水平正交曲线坐标系变换

与均匀网格相比，水平正交曲线网格是渐变的，能更好地拟合岸线侧边界，减少"锯齿效应"。

在水平曲线正交坐标系中，(ξ_1, ξ_2) 为水平坐标轴（图 6-2）。

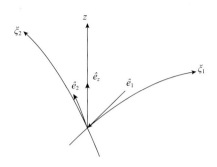

$\hat{e}_1$—沿 ξ_1 方向的单位矢量；$\hat{e}_2$—沿 ξ_2 方向的单位矢量；$\hat{e}_z$—沿 z 方向的单位矢量。

图 6-2　水平曲线正交坐标系示意

限于篇幅的限制，有关方程转换的详细过程及结果在此省略。

6.1.1.8　模型的求解

模型的网格布置为 Arakawa C 格式。动力计算对于水平的时间项采取显格式离散化，对于垂向差分则采用隐格式的方法离散，利用追赶法求解。

ECOM 模式采用了内外模态分离的模式分裂法（Simons，1974），即先用二维模型求解快过程——表面重力波（外模式），获得一个自由表面及垂向平均流速，再用三维模型求解慢过程——内重力波（内模式），获得三维流场。模式分裂法充分利用了已发展得很完善的二维模型，具有较好的计算精度。

外模式垂向平均二维运动方程组可通过对公式（6-1）～（6-3）垂向积分得到，内模式方程组仍然是公式（6-1）～（6-3）。在每一步计算中，由内模式方程显式求解潮位及平均流速，并提供给内模式，内模式隐式求解各层 u、v、w，最后把 η、u、v、w 提供给温度、盐度、污染物扩散方程。

温度、盐度、污染物扩散方程采用中心差分、迎风格式离散，并采用多维正有限对流输移算法（MPDATA）求解。

可证明，ECOM-sed 模型中采用的有限差分方法具有时间和空间上的二阶精度，并能够保证能量、温度、质量和动能的守恒。

6.1.1.9　稳定性条件限制

模型垂向积分、外模态、输移方程的计算稳定性条件，受 CFL 条件对模型计算时间步长的限制，根据 Blumberg 和 Mellor（1981），

$$\Delta t \leqslant \frac{1}{C_t}\left(\frac{1}{\Delta x^2}+\frac{1}{\Delta y^2}\right)^{-1/2} 。 \tag{6-38}$$

其中,

$$C_t = 2(gH)^{1/2}+\overline{U}_{max} 。 \tag{6-39}$$

式中,$\overline{U}_{max}$ 是估计最大平均流速。

一般来说,外模态的 CFL 条件是最严格的,模型计算的时间步长 90% 受 CFL 条件限制。与外模态相比,内模态由于分离出了快速移动的外模态效果,对时间步长的限制相对宽松,因此,

$$\Delta T \leqslant \frac{1}{C_t}\left(\frac{1}{\Delta x^2}+\frac{1}{\Delta y^2}\right)^{-1/2} 。 \tag{6-40}$$

其中,

$$C_t = 2C+U_{max} 。 \tag{6-41}$$

式中,C 是最大的内部重力波速,量级为 2 m/s;U_{max} 是最大对流速度。

6.1.1.10　σ 坐标系下斜压梯度力计算方法的改进

为适应海底地形的变化,ECOM 模式垂向采用 σ 坐标系,但当水深梯度较大、垂向密度差异较大时,在 σ 坐标系中计算斜压效应的水平梯度力会出现由两个大项代数和求小项的问题,从而产生较大误差。南海是一个相对封闭的边缘海,北部有较为陡峭的陆架坡。为改进模式在陆架坡折处斜压计算误差较大且计算不易稳定的问题,使用的模式采用了扣除局部密度层结返回 Z 坐标系下求斜压梯度力的改进方法。

6.1.1.11　数据同化功能的嵌入

对 ECOM 数值模式采用较为成熟且计算量较小的最优插值同化方法以及同化卫星高度计海面高度数据,对模式预报场及时校正,以提高对海洋环境动力参数的模拟精度。

6.1.1.12　南海(大区)模式设置及其计算方案

南海地处亚洲东南部,是位于热带、亚热带海域的半封闭边缘海。南海海域宽广,经度范围为 99°E ～ 122°E,纬度范围为 0°N ～ 23°N,总面积达 $3.5×10^6$ km²。同时,

南海水深变化很大，最大深度约 5 400 m，平均水深 1 200 m，超过 1 000 m 的东北－西南向的中央菱形海盆约占海域总面积的 1/2，其余海区多为浅于 100 m 的陆架区，从浅海到中央海盆有陡峭的地形切变。

南海（大区）数值研究模拟区域选为 99°00′E ~ 125°00′E、0°00′N ~ 25°00′N，水平分辨率为 1/6°×1/6°，垂直方向分 25 层，上层和底层加密，斜压时间步长为 20 min，正压时间步长为 30 s。四个开边界分别设在卡里马塔海峡、吕宋海峡东南部、台湾岛东北部和台湾海峡处，计算过程中采用辐射边界条件，同时考虑海底地形、上边界风应力、大气压、热通量和开边界通量等作用。诊断计算的四个开边界温度和盐度采用美国国家海洋数据中心（NODC）提供的 WOA01 气候态月平均温盐数据，流量采用全球海洋资料同化系统（SODA）提供的气候态月平均资料插值至开边界得到，海面风场采用美国宇航局（NASA）喷气实验室（JPL）提供的高分辨率 NCEP/QuikSCAT 融合风场气候态月平均资料，大气压采用美国国家环境预报中心（NCEP）提供的气候态月平均气压数据，海面热通量采用南安普顿大学国家海洋数据中心（NOC）提供的气候态月平均净热通量数据。1993—2008年预报计算的开边界温度、盐度及通量采用 SODA 提供的逐月平均资料插值至开边界得到，海面风场采用 NCEP/QuikSCAT 融合风场每 6 h 一次的实时资料，大气压采用 NCEP 提供的每 6 h 一次的实时气压数据，海面热通量采用南安普顿大学 NOC 提供的逐月平均净热通量数据。

以 NODC 提供的气候态 1 月份温度与盐度以及 NCEP/QuikSCAT 融合风场气候态 1 月份数据作为模式积分的初始场和强迫场，采用诊断模式固定温盐场，从静止状态开始积分，积分时间为 1 年（区域积分总能量已达到准稳定状态），得到 1 月份的诊断流场，作为进一步积分的初始场。以此为基础，采用每 6 h 一次的 NCEP/QuikSCAT 融合风场以及 NCEP 气压资料，结合插值到每天一次的海面热通量、开边界温度、盐度及体积输运，采用预报模式进行预报计算，计算过程中根据外强迫调整温度、盐度，计算时间为 1993 年 1 月 1 日—2007 年 12 月 31 日。在预报计算过程中，每 7 d 同化一次高度计海面高度资料。

6.1.1.13 同化数值模式模拟结果验证

——海面温度。图 6-3 为南海北部各季节典型月份气候态平均海面温度平面分布图。本研究采用四个典型月份即 1 月、4 月、7 月、10 月的平均值分别代表冬、春、夏、秋四个季节。图 6-3 中第一列为在无资料同化的情况下数值计算得到的典型月份南海北部气候态海面温度分布图，第二列为经过高度计资料同化后得到的模拟结果，第三列为 AVHRR 卫星观测的各典型月份气候态海面温度分布图。从同化模式对模拟结果的改善情况来看，经过资料同化后的模拟结果较无同化情况下有明显改善，更趋于观测值。

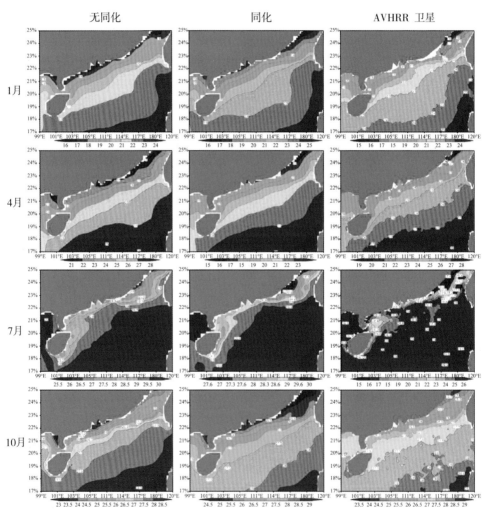

图 6-3　南海北部各季节典型月份非同化模拟海面温度、同化模拟海面温度及
AVHRR 卫星观测海面温度平面分布

——海面动力高度。利用超过 15 年的融合高度计资料不仅提高了数据的空间分辨率，而且较长时间序列的资料所计算的平均海面高度异常会更加准确和客观。图 6-4 为由 1993 年 1 月—2007 年 12 月 15 年逐月平均资料计算得到的南海气候态各季节典型月份的海面高度距平图。

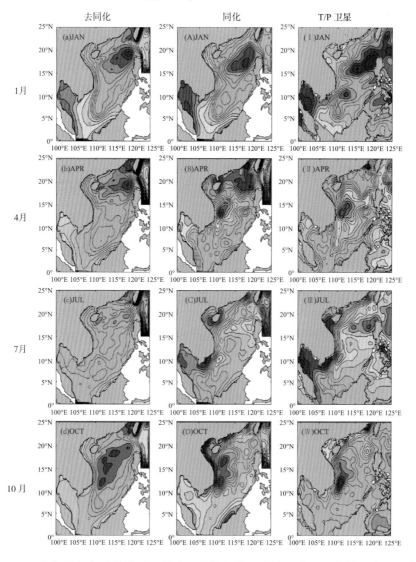

图 6-4　南海北部各季节典型月份非同化模拟海面高度异常、同化模拟海面高度
异常及融合 T/P 卫星高度计海面高度异常平面分布

可见，经同化后的模拟结果对南海中尺度特征有更好的刻画能力，尤其是在春季和夏季。春季，未同化高度计资料的模式几乎无法刻画中南半岛东部海面水位高值中心；同化后，表现出与卫星高度计观测结果相近的结构分布，其中心位置和最大距平均吻合良好，高值中心距平为 65 mm。夏季，无同化功能的模式计算结果与卫星观测结果相差较大，吕宋岛以西和越南东部沿岸两个高值中心在模式中均未得到体现；同化高度计资料后，计算结果得到较好的改善。整个南海高度异常分布与卫星观测结果较为接近，虽然上述两个高值中心最大中心距平与卫星观测结果还有差异，但其位置已得到了较好的刻画，与观测结果基本一致。

——环流结构及中尺度涡旋。图 6-5、图 6-6 和图 6-7 分别为南海各季节典型月份无数据同化功能的数值模式模拟的 5 m 层、50 m 层、100 m 层流场，经过资料同化改进的数值模式模拟流场以及 SODA 流场对比图。

从各季节典型月份流线对比图可见，经过改进后的同化模式对南海中尺度动力过程的刻画得到了显著加强，尤其是在陆架区。这主要得益于两方面原因：一方面，模式斜压计算部分的改进使得陆架坡折处的斜压误差大幅减小，从而提高了陆架坡折处斜压计算精度，减小海盆区能量、动量等向陆架区的传递误差；另一方面，通过同化高度计资料，使得海表正压调整更趋于真实值，从而减小了正压计算的误差，提高上层海洋动力过程的计算精度。因此，改进后的同化数值模式对南海海洋环境动力过程及其年际变化特征有着较好的模拟能力。

6.1.2　环北部湾（小区）海域模式设置与模拟计算

6.1.2.1　数值模式

环北部湾三维海流计算采用 MIKE3 HD 水动力模块 [159] 进行，其基本控制方程见公式（6-1）～（6-8）。

6.1.2.2　涉及的主要数据和资料

——开边界水动力数据。将上述南海（大区）海洋模型 ECOM-sed 输出的动力计算结果作为环北部湾（小区）海域的开边界数据以及细化后小区网格潮流数值计算资料。

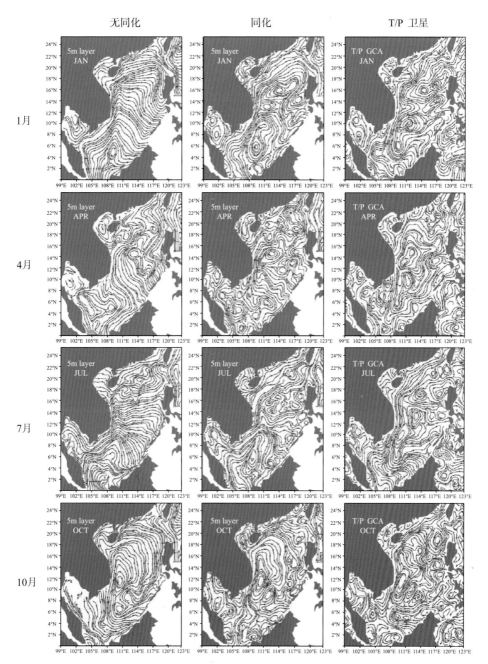

图 6-5　南海各季节典型月份非同化模拟 5 m 层流线分布、同化模拟 5 m 层流线

分布及 SODA 5 m 层流线分布

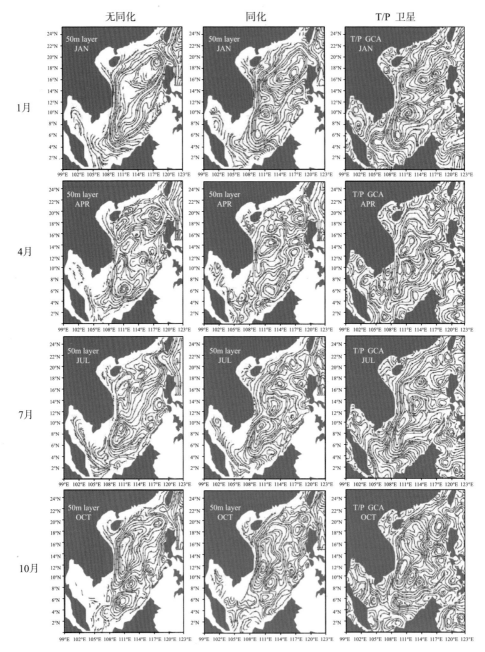

图 6-6　南海各季节典型月份非同化模拟 50 m 层流线分布、同化模拟 50 m 层流
线分布及 SODA 50 m 层流线分布

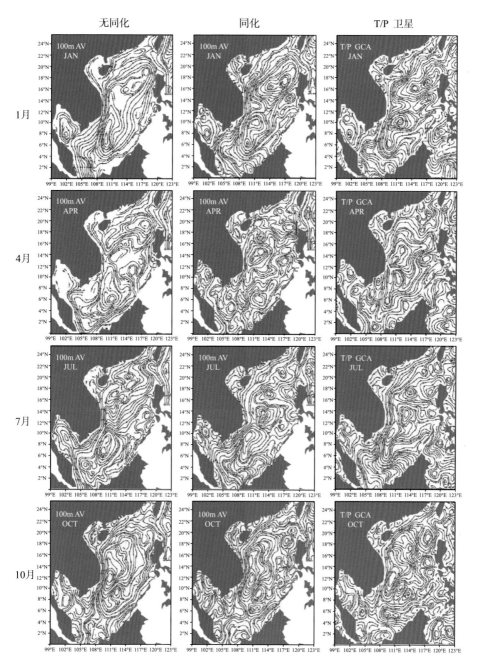

图 6-7　南海各季节典型月份非同化模拟 100 m 层流线分布、同化模拟 100 m 层流线分布及 SODA 100 m 层平均流线分布

——模拟海域范围。环北部湾（小区）模拟海域的范围为从点107°6′E、17°N向东至点112°E、17°N，再转向北，至点112°E、21°42.9′N。模拟海域面积$1.29 \times 10^6 \, \text{km}^2$。

——水深地形资料。外海水深从美国国家海洋和大气管理局（NOAA）的$1′ \times 1′$南海地形数据读取，近岸海区地形水深从中国人民解放军海军司令部航海保证部编制的最新海图资料的数字化结果中读取。

——计算网格划分和计算步长。计算采用无结构的三角形网格，共有网格26 740个，网格节点15 685个，网格边长为100～3 000 m，其中近岸海域特别是纳污海域局部加密至100 m（图6-8）。计算时间步长为0.01～60 s。垂向分为5层，按照0.0H～0.1H、0.1H～0.3H、0.3H～0.5H、0.5H～0.8H、0.8H～1.0H划分。

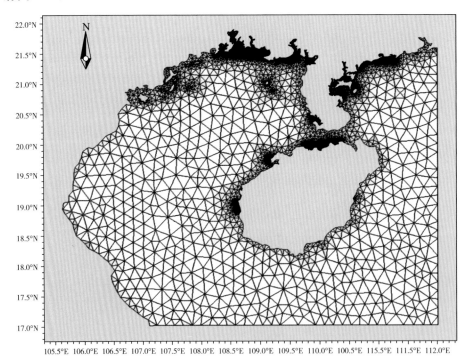

图6-8　环北部湾（小区）海域计算网格示意

——涡动黏滞系数和糙率。水平涡动黏滞系数的取值采用Smagorinsky公式计算，垂向涡黏系数采用$K\text{-}\varepsilon$模型计算。

底摩擦效应采用糙率高度描述，即

$$\frac{\overline{\tau_b}}{\rho_0} = c_f \overline{u_b} |\overline{u_b}|, \tag{6-42}$$

$$c_f = \frac{1}{\left[\frac{1}{K}\ln\left(\frac{\Delta z_b}{z_0}\right)\right]^2} \circ \tag{6-43}$$

其中，卡门常数 $K=0.4$，z_0 为床面糙率高度（m）。根据参数率定结果，z_0 的取值为 0.030 ～ 0.055。

——动边界及滩涂处理。MIKE3 HD 模块具有很好的动边界处理功能，处理干湿动边界的方法是基于赵棣华（1994）和 Sleigh（1998）的处理方式[159]。当单元水深变小时，会以新的方式计算，即动量通量会被设为 0，只考虑质量通量。当深度小于一定程度时，计算会忽略该网格单元。干水深 =0.005 m，淹没水深 =0.1 m。

——排污流量。主要排污区的流量数据按照现状值和预测值取值，河流的流量数据取多年统计平均值。河流、直接排口在各个层的流量按照厚度比例均匀设置，深海排放点的流量全部简化设置在 0.5H ～ 0.8H 层。

6.1.2.3 计算方案

本研究选取具季节代表性且有实测海流和潮位验证的时段，即以 2005 年 1 月 21 日～ 2 月 28 日作为冬季特征期。为能够较充分反映潮汐连续大小潮期海流对污染物的长期输运扩散的累积影响，冬季特征期潮流模拟时间长度取 39 d，浓度计算实际时间取其中后段稳定的一个太阴月输出值。

6.1.2.4 潮流、潮位模拟验证

在上述南海（大区）动力计算检验的基础上，对环北部湾局部海域的水位和海流计算结果进行了补充验证。

2005 年 1 月 21 日～ 2 月 28 日，白龙尾、北海、硇洲岛、海安、洋浦、东方等站位实测与模拟潮位对比情况见图 6-9。从潮位拟合的效果来看，计算与实测的绝对平均误差小于 0.18 m，总体计算值与实测值的拟合程度较好。

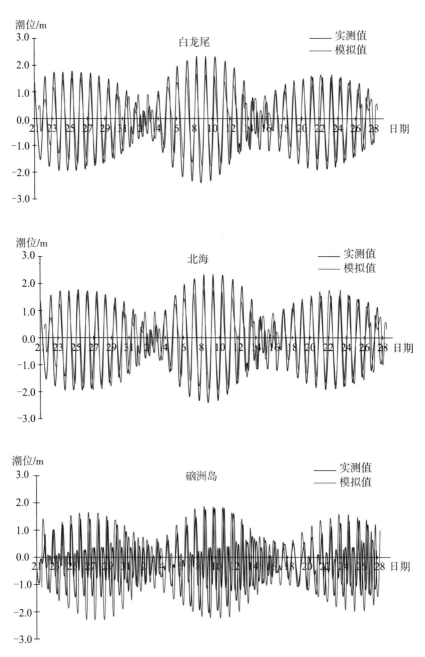

图 6-9　2005 年 1 月 21 日～2 月 28 日实测潮位与计算潮位对比

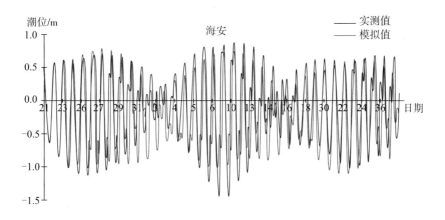

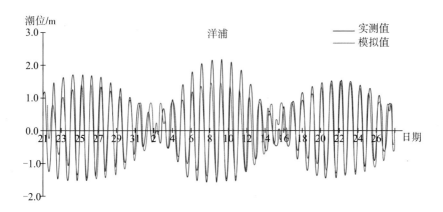

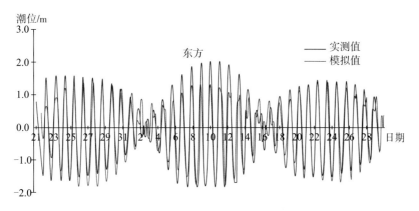

图6-9 2005年1月21日～2月28日实测潮位与计算潮位对比（续）

2005 年 2 月 21 ～ 22 日，钦州湾海域 S6、S9 的实测与模拟海流的对比见图 6-10，2005 年 2 月 24 ～ 25 日，钦州湾 S8、S11 的实测与模拟海流的对比见图 6-11。验证结果表明，模拟潮位、流速与实测潮位、流速基本吻合，流速变化趋势，涨、落潮的流向以及转流过程均保持一致性，基本能够反映出钦州湾及其附近海域的水流状况，说明潮流场的模拟结果可以作为污染物输移、扩散模拟的动力条件。

从实测海流与模拟海流比较来看，三维模拟海流流向基本与实测相似，表层模拟流速比实测略大，而底层流速较实测为小，中层与实测海流拟合最好。因此海流模拟基本可代表本海域的特征海流状况（表、中、底层分别对应于模式的第 1、3、5 层，下同）。

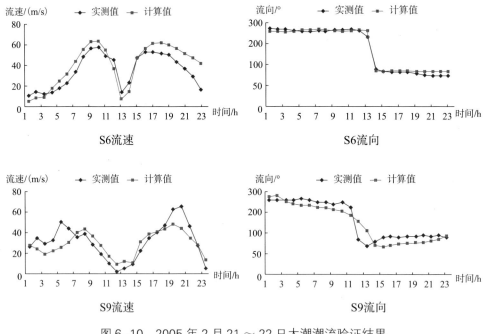

图 6-10　2005 年 2 月 21 ～ 22 日大潮潮流验证结果

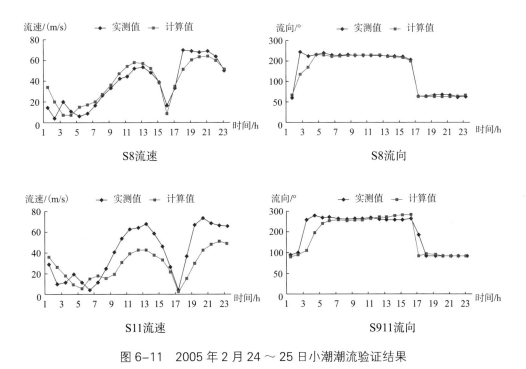

图 6-11 2005 年 2 月 24 ～ 25 日小潮潮流验证结果

6.1.2.5 模拟区域流场特征

计算所得的环北部湾各个分海域流向、流速、流量及流幅均有着明显的海域性变化（图 6-12 ～ 6-17）。

涨潮时，北部湾广西海域三层流向总体为 NE 向，局部流向与深槽走向一致，涠洲岛以东的流速大于涠洲岛以西，最大涨潮流速出现在深槽处，但底层流速的空间差异很小。湛茂海域三层流向总体为 WNW 向，局部流向与深槽走向一致，湛江湾口及其附近海域流速大于茂名近岸海域流速，垂直方向上流向变化较小，流速随水深减小。海南西部海域洋浦附近三层流向总体为 NE 向，受地形影响，局部流向与深槽走向一致，表、底层流向变化不大，底层流速小于表层。

落潮时，北部湾广西海域三层流向总体为 SW 向，局部流向与深槽走向一致，流速大于涨急时刻，涠洲岛以东的流场强于涠洲岛以西，最大落潮流速出现在深槽处，中层和底层的流速空间差异较小。湛江以东海域大潮落急时刻表层流向指向 SE 方向，底层流向略有偏转，指向 ESE 方向，流速随水深减小；小潮落急时刻表层流向指向 SSE 方向，底层流向右偏转，指向 SE 方向，流速随水深减小。海南西部海域洋浦附近三层流向总体为 SW 向，局部流向与深槽走向一致，神尖角为 S 方向，新英湾内流向为 W 方向，表、底层流向变化不大，底层流速小于表层。

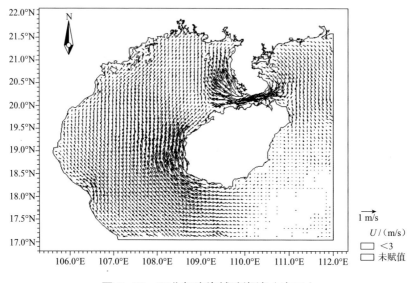

图 6-12　环北部湾海域涨潮流（表层）

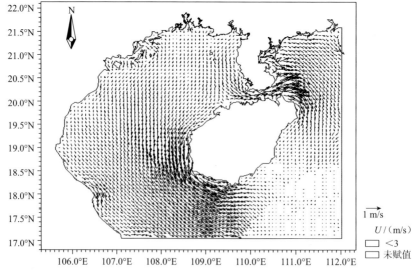

图 6-13　环北部湾海域落潮流（表层）

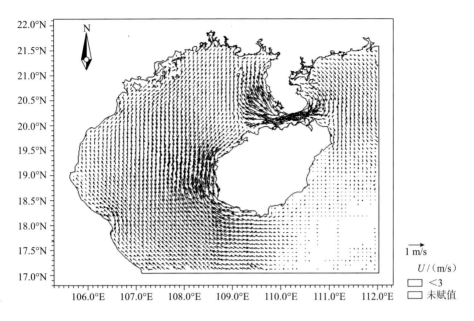

图6-14 环北部湾海域涨潮流（中层）

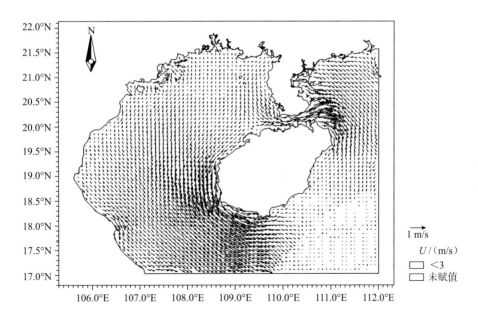

图6-15 环北部湾海域落潮流（中层）

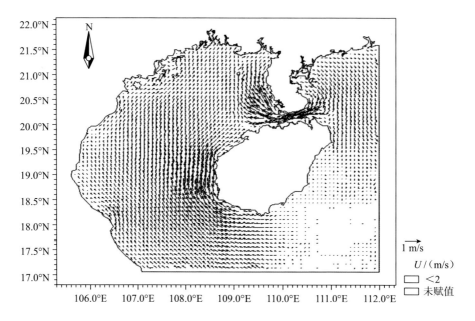

图 6-16　环北部湾海域涨潮流（底层）

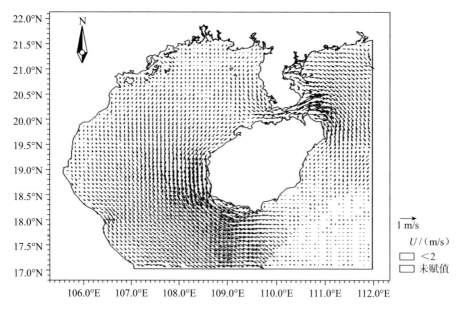

图 6-17　环北部湾海域落潮流（底层）

6.1.3 环北部湾（小区）海域环境容量计算

6.1.3.1 海域水质数值模式

环北部湾（小区）海域环境容量计算基于三维水质模拟，采用 MIKE3 AD 水质模块[160]，其基本控制方程见公式（6-6）～公式（6-8），采用控制边界模拟增值浓度叠加排污区海域背景浓度的方法。

6.1.3.2 计算涉及的主要数据资料

——模型参数。水质模拟的海域范围、水深地形资料、计算网格和分层划分、计算时间步长等与海流计算模式相同。为解决近岸纳污海域计算要求的精度问题，纳污水域计算网格加密至 100 m。水平和垂向扩散系数均采用等比例的底黏滞公式计算，比例系数取值范围为 0.9～1.3。

——潮流动力场资料。利用上述计算所得的环北部湾海域潮流输出结果进行计算，选取具季节代表性且有实测海流和潮位验证的 2005 年 1 月 28 日～2 月 28 日输出结果进行连续水质计算。

——背景浓度与计算控制值。规划排污区附近水域背景浓度分别对不同的纳污海域分析确定，河流污染物输入和面源等的贡献已在背景浓度中反映。选择规划纳污海域排污区外围监测站点，根据 2001—2007 年 COD、无机氮和石油类各水期监测的平均浓度变化，原则上取控制站近三年平均浓度的最大值。同时，结合 2007 年北部湾近岸海域不同水期的浓度空间分布，判断和确定该纳污海域的背景浓度值。若该规划排污区现状已经有一定的排污量，如廉州湾、湛江湾、洋浦港等，则主要水质监测点选择受排污影响最小的监测点；若现状无排污，则直接选择水环境功能区质量监测点。

根据上述方法确定出的排污区海域背景浓度分析站位见表 6-1，确定出的各排污区海域背景浓度见表 6-2。

表6-1　排污区海域环境背景浓度分析选择站位

海区	年份	铁山港	营盘近岸	廉州湾	钦州湾北	钦州湾东南	防城湾
广西	2007	GX012、GX023	GX030、GX034	GX026、GX028	GX004、GX006、QZ1	GX010、GX022	GX009、GX013
	2006	GX012、GX023	GX030、GX034	GX026、GX028	GX004、GX006、QZ1	GX010、GX022	GX009、GX013
	2005	GX012、GX023	GX030、GX034	GX026、GX028	GX004、GX005、GX006	GX010、GX022	GX009、GX013
	2004	GX012、GX023	GX030、GX034	GX026、GX028	GX004、GX005、GX006	GX010、GX022	GX009、GX013
	2003	N213、N214	N226、N233	N242、N246	N251、N259、N264	N250	N269、N270
	2002	N213、N214	N226、N233	N242、N246	N251、N259、N264	N250	N269、N270
	2001	N213、N214	N226、N233	N242、N246	N251、N259、N264	N250	N269、N270

海区	年份	博贺新港	澳内海	东海岛西南	东海岛东面	湛江湾内	雷州湾顶（浆纸）
广东	2007	GD074、GD075	GD172、GD0901	新区环评9	新区环评2	GD0802	GD177D、GD179D
	2006	GD074、GD075	GD172、GD0901			GD0802	
	2005	GD074、GD075	GD172、GD0901		湛江钢铁环评26		
	2004	GD074、GD075	GD172、GD0901	新区环评W3	湛江钢铁环评26		
	2003	GD074、GD075	GD172、GD0901				

续表

海区	年份	澄迈澄迈湾（老城）	临高澄迈湾近岸	洋浦港近岸	昌化江口近岸	东方工业区近岸
海南	2007	HN0107、HN2702	HN2701、HN2803	HN9307	HN3102	HN9701
	2006	同上	同上	同上	同上	同上
	2005	同上	同上	同上	同上	同上
	2004	同上	同上	同上	同上	同上
	2003	同上	同上	同上	同上	同上
	2002	同上	同上	同上	同上	同上
	2001	同上	同上	同上	同上	同上

表 6-2　主要排污区海域水环境背景浓度

单位：mg/L

排污口名称	水域背景浓度		
	COD	无机氮	石油类
铁山港龙潭工业区排污区	1.8	0.25	0.05
铁山港工业区排污区1	1.4	0.22	0.05
铁山港工业区排污区2	1.4	0.22	0.05
大冠沙排污区	0.8	0.18	0.03
红坎污水处理厂排污区	1.4	0.18	0.03
大风江口工业排污区	1.8	0.20	0.03
钦州市金鼓江排污区	1.85	0.25	0.03
钦州市三墩排污区	1.85	0.20	0.03
钦州市红沙排污区	1.85	0.20	0.03

排污口名称	水域背景浓度		
	COD	无机氮	石油类
防城港企沙工业区排污区	1.1	0.15	0.03
防城港东湾市政排污区	1.2	0.17	0.03
防城港市政综合排污区	1.1	0.18	0.03
澄迈老城排污区	0.7	0.22	0.03
临高开发区排污区	1.6	0.10	0.03
洋浦经济开发区排污区	1.2	0.13	0.037 5
东方工业区排污区	0.6	0.05	0.028
昌化江出海口排污区	1	0.05	0.04
澳内海排污区	1.1	0.23	0.02
水东港排污区	1.3	0.25	0.02
博贺港东南面排污区	1.2	0.20	0.02
湛江东海岛东面排污区	0.99	0.15	0.03
临港工业区（南柳河口外）排污区	2.2	0.34	0.13
东海岛南侧排污区	1.57	0.15	0.03
遂溪通明海（浆纸厂）排污区	2	0.20	0.03

6.1.3.3 环境质量限制条件下的纳污海域环境容量计算

采用控制边界模拟增值浓度叠加排污区海域背景浓度的方法计算环境容量。对全部主要排污区同时投放污染物，计算浓度增值及其叠加影响。通过逐渐提高排污区的污染物排放量，使排污功能区边界和外围海域高功能区边界的水质目标值小于近岸海域环境功能区水质目标值。对于临近排污区可能相互影响的情形，则首先保证主要排污区环境容量，其次保证实际排污的容量需求，再优化出各分海区的最大环境容量。计算结果见表6-3和图6-18。

表6-3　主要排污区海域环境容量计算结果

单位：t

排污口名称	编号	海水环境容量		
		COD	DIN	石油类
铁山港龙潭工业区排污区	GX01	1 145.4	84.00	31.34
铁山港工业区排污区1	GX02	10 144.6	134.32	50.15
铁山港工业区排污区2	GX03	11 620.5	879.80	217.83
大冠沙排污区	GX04	7 397.3	1 146.10	228.49
红坎污水处理厂排污区	GX05	8 564.7	1 366.34	274.42
大风江口工业排污区	GX06	2 075.4	182.50	73.00
钦州市金鼓江排污区	GX07	4 724.9	288.31	159.17
钦州市三墩排污区	GX08	14 016.0	1 017.74	207.32
钦州市红沙排污区	GX09	1 095.0	219.00	86.50
防城港企沙工业区排污区	GX10	28 200.1	2 322.68	266.87
防城港东湾市政排污区	GX11	1 937.2	202.29	37.52
防城港市政综合排污区	GX12	4 591.7	350.40	120.45
澄迈老城排污区	HN01	8 277.4	646.63	243.40
临高开发区排污区	HN02	1 582.0	305.42	51.83
洋浦经济开发区排污区	HN03	40 574.5	5 424.89	536.38
东方工业区排污区	HN04	6 308.0	788.40	262.80
昌化江出海口排污区	CHJ01	4 000.0	500.00	200.00

续表

排污口名称	编号	海水环境容量		
		COD	DIN	石油类
澳内海现有排污区	GD1	8 982.0	418.66	171.74
澳内海规划排污区	GD1-2	12 574.9	669.85	240.43
水东港排污区	GD2	4 257.9	243.76	152.53
博贺港东南面排污区	GD4	20 592.0	4 016.68	1 046.02
湛江东海岛东面排污区	GD6	13 669.0	868.23	372.3
临港工业区（南柳河口外）排污区	GD7	7 948.0	631.20	270.00
东海岛南侧排污区	DHD01	6 040.0	602.41	140.11
遂溪通明海（浆纸厂）排污区	TMH01	5 064.0	545.4	119.28
合计	—	222 807.9	23 126.1	5 151.9

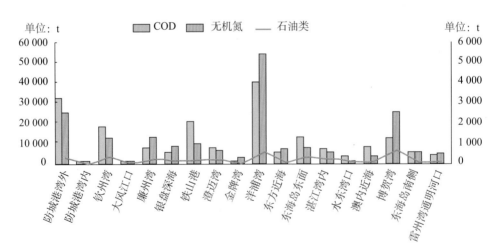

COD对应左坐标轴，无机氮和石油类对应右坐标轴

图6-18　北部湾经济区主要排污区海域环境容量

表6-4 情景一不理想情形下重点产业集聚区纳污海域环境容量利用变化

单位：t

主要排污区海域	COD								氨氮							
	可利用环境容量(A)	现状	中期			远期			可利用环境容量(A)	现状	中期			远期		
		排污量(B)	排污增量(C)	剩余容量(A-B-C)	承载率(%)	排污增量(D)	剩余容量(A-C-D)	承载率(%)		排污量(B)	排污增量(C)	剩余容量(A-B-C)	承载率(%)	排污增量(D)	剩余容量(A-C-D)	承载率(%)
防城港湾外	26 233.5	0.0	5 074.8	21 158.7	19.3	7 541.2	18 692.2	28.7	2 093.6	0.0	601.2	1 492.5	28.7	900.3	1 193.3	43.0
钦州湾	14 992.7	227.8	12 310.3	2 454.6	83.6	16 625.7	-1 860.8	112.4	1 044.8	33.9	1 592.3	-581.4	155.6	2 144.4	-1 133.4	208.5
廉州湾	6 851.8	3 179.0	5 551.1	-1 878.3	127.4	17 296.3	-13 623.5	298.8	1 093.1	252.3	1 140.6	-299.9	127.4	2 550.1	-1 709.3	256.4
铁山港	17 412.1	0.0	6 166.8	11 245.3	35.4	8 429.7	8 982.4	48.4	811.3	0.0	735.3	76.0	90.6	1 006.2	-194.9	124.0
澄迈湾	6 621.9	418.7	1 980.0	4 223.3	36.2	2 933.9	3 269.4	50.6	514.9	5.7	268.2	241.0	53.2	381.1	128.2	75.1
金牌湾	1 265.6	0.0	464.6	801.0	36.7	1 070.8	194.9	84.6	244.3	1.2	55.4	187.8	23.1	127.9	115.3	52.8
洋浦湾	32 459.6	3 175.2	4 332.7	24 951.7	23.1	7 737.6	21 546.8	33.6	4 339.9	103.8	419.1	3 817.0	12.0	743.2	3 492.9	19.5
东方近海	5 046.4	107.0	4 180.5	758.9	85.0	5 237.4	-298.0	105.9	630.7	88.2	502.8	39.7	93.7	678.8	-135.9	121.5
东海岛东面	10 935.2	0.0	713.0	10 222.2	6.5	713.0	10 222.2	6.5	694.6	0.0	166.8	527.7	24.0	166.8	527.7	24.0
东海岛南侧	4 832.0	0.0	4 268.8	563.2	88.3	5 475.0	-643.0	113.3	481.9	0.0	512.3	-30.3	106.3	657.0	-175.1	136.3
湛江湾内	6 358.4	438.0	9 739.3	-3 818.9	160.1	10 839.2	-4 918.8	177.4	505.0	138.2	1 190.0	-823.3	263.0	1 307.7	-941.0	286.3
水东湾口	3 406.3	0.0	5 400.8	-1 994.5	158.6	6 096.8	-2 690.5	179.0	195.0	75.5	651.0	-531.5	372.6	734.6	-615.1	415.4
澳内近海	7 185.6	1 085.0	2 985.7	3 114.9	56.7	3 059.6	3 041.1	57.7	334.9	6.4	466.6	-138.2	141.2	404.2	-75.7	122.6
澳内外海	10 059.9	0.0	4 070.7	5 989.2	40.5	4 144.6	5 915.3	41.2	535.9	0.0	473.1	62.8	88.3	410.6	125.3	76.6
博贺湾	10 707.8	0.0	4 874.4	5 833.4	45.5	5 622.6	5 085.2	52.5	2 088.7	0.0	559.5	1 529.2	26.8	624.0	1 464.7	29.9
合计	165 918.6	8 630.6	75 145.1	82 142.9	50.5	106 595.4	50 692.6	69.4	15 770.5	705.2	9 726.7	5 338.5	66.1	13 313.7	1 751.6	88.9

表6-5 情景二不理想情形下重点产业集聚区纳污海域环境容量利用变化

单位：t

主要排污区海域	COD								氨氮							
	现状		中期			远期			现状		中期			远期		
	可利用环境容量(A)	排污量(B)	排污增量(C)	剩余容量(A-B-C)	承载率(%)	排污增量(D)	剩余容量(A-C-D)	承载率(%)	可利用环境容量(A)	排污量(B)	排污增量(C)	剩余容量(A-B-C)	承载率(%)	排污增量(D)	剩余容量(A-C-D)	承载率(%)
防城港湾外	26 233.5	0.0	5 706.8	20 526.7	0.22	8 652.8	17 580.6	33.0	2 093.6	0.0	712.8	1 380.9	34.0	1 022.9	1 070.7	48.9
钦州湾	14 992.7	227.8	12 347.1	2 417.8	83.9	22 172.8	-7 407.9	149.4	1 044.8	33.9	1 596.2	-585.2	156.0	2 746.4	-1 735.4	266.1
廉州湾	6 851.8	3 179.0	5 551.1	-1 878.3	127.4	17 296.3	-13 623.5	298.8	1 093.1	252.3	1 140.6	-299.9	127.4	2 550.1	-1 709.3	256.4
铁山港	17 412.1	0.0	6 166.8	11 245.3	35.4	9 378.5	8 033.6	53.9	811.3	0.0	735.3	76.0	90.6	1 145.0	-333.7	141.1
澄近湾	6 621.9	418.7	1 980.0	4 223.3	36.2	2 933.9	3 269.4	50.6	514.9	5.7	268.2	241.0	53.2	381.1	128.2	75.1
金滩湾	1 265.6	0.0	464.6	801.0	36.7	1 070.8	194.9	84.6	244.3	1.2	55.4	187.8	23.1	127.9	115.3	52.8
洋浦湾	32 459.6	3 175.2	4 372.8	24 911.6	23.3	11 527.1	17 757.4	45.3	4 339.9	103.8	425.3	3 810.8	12.2	1 032.8	3 203.3	26.2
东方近海	5 046.4	107.0	4 266.4	673.0	86.7	5 323.3	-383.9	107.6	630.7	88.2	524.3	18.2	97.1	699.9	-157.4	124.9
东海岛东面	10 935.2	0.0	713.0	10 222.2	6.5	1 144.7	9 790.5	10.5	694.6	0.0	166.8	527.7	24.0	166.8	527.7	24.0
东海岛南侧	4 832.0	0.0	4 268.8	563.2	88.3	5 475.0	-643.0	113.3	481.9	0.0	512.3	-30.3	106.3	657.0	-175.1	136.3
湛江湾内	6 358.4	438.0	9 744.9	-3 824.5	160.1	10 844.7	-4 924.3	177.4	505.0	138.2	1 190.9	-824.2	263.2	1 308.7	-941.9	286.5
水东湾口	3 406.3	0.0	5 400.8	-1 994.5	158.6	5 890.0	-2 483.7	172.9	195.0	75.5	651.0	-531.5	372.6	709.7	-590.2	402.7
澳内近海	7 185.6	1 085.0	2 985.7	3 114.9	56.7	3 059.6	3 041.1	57.7	334.9	6.4	420.0	-91.5	127.3	427.9	-99.5	129.7
澳内外海	10 059.9	0.0	4 070.7	5 989.2	40.5	4 144.6	5 915.3	41.2	535.9	0.0	426.4	109.5	79.6	434.4	101.5	81.1
博贺湾	10 707.8	0.0	4 874.4	5 833.4	45.5	6 725.7	3 982.1	62.8	2 088.7	0.0	559.5	1 529.2	26.8	771.2	1 317.4	36.9
合计	165 918.6	8 630.6	75 945.5	81 342.5	51.0	119 411.9	37 876.0	77.2	15 770.5	705.5	9 777.5	5 287.7	66.5	14 659.0	406.3	97.4

表6-6　情景三不理想情形下重点产业集聚区纳污海域环境容量利用变化

单位：t

主要排污区海域	COD 可利用环境容量(A)	COD 现状 排污量(B)	COD 中期 排污增量(C)	COD 中期 剩余容量(A-B-C)	COD 中期 承载率(%)	COD 远期 排污增量(D)	COD 远期 剩余容量(A-C-D)	COD 远期 承载率(%)	氨氮 可利用环境容量(A)	氨氮 现状 排污量(B)	氨氮 中期 排污增量(C)	氨氮 中期 剩余容量(A-B-C)	氨氮 中期 承载率(%)	氨氮 远期 排污增量(D)	氨氮 远期 剩余容量(A-C-D)	氨氮 远期 承载率(%)
防城港湾外	26 233.5	0.0	5 716.4	20 517.1	21.8	8 662.4	17 571.0	33.0	2 093.6	0.0	714.4	1 379.3	34.1	1 024.5	1 069.1	48.9
钦州湾	14 992.7	227.8	12 556.1	2 208.8	85.3	22 427.2	-7 662.3	151.1	1 044.8	33.9	1 606.6	-595.6	157.0	2 766.8	-1 755.8	268.0
廉州湾	6 851.8	3 179.0	5 551.1	-1 878.3	127.4	17 296.3	-13 623.5	298.8	1 093.1	252.3	1 140.6	-299.9	127.4	2 550.1	-1 709.3	256.4
铁山港	17 412.1	0.0	6 166.8	11 245.3	35.4	9 685.7	7 726.4	55.6	811.3	0.0	735.3	76.0	90.6	1 176.2	-364.9	145.0
澄迈湾	6 621.9	418.7	305.0	5 898.3	10.9	2 933.9	3 269.4	50.6	514.9	5.7	124.2	385.0	25.2	391.1	118.2	77.1
金牌湾	1 265.6	0.0	78.3	1 187.3	6.2	1 070.8	194.9	84.6	244.3	1.2	22.5	220.7	9.7	127.9	115.3	52.8
洋浦湾	32 459.6	3 175.2	4 627.7	24 656.7	24.0	11 527.1	17 757.4	45.3	4 339.9	103.8	425.9	3 810.2	12.2	1 032.8	3 203.3	26.2
东方近海	5 046.4	107.0	4 189.1	750.3	85.1	5 323.3	-383.9	107.6	630.7	88.2	524.2	18.3	97.1	699.9	-157.4	124.9
东海岛东面	10 935.2	0.0	713.0	10 222.2	6.5	1 576.4	9 358.8	14.4	694.6	0.0	166.8	527.7	24.0	166.8	527.7	24.0
东海岛南侧	4 832.0	0.0	4 268.8	563.2	88.3	5 475.0	-643.0	113.3	481.9	0.0	512.3	-30.3	106.3	657.0	-175.1	136.3
湛江湾内	6 358.4	438.0	9 744.9	-3 824.5	160.1	10 844.7	-4 924.3	177.4	505.0	138.2	1 190.9	-824.2	263.2	1 308.7	-941.9	286.5
水东湾内	3 406.3	0.0	5 400.8	-1 994.5	158.6	6 096.8	-2 690.5	179.0	195.0	75.5	651.0	-531.5	372.6	734.6	-615.1	415.4
澳内近海	7 185.6	1 085.0	3 287.8	2 812.9	60.9	3 361.6	2 739.0	61.9	334.9	6.4	472.7	-144.3	143.1	480.7	-152.2	145.5
澳内外海	10 059.9	0.0	4 372.8	5 687.1	43.5	4 446.6	5 613.3	44.2	535.9	0.0	479.2	56.7	89.4	487.2	48.7	90.9
博贺湾	10 707.8	0.0	4 874.4	5 833.4	45.5	5 898.7	4 809.1	55.1	2 088.7	0.0	559.5	1 529.2	26.8	671.9	1 416.8	32.2
合计	165 918.6	8 630.6	74 884.5	82 403.5	50.3	120 398.6	36 889.3	77.8	15 770.5	705.2	9 718.7	5 346.6	66.1	14 753.3	312.0	98.0

COD 排前五位的是洋浦经济开发区排污区、防城港企沙工业区排污区、博贺港东南面排污区、钦州市三墩排污区、湛江东海岛东面排污区。

无机氮排前五位的是洋浦经济开发区排污区、博贺港东南面排污区、防城港企沙工业区排污区、红坎污水处理厂排污区、大冠沙排污区。

石油类排前五位的是博贺港东南面排污区、洋浦经济开发区排污区、湛江东海岛东面排污区、红坎污水处理厂排污区、湛江临港工业区排污区。

6.1.4 排污区海域剩余环境容量与承载率分析

6.1.4.1 不理想情形

在不理想情形下，COD 和氨氮的可利用容量与剩余环境容量变化分别见表6-4～表6-6。中期，43% 的纳污海域容量超载；远期，57% 的纳污海域容量超载。主要超载指标为氨氮。

——情景一的可利用环境容量与剩余环境容量。中期，水东湾口、湛江湾内海域、钦州湾、澳内近海、廉州湾和东海岛南侧海域等六个排污区出现氨氮容量超载，氨氮超载率分别为 272.6%、163.0%、55.6%、41.2%、27.4% 和 6.3%；水东湾口、湛江湾内海域、廉州湾等三个排污区出现 COD 容量超载，超载率为27.4% ～ 60.1%。远期，水东湾口、湛江湾内海域、钦州湾和廉州湾的氨氮超载率明显上升，分别增至 315.4%、186.3%、108.5% 和 156.4%；铁山港和东方近海排污区海域出现容量超载，其中铁山港排污区氨氮超载率为 24.0%，东方近海COD、氨氮超载率分别为 5.9%、21.5%（图 6-19）。

——情景二的可利用环境容量与剩余环境容量。中期，水东湾口、湛江湾内海域、钦州湾、澳内近海、廉州湾和东海岛南侧海域等六个排污区出现氨氮容量超载，氨氮超载率分别为 272.6%、163.2%、56.0%、27.3%、27.4% 和 6.3%；水东湾口、湛江湾内海域、廉州湾等三个排污区出现 COD 容量超载，超载率为27.4% ～ 60.1%。远期，水东湾口、湛江湾内海域、钦州湾和廉州湾的氨氮超载率明显上升，分别增至 302.7%、186.5%、166.1% 和 156.4%；铁山港和东方近海排污区海域出现容量超载，其中铁山港排污区氨氮超载率为 41.1%，东方近海COD、氨氮超载率分别为 7.6%、24.9%。

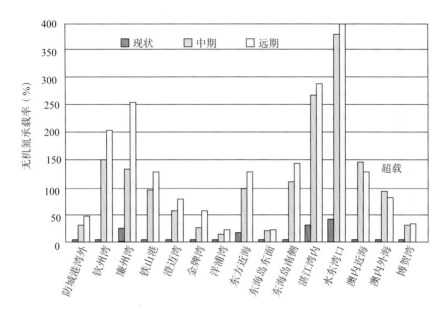

图 6-19 情景一不理想情形下重点产业集聚区排污区海域无机氮环境
承载率变化

——情景三的可利用环境容量与剩余环境容量。中期，水东湾口、湛江湾内
海域、钦州湾、澳内近海、廉州湾和东海岛南侧海域等六个排污区出现氨氮容
量超载，氨氮超载率分别为 272.6%、163.2%、57.0%、43.1%、27.4% 和 6.3%；
水东湾口、湛江湾内海域、廉州湾等三个排污区出现 COD 容量超载，超载率为
27.4% ～ 60.1%。远期，水东湾口、湛江湾内海域、钦州湾和廉州湾的氨氮超载
率明显上升，分别增至 315.4%、186.5%、168.0% 和 156.4%；且铁山港和东方近
海排污区海域出现容量超载，其中铁山港排污区氨氮超载率为 45.0%，东方近海
COD、氨氮超载率分别为 7.6%、24.9%（图 6-20）。

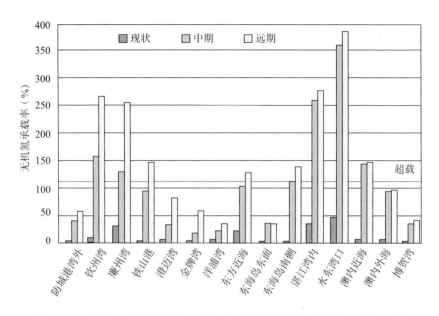

图 6-20　情景三不理想情形下重点产业集聚区排污区海域无机氮环境
承载率变化

6.1.4.2　理想情形

COD 和氨氮的可利用容量与剩余环境容量变化见表 6-7 ～ 6-9。中期，20%
的纳污海域容量超载；远期，40% 的纳污海域容量超载。中期，湛江湾内、水东
湾口和廉州湾三个排污区海域出现容量超载；远期，增加铁山港、钦州湾和澳内
近海三个排污区海域出现容量超载。应减小上述六个纳污海域附近产业集聚区的
发展规模或调整产业结构，使其水污染物排放量满足纳污海域的承载力。

6.1.4.3　可利用环境容量与剩余环境容量综合评价

不理想情形和理想情形下，无论是中期或远期，湛江湾内海域、水东湾口和
澳内近海海域可利用容量均无剩余，其中以水东湾口最为严重，其次为湛江湾内
海域，即使在情景一＋理想情形下，其超载率仍高于 50%（图 6-21）。而洋浦湾、
防城港湾外、博贺湾、东海岛东面海域可利用容量较大，远期最大环境容量承载
率不足 30%。

表6-7　情景一理想情形下纳污海域环境容量利用变化

单位：t

主要排污海域	COD								氨氮							
	可利用环境容量(A)	现状 排污量(B)	中期 排污增量(C)	中期 剩余容量(A-B-C)	中期 承载率(%)	远期 排污增量(D)	远期 剩余容量(A-C-D)	远期 承载率(%)	可利用环境容量(A)	现状 排污量(B)	中期 排污增量(C)	中期 剩余容量(A-B-C)	中期 承载率(%)	远期 排污增量(D)	远期 剩余容量(A-C-D)	远期 承载率(%)
防城港湾外	26 233.5	0.0	2 932.2	23 301.3	11.2	4 738.2	21 495.3	18.1	2 093.6	0.0	354.6	1 739.0	16.9	589.4	1 504.2	28.2
钦州湾	14 992.7	227.8	5 715.9	9 049.0	39.6	8 455.6	6 309.3	57.9	1 044.8	33.9	707.3	303.7	70.9	1 019.3	-8.4	100.8
廉州湾	6 851.8	3 179.0	5 579.2	-1 906.4	127.8	9 791.7	-6 118.9	189.3	1 093.1	252.3	692.4	148.3	86.4	1 229.6	-388.9	135.6
铁山港	17 412.1	0.0	4 774.8	12 637.3	27.4	6 727.5	10 684.5	38.6	811.3	0.0	573.7	237.6	70.7	816.2	-4.9	100.6
澄迈湾	6 621.9	418.7	937.2	5 266.1	20.5	1 185.9	5 017.3	24.2	514.9	5.7	146.0	363.2	29.5	176.4	332.8	35.4
金牌湾	1 265.6	0.0	214.8	1 050.8	17.0	412.3	853.3	32.6	244.3	1.2	26.1	217.1	11.1	50.8	192.4	21.3
洋浦湾	32 459.6	3 175.2	3 572.3	25 712.1	20.8	6 181.2	23 103.2	28.8	4 339.9	103.8	330.0	3 906.1	10.0	561.0	3 675.1	15.3
东冰近海	5 046.4	107.0	2 444.1	2 495.3	50.6	2 589.3	2 350.1	53.4	630.7	88.2	301.7	240.8	61.8	371.7	170.8	72.9
东海岛东面	10 935.2	0.0	713.0	10 222.2	6.5	713.0	10 222.2	6.5	694.6	0.0	166.8	527.7	24.0	166.8	527.7	24.0
东海岛南侧	4 832.0	0.0	665.9	4 166.1	13.8	985.5	3 846.5	20.4	481.9	0.0	88.8	393.1	18.4	131.4	350.5	27.3
湛江湾内	6 358.4	438.0	5 688.9	231.5	96.4	5 269.5	650.9	89.8	505.0	138.2	707.1	-340.4	167.4	662.8	-296.1	158.6
水东湾口	3 406.3	1 085.0	2 734.7	671.6	80.3	2 215.4	1 190.9	65.0	195.0	75.5	332.4	-212.9	209.2	286.6	-167.1	185.7
澳内近海	7 185.6	0.0	1 894.4	4 206.2	41.5	2 156.8	3 943.8	45.1	334.9	6.4	311.9	16.5	95.1	343.4	-14.9	104.5
澳内外海	10 059.9	0.0	2 979.4	7 080.5	29.6	3 241.8	6 818.1	32.2	535.9	0.0	318.4	217.5	59.4	349.9	186.0	65.3
博贺湾	10 707.8	0.0	2 624.5	8 083.3	24.5	2 716.0	7 991.8	24.5	2 088.7	0.0	298.9	1 789.7	14.3	287.4	1 801.3	13.8
合计	165 918.6	8 630.6	44 703.5	112 584.5	32.1	59 005.0	98 283.0	40.8	15 770.5	705.2	5 520.5	9 544.8	39.5	7 259.6	7 805.7	50.5

单位：t

表6-8 情景二理想情形下纳污海域环境容量利用变化

主要排污区海域	COD								氨氮							
	可利用环境容量(A)	现状 排污量(B)	中期 排污增量(C)	剩余容量(A-B-C)	承载率(%)	远期 排污增量(D)	剩余容量(A-C-D)	承载率(%)	可利用环境容量(A)	现状 排污量(B)	中期 排污增量(C)	剩余容量(A-B-C)	承载率(%)	远期 排污增量(D)	剩余容量(A-C-D)	承载率(%)
防城港湾外	26 233.5	0.0	3 564.2	22 669.3	13.6	5 849.8	20 383.7	22.3	2 093.6	0.0	466.2	1 627.4	22.3	712.0	1 381.7	34.0
钦州湾	14 992.7	227.8	5 752.6	9 012.3	39.9	14 002.7	762.2	94.9	1 044.8	33.9	711.1	299.8	71.3	1 621.3	-610.4	158.4
廉州湾	6 851.8	3 179.0	5 579.2	-1 906.4	127.8	9 791.7	-6 118.9	189.3	1 093.1	252.3	692.4	148.3	86.4	1 229.6	-388.9	135.6
铁山港	17 412.1	0.0	4 774.8	12 637.3	27.4	7 771.2	9 640.8	44.6	811.3	0.0	573.7	237.6	70.7	968.9	-157.6	119.4
澄迈湾	6 621.9	418.7	937.2	5 266.1	20.5	1 185.9	5 017.3	24.2	514.9	5.7	146.0	363.2	29.5	176.4	332.8	35.4
金牌湾	1 265.6	0.0	214.8	1 050.8	17.0	412.3	853.3	32.6	244.3	1.2	26.1	217.1	11.1	50.8	192.4	21.3
洋浦湾	32 459.6	3 175.2	3 612.4	25 672.0	20.9	9 970.7	19 313.7	40.5	4 339.9	103.8	336.2	3 899.9	10.1	850.6	3 385.5	22.0
东方近海	5 046.4	107.0	2 530.0	2 409.4	52.3	2 675.3	2 264.1	55.1	630.7	88.2	323.2	219.3	65.2	393.2	149.3	76.3
东海岛东面	10 935.2	0.0	713.0	10 222.2	6.5	1 144.7	9 790.5	10.5	694.6	0.0	166.8	527.7	24.0	166.8	527.7	24.0
东海岛南侧	4 832.0	0.0	665.9	4 166.1	13.8	985.5	3 846.5	20.4	481.9	0.0	88.8	393.1	18.4	131.4	350.5	27.3
湛江湾内	6 358.4	438.0	5 694.4	225.9	96.4	5 275.1	645.3	89.9	505.0	138.2	708.1	-341.3	167.6	663.8	-297.0	158.8
水东湾口	3 406.3	0.0	2 734.7	671.6	80.3	2 124.9	1 281.4	62.4	195.0	75.5	332.4	-212.9	209.2	275.3	-155.8	179.9
澳内近海	7 185.6	1 085.0	1 894.4	4 206.2	41.5	2 156.8	3 943.8	45.1	334.9	6.4	311.9	16.5	95.1	343.4	-14.9	104.5
澳内外海	10 059.9	0.0	2 979.4	7 080.5	29.6	3 241.8	6 818.1	32.2	535.9	0.0	318.4	217.5	59.4	349.9	186.0	65.3
博贺湾	10 707.8	0.0	2 624.5	8 083.3	24.5	3 354.1	7 353.7	31.3	2 088.7	0.0	298.9	1 789.7	14.3	380.8	1 707.8	18.2
合计	165 918.6	8 630.6	45 503.9	111 784.1	32.6	71 567.7	85 720.3	48.3	15 770.5	705.2	5 664.6	9 400.7	40.4	8 530.8	6 534.4	58.6

表6-9 情景三理想情形下纳污海域环境容量利用变化

单位：t

主要排污区海域	COD									氨氮								
	现状		中期			远期				现状		中期			远期			
	可利用环境容量(A)	排污量(B)	排污增量(C)	剩余容量(A-B-C)	承载率(%)	排污增量(D)	剩余容量(A-C-D)	承载率(%)		可利用环境容量(A)	排污量(B)	排污增量(C)	剩余容量(A-B-C)	承载率(%)	排污增量(D)	剩余容量(A-C-D)	承载率(%)	
防城港湾外	26 233.5	0.0	3 573.8	22 659.7	13.6	5 859.4	20 374.1	22.3		2 093.6	0.0	467.8	1 625.8	22.3	713.6	1 380.1	34.1	
钦州湾	14 992.7	227.8	5 961.6	8 803.3	41.3	14 257.1	507.8	96.6		1 044.8	33.9	721.5	289.4	72.3	1 641.7	−630.8	160.4	
廉州湾	6 851.8	3 179.0	5 579.2	−1 906.4	127.8	9 791.7	−6 118.9	189.3		1 093.1	252.3	692.4	148.3	86.4	1 229.6	−388.9	135.6	
铁山港	17 412.1	0.0	4 774.8	12 637.3	27.4	8 109.2	9 302.9	46.6		811.3	0.0	573.7	237.6	70.7	1 003.2	−191.9	123.7	
澄迈湾	6 621.9	418.7	967.0	5 236.3	20.9	1 185.9	5 017.3	24.2		514.9	5.7	149.3	359.9	30.1	186.4	322.8	37.3	
金牌湾	1 265.6	0.0	236.9	1 028.7	18.7	412.3	853.3	32.6		244.3	1.2	28.5	214.7	12.1	50.8	192.4	21.3	
洋浦湾	32 459.6	3 175.2	5 110.4	24 174.0	25.5	9 970.7	19 313.7	40.5		4 339.9	103.8	444.2	3 791.9	12.6	850.6	3 385.5	22.0	
东方近海	5 046.4	107.0	2 530.0	2 409.4	52.3	2 675.3	2 264.1	55.1		630.7	88.2	323.2	219.3	65.2	393.2	149.3	76.3	
东海岛东面	10 935.2	0.0	713.0	10 222.2	6.5	1 576.4	9 358.8	14.4		694.6	0.0	166.8	527.7	24.0	166.8	527.7	24.0	
东海岛南侧	4 832.0	0.0	665.9	4 166.1	13.8	985.5	3 846.5	20.4		481.9	0.0	88.8	393.1	18.4	131.4	350.5	27.3	
湛江湾内	6 358.4	438.0	5 694.4	225.9	96.4	5 275.1	645.3	89.9		505.0	138.2	708.1	−341.3	167.6	663.8	−297.0	158.8	
水东湾口	3 406.3	1 085.0	2 734.7	671.6	80.3	2 215.4	1 190.9	65.0		195.0	75.5	332.4	−212.9	209.2	286.6	−167.1	185.7	
澳内近海	7 185.6	0.0	2 196.5	3 904.2	45.7	2 458.9	3 641.8	49.3		334.9	6.4	364.7	−36.2	110.8	396.2	−67.7	120.2	
澳内外海	10 059.9	0.0	3 281.5	6 778.4	32.6	3 543.9	6 516.0	35.2		535.9	0.0	371.1	164.8	69.3	402.6	133.3	75.1	
博贺湾	10 707.8	0.0	2 624.5	8 083.3	24.5	2 992.1	7 715.7	27.9		2 088.7	0.0	298.9	1 789.7	14.3	335.4	1 753.3	16.1	
合计	165 918.6	8 630.6	47 876.5	109 411.4	34.1	72 933.9	84 354.1	49.2		15 770.5	705.2	5 895.8	9 169.4	41.9	8 668.6	6 396.7	59.4	

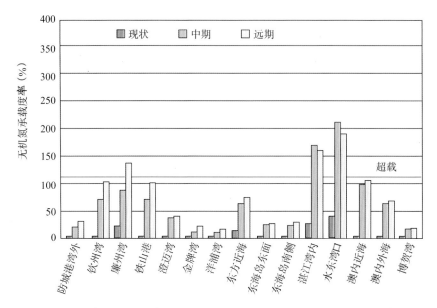

图 6-21　情景一理想情形下重点产业集聚区排污区海域无机氮环境承
载率变化

综上所述，重点产业集聚区所依托的主要排污区海域纳污能力支持情况见表
6-10，对应的主要排污区海域要求重点产业削减的污染物见表 6-11。

表 6-10　沿海重点产业集聚区及依托城区的纳污能力承载力评估

沿海重点产业集聚区	主要排污区海域	情景三理想情形
企沙工业区	防城港湾外	满足
钦州港开发区	钦州湾	远期氨氮超载
北海近郊及合浦工业园区	廉州湾	中、远期COD超载，远期氨氮超载
铁山港开发区	铁山港	远期氨氮超载（深海排放）
澄迈老城开发区	澄迈湾	满足
临高金牌港开发区	金牌湾	满足
洋浦开发区	洋浦近岸	满足

续表

沿海重点产业集聚区	主要排污区海域	情景三理想情形
东方化工区	东方近海	满足
东海岛开发区	东海岛东面海域	满足
东海岛开发区及其他	东海岛南侧近岸	满足
湛江临港开发区	湛江湾内	中、远期氨氮超载
茂名河西工业园片区	小东江、澳内外海	向澳内外海排放满足
茂名乙烯区片区	澳内近海	中、远期氨氮超载,向澳内外海排放满足
茂名博贺新港区	博贺湾	满足

表6-11　理想情形下主要排污区海域要求各期发展每年削减的污染物的量

单位：t

情景	主要纳污海域	中期	远期
情景一	钦州湾	—	氨氮8.4
情景一	铁山港	—	氨氮4.9
情景一	廉州湾	COD 1 906.4	COD 6 118.9、氨氮388.9
情景一	湛江湾内海域	氨氮340.4	氨氮296.1
情景一	水东湾口	氨氮212.9	氨氮167.1
情景一	澳内近海	—	氨氮14.9
情景二	钦州湾	—	氨氮610.4
情景二	铁山港	—	氨氮157.6
情景二	廉州湾	COD 1906.4	COD 6 118.9、氨氮388.9
情景二	湛江湾内海域	氨氮341.3	氨氮297.0
情景二	水东湾口	氨氮212.9	氨氮155.8
情景二	澳内近海	—	氨氮14.9

情景	主要纳污海域	中期	远期
情景三	钦州湾	—	氨氮630.8
	铁山港	—	氨氮191.9
	廉州湾	COD 1 906.4	COD 6 118.9、氨氮388.9
	湛江湾内海域	氨氮341.3	氨氮297.0
	水东湾口	氨氮212.9	氨氮167.1
	澳内近海	氨氮36.2	氨氮67.7

6.2 岸线资源承载力评价

岸线资源承载力以适宜开发岸线长度表示，基于规划港口工业岸线占用适宜开发岸线的比例进行岸线资源承载力评价，分析结果见表6-12。根据相对顺序，将各市县的岸线资源承载力由高到低排序为五级：很高（湛江市、钦州市）、高（防城港市、北海市）、一般（海口市）、较低（茂名市、儋州市、东方市、乐东黎族自治县、澄迈县、临高县）、低（昌江黎族自治县）。规划期末，茂名市岸线承载率最高，达到86.3%；东方市、昌江黎族自治县、乐东黎族自治县承载率最低，不足10%。

表6-12 各市县适宜开发岸线资源承载率变化分析

地区		适宜开发岸线长度 /km	港口工业已利用岸线长度 /km	规划港口工业岸线占用适宜开发岸线 /km	现状岸线承载率（%）	远期岸线承载率（%）
东部	茂名市	86.1	2.9	71.4	3.4	86.3
	湛江市	648.1	13.0	153.3	2.0	25.7

地区		适宜开发岸线长度 /km	港口工业已利用岸线长度 /km	规划港口工业岸线占用适宜开发岸线 /km	现状岸线承载率（%）	远期岸线承载率（%）
西部	北海市	247.3	4.4	116.9	1.8	49.0
	钦州市	407.8	8.0	68.9	2.0	18.9
	防城港市	303.1	12.3	137.9	4.1	49.6
南部	海口市	129.9	10.2	7.1	7.8	13.3
	澄迈县	55.3	4.0	15.0	7.2	34.4
	临高县	22.1	0	3.4	0.0	15.4
	儋州市	85.0	5.8	49.6	6.9	65.2
	昌江黎族自治县	16.1	0	0.4	0.0	2.5
	东方市	66.6	1.7	3.3	2.6	7.6
	乐东黎族自治县	56.8	—	1.4	0.0	2.5
合计		2 124.2	62.3	628.6	2.9	29.6

6.3 滩涂资源承载力评价

滩涂资源承载力以适宜围填滩涂面积表示。基于规划围填区占适宜围填滩涂面积的比例进行滩涂资源承载力评价，分析结果见表 6-13。根据相对顺序，将各市县的岸线资源承载力由高到低排序为五级：很高（湛江市）、高（防城港市、北海市、东方市）、一般（钦州市、儋州市、澄迈县）、较低（茂名市、临高县、海口市）、低（昌江黎族自治县）。规划期末，茂名市滩涂承载率最高，达到 37.4%；临高县、儋州市承载率最低，不足 5%。

表 6-13 适宜围填滩涂资源承载率变化分析

地区		适宜围填滩涂面积 /km²	建设用地已占用的滩涂面积 /km²	规划围填区占用滩涂面积 /km²	现状滩涂承载率（%）	远期滩涂承载率（%）
东部	茂名市	4 582	452	1 261	9.9	37.4
	湛江市	59 160	2 080	1 141	3.5	5.4
西部	北海市	21 759	1 429	3 703	6.6	23.6
	钦州市	12 135	535	2 828	4.4	27.7
	防城港市	21 788	1 218	2 200	5.6	15.7
南部	海口市	2 811	271	—	9.6	9.6
	澄迈县	9 240				
	临高县	3 563	3		0.1	0.1
	儋州市	9 795	25	91	0.3	1.2
	昌江黎族自治县	0		—	—	—
	东方市	16 020				
合计		160 853	6 013	11 224	39.9	10.7

6.4 脆弱生态环境敏感性评价

6.4.1 脆弱生态环境敏感性指标选取

压力预测表明，北部湾经济区规划围填海范围不涉及生态敏感性滩涂，故未选取生态敏感性滩涂作为评价指标。北部湾经济区的脆弱生态环境敏感性指标包括典型生态敏感区敏感度、禁止开发岸线拟占用的长度比例、限制开发岸线拟占用的长度比例。典型生态敏感区选取儒艮、中华白海豚、白蝶贝、文昌鱼、珊瑚、近江牡蛎、二长棘鲷等典型生物生境与红树林连片分布区，见表 6-14。

表6-14　北部湾经济区沿海主要生态敏感区一览

区域	保护区名称	地区	地理位置	面积/hm²
广西片区	北部湾二长棘鲷、长毛对虾国家级种质资源保护区	广西壮族自治区	北部湾东北部沿岸区域，由21°31′N线、5个拐点（108°15′E，21°15′N；108°30′E，21°00′N；109°00′E，20°30′N；109°30′E，20°30′N；109°30′E，21°15′N）连线及防城港市、北海市海岸线组成	1 142 158
	山口国家级红树林生态自然保护区	合浦县	合浦县丹兜海与英罗港湾内	8 000（其中海域4 000）
	北仑河口国家级海洋自然保护区	防城港市	防城港市防城区和东兴市的北仑河（中越界河）河口三角洲我方一侧	2 680
	合浦儒艮国家级自然保护区	合浦县	合浦县沙田港至英罗港南部海域	30 000
	涠洲岛、斜阳岛珊瑚礁自然保护区	北海市	北部湾海域中的涠洲岛、斜阳岛	2 500
	茅尾海红树林自然保护区、近江牡蛎增养殖区	钦州市	钦州湾中部龙门群岛的七十二泾一带	2 784
广东片区	湛江红树林国家级保护区	湛江市	呈带状分散分布于湛江雷州半岛沿海滩涂，分为72个保护小区	20 278.8
	徐闻珊瑚礁国家级自然保护区		徐闻县西部角尾乡和西连镇沿海	14 378.5
	雷州珍稀海洋生物国家级自然保护区		雷州半岛雷州市西侧海域	46 864.7
	湛江东南文昌鱼自然保护区		涠洲岛西部海域	1 373.6
	湛江雷州湾中华白海豚自然保护区		东海岛民安镇南部海域	2 781.2
	雷州海草自然保护区		覃斗镇西部海域	3 378.8

区域	保护区名称	地区	地理位置	面积/hm²
广东片区	湛江角头沙儒艮自然保护区	湛江市	遂溪下六镇角头沙西部海域	1 848.6
	茂名放鸡岛文昌鱼自然保护区	茂名市	大、小放鸡岛周围海域	3 428.9
海南片区	儋州磷枪石岛珊瑚礁自然保护区	儋州市	磷枪石岛沿岸海域	131
	儋州白蝶贝自然保护区		儋州市浅海	29 900
	临高珊瑚礁自然保护区	临高县	临高县沿海	32 400
	临高白蝶贝自然保护区		临高县红石岛至儋州市神确村连线25 m等深线以内海域	343
	海口东寨港红树林自然保护区	海口市	海口市东寨港	4 000
	文昌清澜红树林自然保护区	东方市	清澜港沿岸一带	2 948

6.4.2 典型生态敏感区敏感度指标量化

典型生态敏感区敏感度具体计算见公式（2-1）～公式（2-3）。

对于北部湾经济区，具体的参数选取如下：

产业区个数（n_1）：按驱动力分析结果，选取区内 15 个重点产业集聚区。

集聚区与典型生物/生境或敏感区的距离范围分区数（n_2）：分为四个区，依次为 <1 km、1 km～5 km、5～10 km、10～30 km，W_1、W_2、W_3、W_4 为距离权重，分别取 0.50、030、0.15、0.05。

典型生物生境的种类数（n_3）：选取北部湾典型生物/生境种类，包括儒艮、中华白海豚、白蝶贝、文昌鱼、近江牡蛎、二长棘鲷等六类典型生物的保护区或密集区，以及珊瑚礁、红树林两种典型生境，即 $n_3=8$。

q 为重点产业类型数（n_4）：根据驱动力分析，选取区内五种重点产业类型，具体为石化、钢铁、林浆纸（含造纸）、能源、生物化工。

r_p、$r'_{p,q}$ 采用层次分析法确定。

6.4.2.1 r_p 的确定

采用层次分析法确定的儒艮、中华白海豚、白蝶贝、文昌鱼、珊瑚、近江牡蛎、二长棘鲷、红树林等 8 种重要生物生境，脆弱性权重结果见表 6-15。

表 6-15　北部湾区域重要生物生境脆弱性权重

重要生物生境脆弱性	儒艮	中华白海豚	白蝶贝	文昌鱼	二长棘鲷	近江牡蛎	珊瑚	红树林	W_i
儒艮	1	4	5	5	6	6	6	7	0.37
中华白海豚	0.25	1	4	4	6	6	6	7	0.25
白蝶贝	0.2	0.25	1	1	4	4	2	4	0.10
文昌鱼	0.2	0.25	1	1	4	4	3	5	0.11
二长棘鲷	0.17	0.17	0.25	0.25	1	1	0.25	0.33	0.03
近江牡蛎	0.17	0.17	0.25	0.25	1	1	0.25	0.33	0.03
珊瑚	0.17	0.17	0.5	0.33	4	4	1	3	0.07
红树林	0.14	0.14	0.25	0.2	3	3	0.33	1	0.04

注：判断矩阵一致性比例为0.0878，对总目标的权重为1.0000。

6.4.2.2 $r'_{p,q}$ 的确定

采用层次分析法确定重要生物生境对重点产业的敏感性权重，结果见表 6-16。其中各重点产业的判断矩阵见表 6-17。

表 6-16　重要生物生境对重点产业的敏感性权重

产业	儒艮	中华白海豚	白蝶贝	文昌鱼	珊瑚	近江牡蛎	二长棘鲷	红树林
石化	0.37	0.25	0.11	0.11	0.07	0.03	0.03	0.04
能源	0.37	0.09	0.09	0.12	0.23	0.03	0.03	0.04
钢铁	0.28	0.12	0.10	0.12	0.22	0.05	0.04	0.07
生物化工	0.34	0.12	0.11	0.10	0.23	0.04	0.03	0.04
林浆纸	0.37	0.12	0.12	0.07	0.22	0.04	0.03	0.04

表 6-17 重要生物生境对各重点产业敏感性权重判断矩阵

石化产业	儒艮	白蝶贝	文昌鱼	珊瑚	中华白海豚	近江牡蛎	红树林	二长棘鲷	W_i
儒艮	1	5	5	4	3	8	8	7	0.37
白蝶贝	0.2	1	1	0.5	0.2	5	5	3	0.09
文昌鱼	0.2	1	1	0.5	0.2	5	5	3	0.09
珊瑚	0.25	2	2	1	0.33	4	4	4	0.12
中华白海豚	0.33	5	5	3	1	6	5	4	0.23
近江牡蛎	0.13	0.2	0.2	0.25	0.17	1	1	0.5	0.03
红树林	0.13	0.2	0.2	0.25	0.2	1	1	0.5	0.03
二长棘鲷	0.14	0.33	0.33	0.25	0.25	2	2	1	0.04
能源产业	儒艮	白蝶贝	文昌鱼	珊瑚	中华白海豚	近江牡蛎	红树林	二长棘鲷	W_i
儒艮	1	3	3	4	2	4	4	3	0.28
白蝶贝	0.33	1	2	1	0.33	3	2	2	0.12
文昌鱼	0.33	0.5	1	1	0.33	3	2	2	0.10
珊瑚	0.25	1	1	1	0.33	3	4	3	0.12
中华白海豚	0.5	3	3	3	1	3	4	3	0.22
近江牡蛎	0.25	0.33	0.33	0.33	0.33	1	2	0.5	0.05
红树林	0.25	0.5	0.5	0.25	0.25	0.5	1	0.5	0.04
二长棘鲷	0.33	0.5	0.5	0.33	0.33	2	2	1	0.07
钢铁产业	儒艮	白蝶贝	文昌鱼	珊瑚	中华白海豚	近江牡蛎	红树林	二长棘鲷	W_i
儒艮	1	3	3	3	3	8	8	8	0.34
白蝶贝	0.33	1	1	2	0.25	4	4	3	0.12
文昌鱼	0.33	1	1	1	0.33	3	4	4	0.11
珊瑚	0.33	0.5	1	1	0.25	3	4	4	0.10
中华白海豚	0.33	4	3	4	1	5	5	5	0.23
近江牡蛎	0.13	0.25	0.33	0.33	0.2	1	2	0.5	0.04
红树林	0.13	0.25	0.25	0.25	0.2	0.5	1	0.5	0.03
二长棘鲷	0.13	0.33	0.25	0.25	0.2	2	2	1	0.04

生物化工	儒艮	白蝶贝	文昌鱼	珊瑚	中华白海豚	近江牡蛎	红树林	二长棘鲷	W_i
儒艮	1	5	5	6	3	6	6	6	0.37
白蝶贝	0.2	1	1	3	0.33	4	4	4	0.12
文昌鱼	0.2	1	1	3	0.33	4	4	4	0.12
珊瑚	0.17	0.33	0.33	1	0.25	3	3	3	0.07
中华白海豚	0.33	3	3	4	1	5	5	5	0.22
近江牡蛎	0.17	0.25	0.25	0.33	0.2	1	2	1	0.04
红树林	0.17	0.25	0.25	0.33	0.2	0.5	1	0.5	0.03
二长棘鲷	0.17	0.25	0.25	0.33	0.2	1	2	1	0.04
林浆纸	儒艮	白蝶贝	文昌鱼	珊瑚	中华白海豚	近江牡蛎	红树林	二长棘鲷	W_i
儒艮	1	5	5	4	3	8	6	6	0.35
白蝶贝	0.2	1	1	5	0.33	6	6	6	0.15
文昌鱼	0.2	1	1	3	0.33	6	6	6	0.14
珊瑚	0.25	0.2	0.33	1	0.25	2	3	3	0.06
中华白海豚	0.33	3	3	4	1	5	6	4	0.21
近江牡蛎	0.13	0.17	0.17	0.5	0.2	1	3	0.5	0.03
红树林	0.17	0.17	0.17	0.33	0.17	0.33	1	0.5	0.02
二长棘鲷	0.17	0.17	0.17	0.33	0.25	2	2	1	0.04

注：石化产业判断矩阵一致性比例为0.054 8，对总目标的权重为0.440 2。能源产业判断矩阵一致性比例为0.045 1，对总目标的权重为0.106 6。钢铁产业判断矩阵一致性比例为0.043 6，对总目标的权重为0.056 5。生物化工产业判断矩阵一致性比例为0.056 1，对总目标的权重为0.098 5。林浆纸产业判断矩阵一致性比例为0.086 0，对总目标的权重为0.298 2。

6.4.2.3 生态敏感区敏感度时空变化

根据各市县重点产业集聚区的地理位置及其周边敏感区的分布情况，按脆弱生态环境敏感性指标计算方法，得出各市县生态敏感区敏感度变化情况（表6-18）。根据相对顺序，将各市县的敏感区敏感度状态由高到低排序为五级：很高（北海市、临高县）、高（湛江市）、一般（茂名市、钦州市）、较低（儋州市、澄迈县、昌江黎族自治县、防城港市）、低（东方市）。规划期末，北海市的敏感区敏感度最高，东方市最低。

表 6-18　生态敏感区敏感度变化一览表

地区		敏感区敏感度状态	现状敏感区敏感度	远期敏感区敏感度
广东	茂名市	0.03	0.04	0.09
	湛江市	0.04	0.05	0.14
广西	北海市	0.28	0.30	1.04
	钦州市	0.09	0.14	0.27
	防城港市	0.03	0.03	0.07
海南	澄迈县	0.04	0.15	0.15
	临高县	0.23	0.23	0.59
	儋州市	0.05	0.18	0.25
	昌江黎族自治县	0.02	0.09	0.09
	东方市	0.00	0.01	0.01

6.4.3　生态敏感性岸线占用分析

　　基于生态敏感性岸线占各市县总岸线长度比例进行生态敏感性岸线的敏感度分析，分析结果见表 6-19。根据相对顺序，将各市县生态敏性感岸线敏感度由高到低排序为五级：很高（临高县）、高（湛江市、儋州市、昌江黎族自治县）、一般（防城港市、北海市、茂名市、澄迈县）、较低（东方市、钦州市、海口市）、低（乐东黎族自治县）。根据前述岸线资源承载力与岸线敏感性的分析可知，岸线利用优先区包括防城港市、钦州市、海口市、东方市和乐东黎族自治县，岸线利用优化区包括湛江市、茂名市、儋州市和澄迈县，岸线利用控制区包括北海市、临高县和昌江黎族自治县。

　　按规划拟占用的生态敏感性岸线长度比例排序，可见乐东黎族自治县拟占用的生态敏感性岸线比例最高，约占 19%；北海市拟占用的生态敏感性岸线比例最低，约为 1%。

表6-19　生态敏感性岸线分布与拟占用情况

地区		禁止开发岸线占总岸线比例（%）	限制开发岸线占总岸线比例（%）	港口工业规划占用禁止开发岸线长度/km	港口工业规划占用限制开发岸线长度/km	规划占用禁止开发岸线比例（%）	规划占用限制开发岸线比例（%）
东部	茂名	29.0	23.9	8.6	2.6	16.2	6.0
	湛江	35.6	22.8	13.0	8.2	2.4	2.3
西部	北海	46.6	6.6	3.3	0.0	1.3	0.0
	钦州	11.8	15.8	15.0	0.0	22.7	0.0
	防城港	15.0	28.7	10.0	0.0	12.4	0.0
南部	海口	27.8	0.0	0.0	1.3	0.0	0.0
	澄迈	19.5	18.9	0.0	5.0	0.0	29.4
	临高	62.6	6.3	2.3	0.0	5.2	0.0
	儋州	30.5	34.1	2.6	0.0	3.5	0.0
	昌江	48.9	20.2	4.5	0.0	17.7	0.0
	东方	0.0	21.2	0.0	2.8	0.0	15.6
	乐东	0.0	9.9	0.0	1.2	0.0	19.2
北部湾区域		29.2	19.6	59.3	21.1	4.9	2.6

6.5　海岸带环境承载力综合评估研究

根据上述海岸带环境承载力指标量化与评价，将北部湾经济区现状、远期情景三理想情形下的环境承载力指标及环境压力指标汇总，结果见表6-20～6-22。

为更明确地看出各项重点产业规划（方案）带来的环境系统变化，列出各重点产业集聚区的环境承载力评价结果（表6-23～6-25）。

表 6-20　海岸带环境承载力

市县	适宜开发岸线长度 /km	适宜围填滩涂面积 /km²	COD 可利用容量 /t	氨氮可利用容量 /t	典型敏感区敏感度	禁止开发岸线长度 /km	限制开发岸线长度 /km	环境承载力在区域比例（%）
茂名	86.10	16.52	26 463	3 742	0.12	53.1	43.6	13.4
湛江	648.11	228.32	17 732	1 338	0.20	553.1	354.5	15.3
北海	247.32	81.32	27 443	2 157	0.73	246.1	34.7	9.5
钦州	407.76	46.40	15 221	1 079	0.09	66.2	88.7	10.5
防城港	303.11	82.28	22 560	1 858	0.02	80.6	154.1	11.5
海口	129.92	10.16	0.0	0.0	0.04	49.9	0.0	3.0
澄迈	55.30	36.96	7 041	523	0.23	17.5	17.0	4.1
临高	71.09	14.24	1 266	246	0.05	44.5	4.5	2.0
儋州	240.09	39.08	35 635	4 444	0.02	73.3	81.8	17.3
昌江	16.08	0.00	13 710	757	0.00	25.4	10.5	4.7
东方	66.57	64.08	5 153	719	1.50	0.0	17.9	6.0
乐东	56.75	29.32	0.0	0.0	0.12	0.0	6.3	2.7

表 6-21　现状海岸带环境承载力评价

市县	适宜开发岸线资源承载率（%）	适宜围填滩涂资源承载率（%）	COD 可利用容量承载率（%）	氨氮可利用容量承载率（%）	氨氮可利用容量承载率（%）	开发占禁止开发岸线比例（%）	开发占限制开发岸线比例（%）	综合环境承载率（%）
茂名	3.4	9.9	31.2	13.4	9.7	0.0	0.0	26.5
湛江	2.0	3.5	2.5	10.3	10.0	0.0	0.0	8.5
北海	1.8	6.6	11.6	11.7	8.6	0.0	0.0	13.2
钦州	2.0	4.4	1.5	3.1	7.8	0.0	0.0	4.4
防城港	4.1	5.6	0.0	0.0	0.0	0.0	0.0	4.9

市县	适宜开发岸线资源承载率（%）	适宜围填滩涂资源承载率（%）	COD可利用容量承载率（%）	氨氮可利用容量承载率（%）	氨氮可利用容量承载率（%）	开发占禁止开发岸线比例（%）	开发占限制开发岸线比例（%）	综合环境承载率（%）
海口	7.8	9.6	0.0	0.0	0.0	0.0	0.0	8.7
澄迈	7.2	0.0	5.9	1.1	16.0	0.0	0.0	7.2
临高	0.0	0.1	0.0	0.5	0.0	0.0	0.0	0.4
儋州	6.9	0.3	8.9	2.3	15.3	0.0	0.0	8.9
昌江	0.0	0.0	9.6	12.2	16.0	0.0	0.0	11.0
东方	2.6	0.0	2.1	12.3	16.6	0.0	0.0	14.2
乐东	0.0	9.9	31.2	13.4	0.0	0.0	0.0	25.0

表6-22　远期情景三理想情形下海岸带环境承载力评价

市县	适宜开发岸线资源承载率（%）	适宜围填滩涂资源承载率（%）	COD可利用容量承载率（%）	氨氮可利用容量承载率（%）	典型敏感区敏感率（%）	开发占禁止开发岸线比例（%）	开发占限制开发岸线比例（%）	综合环境承载率（%）
茂名	86.3	37.4	49.3	37.6	8.2	16.2	6.0	51.1
湛江	25.7	5.4	39.7	80.3	8.0	2.4	2.3	40.0
北海	49.0	23.6	86.9	130.5	9.0	1.3	0.0	71.3
钦州	18.9	27.7	95.1	160.4	9.7	22.7	0.0	88.3
防城港	49.6	15.7	25.5	35.7	9.4	12.4	0.0	30.3
海口	13.3	9.6	0.0	0.0	0.0	0.0	0.0	7.1
澄迈	34.4	0.0	24.2	37.1	11.0	0.0	29.4	27.1
临高	15.4	0.1	27.6	18.7	10.7	5.2	0.0	16.1
儋州	65.2	1.2	40.5	22.0	11.6	3.5	0.0	34.8
昌江	2.5	0.0	12.9	32.6	11.0	17.7	0.0	16.1
东方	7.6	0.0	50.9	75.6	11.4	0.0	15.6	40.7
乐东	2.5	0.0	0.0	0.0	0.0	0.0	19.2	1.6

表 6-23　重点产业集聚区海岸带环境承载力

产业集聚区	适宜开发岸线长度/km	适宜围填滩涂面积/km²	COD可利用容量/t	氨氮可利用容量/t	典型敏感区敏感度	禁止开发岸线长度/km	限制开发岸线长度/km	环境承载力在区域比例(%)
茂名河西工业园	0.0	0.0	1 718.4	187.7	0.01	0.0	0.0	0.7
茂名乙烯区	0.0	0.0	7 185.6	334.9	0.01	0.0	0.0	2.3
茂名博贺新港区	46.7	96.5	16 473.6	3 213.3	0.02	0.0	8.7	16.6
东海岛开发区	38.6	20.1	10 935.2	694.6	0.04	0.0	14.2	7.1
湛江临港开发区	15.7	0.0	6 358.4	505.0	0.01	0.0	0.0	3.4
北海高新区、合浦工业区	14.6	0.0	6 851.8	1 093.1	0.03	0.0	7.9	4.3
铁山港开发区	27.5	53.2	17 412.1	811.3	0.24	0.0	0.0	6.9
钦州港开发区	44.1	46.4	14 992.7	1 044.8	0.09	12.3	32.1	8.9
企沙工业区	19.1	75.7	22 560.1	1 858.1	0.02	0.0	0.0	12.5
澄迈老城开发区	0.0	0.0	6 621.9	517.3	0.00	0.0	0.0	5.1
临高金牌港开发区	26.9	20.5	1 265.6	244.3	0.04	0.0	13.8	1.9
洋浦开发区	10.4	14.2	32 459.6	4 339.9	0.23	44.5	2.6	16.5
昌江循环经济工业区	27.5	51.9	12 395.6	664.4	0.05	2.6	17.4	3.8
东方化工区	6.9	0.0	5 046.4	630.7	0.02	25.6	8.6	7.9

6.5.1　海岸带环境承载力分析

表 6-23 的海岸带环境承载力分析表明以下几点：

茂名河西工业园、茂名乙烯区由于无适宜开发的岸线与滩涂资源，COD、氨氮可利用容量较低，脆弱生态环境敏感性低，环境承载力低。茂名博贺新港区适宜开发的岸线与滩涂资源很多，COD、氨氮可利用容量也排在前列，脆弱生态环境敏感性较低，环境承载力很高。

东海岛开发区适宜开发的岸线与滩涂资源多，COD、氨氮可利用容量一般，脆弱生态环境敏感性一般，环境承载力高。

湛江临港开发区适宜开发的岸线与滩涂资源较少，COD、氨氮可利用容量一般，脆弱生态环境敏感性低，环境承载力较低。

北海高新区、合浦工业区适宜开发的岸线与滩涂资源较少，COD、氨氮可利用容量较低，脆弱生态环境敏感性较低，环境承载力较低。

铁山港开发区适宜开发的岸线与滩涂资源多，COD、氨氮可利用容量高，脆弱生态环境敏感性很高，环境承载力一般。

钦州港开发区适宜开发的岸线与滩涂资源很多，COD、氨氮可利用容量高，脆弱生态环境敏感性很高，环境承载力高。

企沙工业区适宜开发的岸线与滩涂资源很多，COD、氨氮可利用容量很高，而脆弱生态环境敏感性低，环境承载力很高。

澄迈老城开发区适宜开发的岸线与滩涂资源一般，COD、氨氮可利用容量较低，脆弱生态环境敏感性一般，环境承载力一般。

临高金牌港开发区适宜开发的岸线与滩涂资源较少，COD、氨氮可利用容量低，脆弱生态环境敏感性很高，环境承载力低。

洋浦开发区适宜开发的岸线与滩涂资源多，COD、氨氮可利用容量很高，脆弱生态环境敏感性一般，环境承载力很高。

昌江循环经济工业区适宜开发的岸线与滩涂资源少，COD、氨氮可利用容量一般，脆弱生态环境敏感性高，环境承载力较低。

东方化工区适宜开发的岸线与滩涂资源多，COD、氨氮可利用容量较低，脆弱生态环境敏感性低，环境承载力高。

综上，茂名博贺新港区、洋浦开发区、企沙工业区的适应性很高；钦州港开发区、东方化工区、东海岛开发区（石化、钢铁区）的适应性较高；铁山港开发区、澄迈老城开发区的适应性一般；除临高金牌港开发区适应性低外，其余地区的适应性较低。

6.5.2 海岸带环境承载力现状评价

从表6-24可见，北部湾经济区15个重点产业集聚区的现状海岸带环境承载力状态均为可承载，现状由于大部分重点产业规划尚未落地，对海岸带环境系统的压力相对较小，因而大部分产业集聚区的海岸带综合环境承载率较低，可发展的空间很大，如企沙工业区、茂名博贺新港区、铁山港开发区、临高金牌港开发区等。

表6-24　现状重点产业集聚区海岸带环境承载力评价

产业集聚区	适宜开发岸线资源承载率/%	适宜围填滩涂资源承载率/%	COD可利用容量承载率/%	氨氮可利用容量承载率/%	典型敏感区敏感度	开发占禁止开发岸线比例/%	开发占限制开发岸线比例/%	综合环境承载率/%
茂名河西工业园	0.0	0.0	85.8	75.3	0.01	0.0	0.0	57.4
茂名乙烯区	0.0	0.0	13.1	1.9	0.01	0.0	0.0	6.7
茂名博贺新港区	6.2	8.6	0.0	0.0	0.02	0.0	0.0	5.4
东海岛开发区	33.7	22.5	0.0	0.0	0.04	0.0	0.0	20.6
湛江临港开发区	0.0	0.0	6.4	21.5	0.01	0.0	0.0	11.3
北海高新区、合浦工业区	0.0	0.0	31.7	18.8	0.05	0.0	0.0	18.9
铁山港开发区	16.0	18.8	0.0	0.0	0.24	0.0	0.0	13.8
钦州港开发区	18.1	26.3	1.5	3.1	0.14	0.0	0.0	17.1
企沙工业区	0.0	0.0	0.0	0.0	0.02	0.0	0.0	0.0
澄迈老城开发区	14.9	0.0	5.9	1.1	0.15	0.0	0.0	8.6
临高金牌港开发区	0.0	0.2	0.0	0.5	0.23	0.0	0.0	0.3
洋浦开发区	21.3	0.5	8.9	2.3	0.18	0.0	0.0	12.6
昌江循环经济工业区	0.0	0.0	9.6	12.2	0.09	0.0	0.0	8.1
东方化工区	4.6	0.0	2.1	12.3	0.01	0.0	0.0	6.7

从表6-25可见，远期按各地市规划发展情景（情景三），在生活污水处理率满足各地市环境保护规划确定的城镇生活污水处理率的条件下：

　　茂名河西工业园、茂名乙烯区的 COD、氨氮严重超载，表明茂名河西工业园、茂名乙烯区现状纳污水域难以支撑两个集聚区的发展需求，需另择排污区水域，而向澳内外海排污是较好的选择。

　　湛江临港开发区、北海高新区、合浦工业区、钦州港开发区的海岸带综合环境承载率均大于 100%，超载的指标主要为无机氮，COD 出现超标的为北海高新区、合浦工业区。压力预测中污染物排放量已采用国内一级清洁水平，部分达到国际先进水平，因而近 10 年内资源环境利用效率提高的空间不大，可考虑通过优化产业结构实施差别化的发展方向，或调整产业规模来减轻污染物排放压力。

　　茂名博贺新港区、东海岛开发区、企沙工业区、临高金牌港开发区、昌江循环经济工业区的海岸带综合环境承载率均低于 60%，表明这些集聚区海岸带环境承载力完全能支撑地市产业发展战略。但茂名博贺新港区岸线承载率较高，未来应注意岸线规模再扩大。

　　洋浦开发区、澄迈老城开发区和东方化工区的海岸带综合环境承载率均高于 60%，可支撑地市产业发展战略。但应注意的是洋浦开发区、澄迈老城开发区的适宜开发岸线资源承载率已到 99% 以上，东方化工区氨氮可利用容量承载率高于 90%，因而在后续的发展决策中需避免洋浦开发区、澄迈老城开发区的岸线开发长度增加，避免东方化工区氨氮排放量继续增加。

表 6-25　远期情景三理想情形下重点产业集聚区承载力评价

产业集聚区	适宜开发岸线资源承载率 /%	适宜围填滩涂资源承载率 /%	COD可利用容量承载率 /%	氨氮可利用容量承载率 /%	典型敏感区敏感度	开发占禁止开发岸线长度 /%	开发占限制开发岸线长度 /%	综合环境承载率 /%
茂名河西工业园	0.0	0.0	1252.5	773.4	0.01	0.0	0.0	741.0
茂名乙烯区	0.0	0.0	56.0	119.8	0.01	0.0	0.0	69.5
茂名博贺新港区	81.4	13.1	18.2	10.4	0.07	0.0	0.0	44.2
东海岛开发区	70.2	56.8	14.4	24.0	0.13	0.0	0.0	50.3
湛江临港开发区	100.0	0.0	90.5	146.2	0.01	0.0	0.0	117.2
北海高新区、合浦工业区	62.3	0.0	161.0	128.9	0.05	0.0	0.0	150.0

产业集聚区	适宜开发岸线资源承载率/%	适宜围填滩涂资源承载率/%	COD可利用容量承载率/%	氨氮可利用容量承载率/%	典型敏感区敏感度	开发占禁止开发岸线长度/%	开发占限制开发岸线长度/%	综合环境承载率/%
铁山港开发区	87.6	69.6	46.6	123.7	0.98	0.0	0.0	130.2
钦州港开发区	76.6	60.9	95.2	158.5	0.27	0.0	46.1	139.6
企沙工业区	100.0	13.1	26.0	38.4	0.07	0.0	0.0	57.7
澄迈老城开发区	100.0	0.0	30.6	38.2	0.15	0.0	36.2	68.3
临高金牌港开发区	70.9	0.0	32.6	21.8	0.59	5.2	0.0	54.3
洋浦开发区	99.3	1.8	50.3	24.4	0.25	100.0	0.0	90.9
昌江循环经济工业区	77.3	0.0	23.5	46.5	0.09	17.6	0.0	51.9
东方化工区	39.9	0.0	57.3	90.3	0.01	0.0	56.0	75.5

综上，可见远期情景三发展战略（规划）实施的主要限制因素有沿海生态保护和旅游资源、主要排污区海域氨氮超载明显、海域累积环境风险影响较大。

6.6 小结

本章对北部湾经济区海岸带环境承载力的各单要素分别进行了量化，并结合第5章的压力预测结果，完成海岸带环境承载力单要素评价和综合评价。评价过程中随着压力的时空变化，海岸带环境承载力体现出动态性。本章对区域大尺度战略环评中海岸带环境承载力的定量评价进行了较好的实践和探索，主要成果有以下几点：

——成功建立具有真正意义的北部湾区域海洋排污区容量计算模型，较好地反映出排污的长期、累积影响。该模型的建立是环境纳污能力指标得以科学量化的基础。同时，本章结合压力现状与预测结果，得出COD可利用环境容量承载力和氨氮可利用环境容量承载力的时空变化特点。对于具体的排污区海域，无论是中期或远期，水东湾口、湛江湾内海域和澳内近海海域可利用容量均出现超载情况。即使在产业发展低规模的情景下，水东湾口超载度仍高于 50%。而洋浦港、防城港湾外、博贺湾、东海岛东面海域可利用容量较大，远期最大可利用环境容量承载率不足 30%。

——以适宜开发岸线长度表示岸线资源承载力，通过 GIS 空间分析方法，得到北部湾经济区岸线资源承载力的时空分布情况。区内的湛江市、钦州市岸线承载力很高，而昌江黎族自治县岸线承载力低。规划期末，茂名市岸线承载率最高，达到 86.3%；东方市、昌江黎族自治县、乐东黎族自治县承载率最低，不足 10%。

——以适宜围填滩涂面积表示滩涂资源承载力，通过 GIS 空间分析方法，得到北部湾经济区滩涂资源承载力的时空分布情况。区内湛江市滩涂资源承载力很高，昌江黎族自治县低。规划期末，茂名市滩涂承载率最高，为 37.4%；临高县、儋州市承载率最低，不足 5%。

——脆弱生态环境敏感性评价指标包括典型生态敏感区敏感度、拟开发禁止开发岸线长度比例、拟开发限制开发岸线长度比例。典型生态敏感区选取儒艮、中华白海豚、白蝶贝、文昌鱼、珊瑚、近江牡蛎、二长棘鲷等典型生物生境与红树林连片分布区，并实现了典型生态敏感区敏感度指标的半定量。区内北海市、临高县的敏感区敏感度状态很高，东方市低。规划期末，北海市的敏感区敏感度最高，东方市最低。

——海岸带环境承载力分析结果表明，茂名博贺新港区、洋浦开发区、企沙工业区的适应性很高；钦州港开发区、东方化工区、东海岛开发区（石化、钢铁区）的适应性较高；铁山港开发区、澄迈老城开发区的适应性一般；除临高金牌港开发区适应性低外，其余地区的适应性较低。

——远期情景三理想情形下的海岸带环境承载力评价结果表明，远期情景三发展战略（规划）实施的主要限制因素有沿海生态保护和旅游资源、主要排污区海域氨氮超载明显、海域累积环境风险影响较大。其中，茂名河西工业园、茂名乙烯区、湛江临港开发区、北海高新区、合浦工业区、钦州港开发区的海岸带环境承载力状态已超载，必须采取相应的响应措施。

第 7 章

海洋环境影响预测与生态风险评估

7.1 海洋环境影响预测与评价

7.1.1 影响预测因子

根据北部湾区域发展规划和沿海排污的特点，以及国家对水污染物总量控制等的要求，选择 COD、无机氮、石油类作为预测因子。

7.1.2 预测情景设计

重点产业发展按国家发展愿景（情景一）、省区发展愿景（情景二）及地方发展愿景（情景三）三个规划情景进行。重点产业集聚区生活型污水实际有效处理率的选取：理想情形下，中期达 65%，远期达 75%；不理想情形下，按 2007年处理水平，同时考虑 2008—2009 年的削减贡献。

为反映不同规划发展条件下污染物排放对海域生态环境的影响，本研究选取了四组预测情景（表 7-1），根据不同情景的污染物排放量分别对 COD、无机氮和石油类进行预测。

表 7-1 水质影响预测情景设计

情景	时段	重点产业发展愿景	生活污水处理情形
情景1	2015年	情景三	理想情形
情景2	2015年	情景三	不理想情形

情景	时段	重点产业发展愿景	生活污水处理情形
情景3	2020年	情景三	理想情形
情景4	2020年	情景三	不理想情形

7.1.3 理想情形下海域环境影响预测与评价

表 7-2 描述了不同预测情景下 COD、无机氮和石油类的最大包络范围。

表 7-2 各种规划方案主要污染物浓度增量包络范围

单位：km²

污染物	浓度增量 / (mg/L)	不理想情形		理想情形	
		中期	远期	中期	中期
		情景三	情景三	情景三	情景三
COD	0.1	12 829.6	14 033.1	9 898.5	10 537.0
	0.2	9 469.2	10 440.9	6 881.1	7 179.8
	0.5	5 930.1	6 395.7	3 923.7	4 114.5
	1	3 621.3	4 112.6	2 562.9	2 702.4
	2	2 393.7	2 655.8	1 718.7	1 778.6
无机氮	0.01	21 635.8	23 266.5	18 116.5	18 618.7
	0.02	17 112.8	18 497.1	14 149.1	14 683.5
	0.05	12 467.2	13 743.9	9 390.6	10 128.0
	0.1	9 166.3	10 067.9	6 814.1	6 982.9
	0.2	6 488.1	7 043.5	4 427.3	4 615.8
	0.4	4 151.7	4 533.3	2 904.5	3 048.0

续表

污染物	浓度增量 /（mg/L）	不理想情形		理想情形	
		中期	远期	中期	中期
		情景三	情景三	情景三	情景三
石油类	0.005	1 494.9	1 515.4	1 303.4	1 515.4
	0.01	1 023.4	1 028.5	819.8	1 028.5
	0.02	761.4	762.2	443.1	762.2
	0.05	483.1	483.1	211.5	483.1
	0.1	314.8	314.8	85.6	314.8

　　中期情景三理想情形下各污染物的增值浓度最大包络范围，表明理想情形对海域环境的影响较小。在理想情形的较低风险状态，部分重点纳污海域有一定影响，部分邻近的生态敏感水域受到一定影响。其中，情景三理想情形下，中期，茅尾海、钦州湾、水东湾内海域受到较严重污染，廉州湾、湛江湾、雷州湾内海域水质超标，北海铁山港工业区、钦州港工业区、澳内工业区的排污将较明显影响纳污海域附近的自然保护区或敏感水域。叠加本底浓度后，北海港附近廉州湾海域和茅尾海水质出现劣四类。远期，钦州湾、茅尾海、水东湾内海域等纳污海域受到严重污染，廉州湾、雷州湾、湛江湾内海域水质超标，北海铁山港工业区、钦州港工业区、澳内工业区的排污将较明显影响纳污海域附近的自然保护区或敏感水域。

　　从各个湾的分布情况看，廉州湾、茅尾海污染物的浓度增量相对较高。叠加本底浓度后，北海港附近廉州湾海域和茅尾海钦江口附近海域水质出现劣四类，主要由于这些海域扩散条件相对较差，而且承受的城市发展的生活污水排放压力较大。

　　中期、远期带来的石油类浓度增量总体变化不大，各污染物远期带来的低浓度包络范围明显比中期大。

7.1.4 不理想情形下海域环境影响预测与评价

与理想情形相比，中期情景三不理想情形下各污染物增值浓度最大包络范围见表 7-2，表明不理想情形对海域环境的影响相对较大。中期不理想情形方案主要是湛江湾、钦州湾和水东湾的污染物浓度增量明显增大，金牌湾和廉州湾的污染物浓度增量略有上升。远期不理想情形方案主要是茅尾海、钦州湾、廉州湾的污染物浓度增量显著增大，铁山港海域、雷州湾的污染物浓度增量也有所上升。

在不理想情形的较高风险状态，部分重点纳污海域有一定影响，部分邻近的生态敏感水域受到一定影响。其中，情景三不理想情形下，中期，铁山港海域、茅尾海、钦州湾、水东湾、湛江湾内海域受到较严重污染，防城港海域、廉州湾、雷州湾、海口湾内海域水质超标，北海铁山港工业区、钦州港工业区、湛江临港工业区、澳内工业区的排污将较明显影响纳污海域附近的自然保护区或敏感水域。远期，铁山港海域、廉州湾、茅尾海、钦州湾、水东湾、湛江湾、雷州湾内海域受到较严重污染，营盘海域、防城港海域、海口湾内海域水质超标，北海铁山港工业区、钦州港工业区、湛江临港工业区、澳内工业区的排污将较明显影响纳污海域附近的自然保护区或敏感水域。

从各个湾的分布情况看，廉州湾、茅尾海、水东湾、钦州湾、湛江湾内污染物的浓度增量较高。叠加本底浓度后，北海港附近廉州湾海域、茅尾海钦江口海域、钦州湾金鼓江口海域、水东湾澳内近海、湛江湾口及鉴江河口附近海域水质出现劣四类。

7.2 围填海环境影响分析

近年来，北部湾区域将围填海作为解决沿海地区土地资源紧缺，满足沿海港口、交通、工业及城市建设等用地需求的重要途径。据统计，北部湾区域现有规划的填海需求为 1.7×10^4 hm^2，主要分布于钦州港工业区、铁山港工业区、防城港企沙工业区、茂名博贺港区和东海岛石化产业园区（表 7-3）。总体上看，围填海规划实施后，将直接导致海域面积缩小、海湾纳潮量减少、流速和冲刷能力减弱、淤积趋势增强、环境容量下降、生物栖息地破坏、渔业资源损失、海域生态功能受损等问题。

表 7-3　北部湾区域现有规划的填海情况

地区	填海区域名称	数据来源	面积 /hm²
北海市	铁山港工业区填海区	铁山港工业区规划	4 192
防城港市	防城港企沙工业区填海区	防城港钢铁基地规划	992
钦州市	钦州港工业区填海区	钦州港工业区概念规划	7 009
湛江市	东海岛石化和钢铁基地填海	东海岛石化产业园区规划	1 858
茂名市	博贺港区填海区	茂名港博贺港区规划	2 385
	水东港区填海区	茂名港水东港区规划	471
洋浦开发区	洋浦开发区LNG填海区	洋浦经济开发区总体规划	43
	洋浦开发区化学物流用地区		52
合计		情景三	17 002

7.2.1　纳潮量下降，交换能力变弱

围填海直接导致海域面积缩小，纳潮量下降，湾内水交换能力变差，削弱海水净化纳污能力，使得近岸海域环境容量下降。博贺港区远景规划陆域回填面积大，大大缩减了博贺湾外潟湖面积，减少了湾内的纳潮容积，使博贺港区主航道潮流减弱，涨、落潮流速降低，纳潮量减少 22.9%。水东港湾东西两岸规划沿天然岸线回填后方滩地形成作业区，将会增大水东港航道涨、落潮流速，但由于滩地回填，潮汐通道缩窄，纳潮量减少 20.2%。钦州港开发区规划填海造陆面积达 7 009 hm²，将使钦州湾东岸大片滩涂湿地消失，钦州湾的纳潮量减少10% 以上。

7.2.2　水动力条件改变

潮流流场、流向、流速等变化可能导致泥沙淤积、港湾萎缩、航道阻塞。

7.2.2.1　钦州湾

从卫星图片可知，钦州港中期已完成部分围海工程，金鼓江西侧的金谷工业区外围埝已基本形成，金鼓江东侧也完成了部分滩涂造陆。通过数学模型计算得知，填海后大榄坪外浅水海域形成了陆域，对金鼓江、鹿耳环江及麻蓝岛区域的水流通道有一定影响，主要是对原有水流产生了约束。外湾的三条水道流速发生变化：东航道贴近规划港区，加之航槽的开挖，故流速变化大于中、西水道。其中，东水道涨潮流速增大 7% ～ 18%，落潮流速增加幅度为 1% ～ 10%。中水道略有变化，涨潮时流速减小 2% ～ 5%，落潮流速减小 2% ～ 9%。西航道变化较为轻微，涨潮时流速减小 2% ～ 9%，落潮流速减小 1% ～ 5%。值得注意的是，钦州湾大规模的填海规划可能使茅尾海的水交换能力下降，并加速淤积和污染。

7.2.2.2　防城港湾与企沙半岛近岸

填海工程实施后，防城港湾的东、西湾内流态无明显改变，仅在湾口及填海区附近流态有所改变。湾口附近大片水域落潮流速有程度不等的增加，港域开挖区外侧局部落潮流速增加达 10 cm/s 以上，西湾局部也出现 2 ～ 3 cm 的落潮流速增幅。涨潮时，湾口水域还是以流速增加区为主，但增幅较落潮时要小，西湾湾口附近流速未见明显变化，但湾内局部出现流速微减，减幅不超过 2 cm/s。企沙半岛南侧工业区填海工程的实施将影响半岛南部涨落潮流场，减小填海区与企沙半岛的流速和潮流量，加速沿岸的淤积。

7.2.2.3　铁山港海域

填海工程实施后，在新岸线外侧过水断面缩窄，致使新岸线外侧流速增加，增加幅度最大值大于 50%，流向变化在 5° 左右。新岸线南侧水流变化也较大，岸线的阻挡以及断面的突扩等作用使得流速有所减小，减小幅度为20% ～ 40%，并且流向也有明显变化。由于铁山港填海占海面积较大，且较大面积的外伸陆域位于潮流较强的铁山湾湾口，其对水动力条件的影响较大。此外，填海加强了两槽沟的环流及两槽南面的倒 V 形环流，并于陆域东南侧形成顺时针环流，环流的存在不利于污染物向外迁移扩散。

7.2.2.4 水东湾

填海工程实施后，水东港航道的涨、落潮流速均有增加。水东港湾口处涨潮段最大流速较现状增加 33%，落潮时段最大流速较现状增加 32%。

7.2.2.5 博贺湾

填海工程实施后，博贺渔港航道涨、落潮流速均有增加，涨潮最大流速较现状增加 8%，落潮最大流速较现状增加 11%。博贺港区远景预留港区和北山岭西港区的填海工程减少了湾内的纳潮容积，使港区口门的博贺港区主航道潮流减弱，涨、落潮流速降低。其中，涨潮最大流速较现状减少 28%，落潮最大流速较现状减少 44%。

7.2.2.6 湛江湾

填海工程将改变东海岛北岸附近海域的地形条件，使附近海区的流场状况发生改变。其中，航道轴线的流速、流向受影响很小，涨、落潮平均流速变化在 0.02 m/s 内，涨潮流速较现状流速变幅在 3% 以内，落潮流速变幅在 4% 以内。对码头区前沿水域的流速、流向影响也不大，涨、落潮平均流速变化在 0.05 m/s 内，落潮流速变化大于涨潮流速变化。围堰区前沿流速变化最大，流速变化约 0.10 m/s，局部区域流速变化达 0.3 m/s。

7.2.2.7 洋浦湾

洋浦湾填海包括 LNG 和化学物流用地区块以及六个突堤码头。涨急时突堤码头附近流速普遍减小，越靠近围堤，流速减小幅度越大，突堤码头外受挤逼而流向偏西，500 m 外流速矢量基本没有变化。落急时沿岸流速普遍减小，变化与涨急相似，减幅为 2% ～ 4%。

7.2.3 生态生境受到破坏

围填对海域生态环境的影响主要表现在对海域湿地环境的占用和破坏。例如，博贺港区填海占用滩涂面积约为 1 800 hm²，水东港湾填海占用滩涂面积约为 100 hm²，钦州湾占用滩涂面积为 7 009 hm²，洋浦开发区北部的规划填海将破坏成片的天然礁盘，等等。围填海将减少北部湾广西沿岸重要的天然滩涂湿地面积，导致滩涂湿地自然生态系统和景观遭到破坏，重要经济鱼、虾、蟹、贝类的生息、繁衍场所消失，围填区内潮间带和潮下带底栖生物群落结构被破坏，生物多样性受到威胁。围填海将破坏海南岛西北部沿岸特有的自然礁盘，同时，钦州、防城、北海和湛江等地的发展将毁坏部分红树林生态系统和防护林。此外，围填海还会削弱滩涂湿地储水分洪、抵御风暴潮及护岸保田等能力，造成沿海滩涂和河口湿地生态系统等重要生态功能区面积减小，局部海域生态功能明显下降。

7.3 海洋生态环境风险评估

7.3.1 评价方法

7.3.1.1 指标体系的构建

根据海湾生态系统风险评价的指标体系框架以及北部湾生态系统的实际情况，构建北部湾生态系统风险评价指标体系（表 7-4）。

表 7-4 北部湾生态系统风险评价指标体系

指标		相对风险状态	
压力指标（B1）	有机污染指数（C1）	低	高
	营养水平指数（C2）	低	高
	石油烃含量水平（C3）	低	高
	重金属综合指数（C4）	低	高
状态指标（B2）	浮游藻类丰度（C5）	低	高
	浮游动物生物量（C6）	高	低
	底栖生物生物量（C7）	高	低
	生物多样性（C8）	高	低
功能响应指标（B3）	初级生产力（C9）	高	低
	海洋生物质量（C10）	1、2级	≥3级
系统响应指标（B4）	生态缓冲容量（C11）	高	低
风险等级评价结果		低	高

此指标体系分为目标层（A 层）、准则层（B 层）和指标层（C 层）三个层次。其中，准则层由外界对生态系统施加的压力、生态系统结构对压力的响应、生态系统功能对压力的响应和生态系统整体对压力的响应这四个方面组成。每一方面又包含若干下层指标。

指标体系中各指标的含义和赋值方法如下：

——C1：有机污染指数，反映水体受有机污染物污染的程度。

$$A = \frac{C_{\text{COD}}}{C'_{\text{COD}}} + \frac{C_{\text{IN}}}{C'_{\text{IN}}} + \frac{C_{\text{IP}}}{C'_{\text{IP}}} + \frac{C_{\text{DO}}}{C'_{\text{DO}}} \text{。} \qquad (7\text{-}1)$$

式中，A 为有机污染指数，各分子分别为 COD、无机氮（IN）、无机磷（IP）、溶解氧的实测值（mg/L），分母为各检测因子相应的一类海水水质标准值（GB 3097—1997）。

——C2：营养水平指数，反映水体的营养水平。

$$E = \frac{C_{\text{COD}} \times C_{\text{IN}} \times C_{\text{IP}}}{1\ 500} \text{。} \qquad (7\text{-}2)$$

式中，E 为营养水平指数，C_{COD}（mg/L）、C_{IN}（μg/L）、C_{IP}（μg/L）分别为 COD、溶解态无机氮、活性磷酸盐的测定值。

——C3：石油烃含量水平。

——C4：重金属综合指数，表示海水中 Cd、Cr、Cu、Pb 和 Zn 等重金属含量。

利用水质质量指数法公式对这五种重金属的污染水平进行综合评价，公式如下：

$$C_i = \frac{C_i}{C_s^i} , \qquad (7\text{-}3)$$

$$P = \frac{1}{n} \sum_{i=1}^{n} A_i = \frac{1}{n} \sum_{i=1}^{n} \frac{C_i}{C_s^i} \text{。} \qquad (7\text{-}4)$$

式中，A_i 为第 i 种重金属的相对污染指数，P 为重金属的综合污染指数，C_i 为第 i 种重金属的实测浓度值，C_s^i 为第 i 种重金属的渔业水质评价标准值。各种重金属的渔业水质评价标准列于表 7-5。

表 7-5 海水中重金属水质评价标准以及表层沉积物中重金属背景值和毒性系数

项目	Cd	Cr	Cu	Pb	Zn
水质评价标准 /（μg/L）	5	100	10	50	100
背景值 /（mg/kg）	0.5	60	30	25	80
毒性系数	30	2	5	5	1

——C5：浮游藻类丰度。

——C6：浮游动物生物量。

——C7：底栖生物生物量。

——C8：生物多样性。以北部湾珍稀濒危生物为代表种，它们的保护区或密集区海域为高敏感海域，越靠近近岸，敏感度越高。

——C9：初级生产力。

初级生产力根据叶绿素 a 估算（Cadée，1975）：

$$P = (C_a \times D \times Q)/2 。 \tag{7-5}$$

式中，P 为初级生产力 $[mg/(m^2 \cdot d)]$；C_a 为叶绿素 a 浓度（mg/m^3）；D 为光照时间（h）；Q 为同化效率 $[mg/(mg \cdot h)]$，根据中国水产科学研究院南海水产研究所以往调查结果，春季、夏季和秋季分别取值 4.05、4.05 和 3.42。

——C10：生态缓冲容量，是生态系统状态变量的变化量与其所受外部胁迫变化量之比。

$$\beta = \frac{1}{\delta(c)/\delta(f)} 。 \tag{7-6}$$

式中，c 为状态变量，f 为外部胁迫。生态缓冲容量为负值表示生态系统受外部胁迫向反方向演变。北部湾属于磷为浮游藻类生长限制性因子的生态系统，浮游藻类是海湾中主要的初级生产者，在海湾生态系统中具有重要的地位。因此，可以用浮游藻类丰度和活性磷酸盐含量的变化来计算生态缓冲容量 β 的数值。

7.3.1.2 各指标体系评价等级的划分

——有机污染指数（A）和营养水平指数（E）等级划分（表 7-6）。

表7-6　有机污染指数（A）和营养水平指数（E）等级划分

A	等级	E	等级	营养水平
<0	1	0 ~ 0.5	1	贫营养
0 ~ 1	2	0.5 ~ 1.0	2	中营养
1 ~ 2	3	>1.0	3	富营养
2 ~ 3	4			
3 ~ 4	5			
>4	6			

——石油类污染等级划分（表7-7）。

表7-7　石油类污染等级划分

项目	污染等级				
	1	2	3	4	5
表层海水中的石油类污染物浓度/（mg/L）	<0.01	0.01 ~ 0.05	005 ~ 0.30	0.30 ~ 0.50	>0.50
污染效应	清洁	较清洁	污染	较强污染	严重污染

——重金属污染等级划分（表7-8）。

表7-8　重金属污染等级划分

项目	污染等级				
	1	2	3	4	5
重金属指数	<1	1 ~ 2	2 ~ 3	3 ~ 5	>5
污染效应	没有影响	轻微影响	中等影响	较强影响	严重影响

——初级生产力与饵料生物水平分级（表 7-9）。

表 7-9　初级生产力和饵料生物水平分级

项目	等级					
	1	2	3	4	5	6
水平状况	低	中低	中	中高	高	超高
水平指数	>1.0	1.0～0.8	0.8～0.6	0.6～0.4	0.4～0.2	<0.2
初级生产力 /［mg/（m²·d）］	<200	200～300	300～400	400～500	500～600	>600
浮游藻类 （×10⁴）/m³	<20	20～50	50～75	75～100	100～200	>200
浮游动物/（mg/m³）	<10	10～30	30～50	50～75	75～100	>100
底栖生物/（g/m²）	<5	5～10	10～25	25～50	50～100	>100

——海洋生物质量评价标准（GB 18421—2001）。

——生物多样性参考本书"4.5.3　典型生物物种"部分。

7.3.2　生态系统风险评价

7.3.2.1　有机污染分指数

整个北部湾海域有机污染指数（A）为 1～2 级水平，有机污染分指数为 0～0.6，总体来看处于"很好"水平，在整个海域中分布较为均匀，风险状况处于"较低"等级。

7.3.2.2　营养水平分指数

营养水平 E < 0.5，为 1 级水平，分指数的范围为 0～1，除北部湾北部海域，其余均处于高值区，营养水平较低，风险状况整体处于"较低"等级。

7.3.2.3　海洋生物质量

无论是重金属还是石油类，整体上均处于较低水平。相对较高值位于北部湾北部防城港、北海港附近海域，海南岛洋浦港海域，以及湛江港附近海域。总体来说，整个海域海洋生物质量的风险等级为"较低"。

7.3.2.4 浮游藻类丰度

北部湾北部水域浮游藻类丰度较高，大部分处于 6 级水平，健康分指数为 0.03 ～ 1.0，整体的风险状况处于"很低"等级。分指数的空间分布呈现从北部湾北部向南部逐渐升高的趋势。

7.3.2.5 浮游动物生物量

北部湾浮游动物生物量水平等级为 1 ～ 6 级，大部分水域等级水平较低，为 1 ～ 3 级，呈现出中部水域高、沿岸水域低的变化趋势，健康分指数为 0.2 ～ 1，大部分水域为 0.6 ～ 1.0。整体的风险状况达到"很低"水平。分指数为 1，风险水平达到"较低"的海域占 90% 以上。

7.3.2.6 底栖生物生物量

底栖生物生物量在北部湾东北部水域较高，达 3 级水平，而沿岸水域较低，呈现东北部水域和南部水域高、中间水域低的特点。风险分指数为 0 ～ 0.2，整体的风险状况达到"较高"水平。

7.3.2.7 初级生产力

初级生产力以西北部水域较高，达 6 级水平，从北向南呈现逐渐递减的变化趋势，风险分指数为 0.02 ～ 1，整体的风险状况达到"很低"水平。分指数的空间分布呈现从西北部向东部和南部逐级递增的趋势。东北部海域和中南部海域分指数达到 1，处于"最低"等级；西北部海域为 0.02 ～ 0.2，健康状态不太理想，存在着较大风险。

7.3.2.8 生物多样性

北部湾的敏感生物主要有文昌鱼、中华白海豚、儒艮、白蝶贝、近江牡蛎以及鱼卵、仔鱼等。它们对生态环境质量的要求较高，大部分位于沿岸或湾内，如钦州湾、合浦海域和湛江湾等人类活动干扰强烈的海域。

7.3.2.9 生态缓冲容量

风险分指数为 0.4 ～ 1.0，整体的风险状况是所有指标中最好的，处于"最低"水平。分指数的空间分布较为均匀，呈现出从中部水域向沿岸水域递减的趋势。分指数最高的海域位于湾中部，分指数达 1.0，风险状况处于"最低"等级；沿岸水域为 0.4 ～ 1.0，风险状况处于"较低"或"很低"等级。

各指标风险分指数平均数的柱状图见图 7-1。可见，分指数平均数低于 0.4 的有两项指标：营养水平（C2）和生物体重金属（C4）。它们是影响年度北部湾生态系统健康状况的主要负面因子。指标体系其他六项指标的平均分指数均超过 0.5，它们都是影响北部湾生态系统年度风险状况的正面因子。

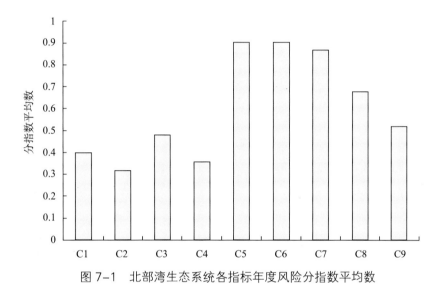

图 7-1 北部湾生态系统各指标年度风险分指数平均数

年度北部湾生态系统风险综合指数的叠加运算结果表明，年度北部湾生态系统的风险综合指数处于 1～5 级水平。广东海域变化较大：湛江海域为 1～2 级，风险层级较高；茂名海域生态系统较为健康，风险等级均高于 3 级，局部海域达到 5 级。广西海域除钦州湾风险较高（2 级）外，大片海域为 3～4 级水平。海南海域生态系统健康状况良好，沿岸大部分海域为 4 级，风险等级较低。

7.3.3 风险诊断

7.3.3.1 总体风险状况

根据各分指标的评价结果以及指标体系的综合计算结果来看，北部湾生态系统的风险综合指数整体处于"较低"和"很低"水平。但在个别沿岸水域，主要是湛江港、钦州湾，风险状况可能面临着向临界状态转化的危险。

7.3.3.2　主要负面影响因子

在风险评价中得到的北部湾生态系统的主要负面影响因子为营养水平和生物体重金属含量，但其他指标的正面影响作用较高，生态缓冲容量较大，在整个指标体系中的表现最为突出，因此在系统结构和系统整体应对外界压力时具有较强的响应能力，可最大限度地消除环境恶化对整个生态系统所造成的负面影响。

7.3.3.3　潜在风险分布区域

对北部湾生态系统指标体系中各分指标分指数进行叠加运算，结果表明，风险状态综合指数较高的海域基本集中分布在沿岸水域。越靠近港湾内，风险状态综合指数越高。这说明北部湾海域生态系统风险的危险区域集中在沿岸的港湾区域，其中湛江港、北海和钦州湾等海域潜在风险较高。

7.4　海域生态环境累积性环境影响分析

7.4.1　区域发展对环北部湾海域生态环境的累积效应分析

7.4.1.1　赤潮

从赤潮发生的位置分析，广西北海的涠洲岛海域，广东湛江的湛江港－硇洲岛－特呈岛、阳江和茂名电白海域，海南的洋浦、海口海域是赤潮易发区域。经调查，赤潮暴发频率相对较高的区域中，北海、湛江港－硇洲岛－特呈岛及海口海域本底浮游藻类丰度均相对偏高，当浮游藻类群落由硅藻优势种向甲藻或蓝藻优势种演替时容易发生赤潮。总体来说，北部湾经济开发区附近海域存在赤潮发生的潜在风险，特别是冬季调查结果显示，徐闻海域和防城港海域的球形棕囊藻丰度已经达到了赤潮基准［安达六郎（1973）提出的判断基准值[161]］。

7.4.1.2　生物资源

海洋生物资源来源于生物个体的繁殖补充和生长，幼鱼是生物资源产生的关键环节。根据生物资源群体死亡的一般特征，生物在早期生活阶段，由于对环境的适应能力很差，鱼卵、仔鱼的死亡率非常高。历史资料和研究结果显示，虽然北部湾沿岸 40 m 以浅海域分布着多处产卵场，但湾北部海域（主要是广西北部湾海域）是北部湾的主要产卵场，该处海域栖息地质量的好坏，直接影响着北部湾海洋生物资源的丰歉。湾北部海域水质状况良好，因此，除过度捕捞之外，水利水电、交通航运和海洋海岸工程建设等人类活动是影响栖息地的主要因素。本次补充调查结果表明，广西北部湾海域，包括防城港工业区附近海域、钦州港工业区附近海域、北海港附近海域及铁山港工业区海域的鱼卵、仔鱼资源衰退明显，鱼卵平均密度仅为 20 世纪 80 年代的 1/3，仔鱼平均密度仅为 20 世纪 80 年代 1/14。与历史资料对比，北部湾海南海域和粤西海域的鱼卵、仔鱼资源量较为稳定。

7.4.1.3　生物体质量

华南师范大学王艳等对北部湾江豚进行重金属分析[162]，在各内脏和肌肉组织都检出重金属（含量：Fe > Zn > Cu > Cr > Ni > Mn > Hg），与渤海和黄海的种类相比，北部湾江豚的重金属含量介于渤海江豚和黄海江豚之间，说明该区域目前已遭到重金属污染。

"南海贻贝观察体系"监测数据表明，自 2001 年来，广东湛江、茂名海域贝类体内 As 和石油烃表现出明显的上升趋势，尤其是茂名海域的石油烃和 As 含量上升趋势尤为明显；其他各指标相比历史资料没有明显的变化趋势，其中 Hg 呈明显下降趋势。与 2004 年监测结果相比，广西海域的生物体质量基本稳定。铁山港贝类生物体质量中 Cu、Cd、Hg、As 和石油烃含量相比历史资料有所升高，Pb 和 Zn 含量则明显降低。防城港样品中 Hg、As 和石油烃含量明显比历史资料有所升高，Cu 和 Zn 含量相比历史资料有明显降低，Pb 和 Cd 含量相比历史资料变化不大。钦州湾生物体质量中的石油烃和 Cd 含量上升明显，其余指标基本稳定或有所降低。对比历史资料，海南海域生物体质量稳定在良好水平，贝类体内 As 和 Cd 含量有所上升。其中，As 含量在临高海域最高，在东方沿岸最低。其余指标中 Zn 含量明显降低，石油烃、Cu、Pb 和 Hg 含量没有明显变化。

7.4.1.4　敏感生态单元

生物指示种是反映海域生态环境的重要指标，对维持海洋生态系统平衡也有重要作用。大部分珍稀生物对自然生态环境的要求较高，对栖息地生境变化反应敏感，极易受到人类活动的干扰。同时，它们大部分都是国家级保护动物，也受到社会的广泛关注。北部湾的珍稀物种在前面已有概述，本节仅选取社会公众关注度高的中华白海豚、儒艮、文昌鱼加以阐述。

目前我国沿海已证实有中华白海豚分布的水域包括九龙江口，韩江口，珠江口，雷州湾，北部湾的北海、钦州沿岸，等等。对中华白海豚的威胁主要是大型涉海工程建设导致的栖息地萎缩，以及工程建设对中华白海豚的噪声干扰或直接伤害（图 7-2）。水域环境污染也是中华白海豚数量减少的主要原因之一。例如珠江口的许多重要经济鱼类逐渐减少甚至绝迹，中华白海豚的食物主要是鱼类，鱼类资源的衰退使中华白海豚的食物资源减少，威胁其生存。此外，由于中华白海豚处于生态系统食物链的顶端，排入水体的污染物通过食物链的传递和富集作用而累积在中华白海豚体内。研究表明，珠江口中华白海豚体内的 Hg 和几种有机氯化物（如 DDT、PCB 等）的含量偏高。中华白海豚体内积累过多的重金属和有机氯化物会致使其免疫系统受损，甚至会导致胚胎畸形和新生幼豚死亡率升高等。

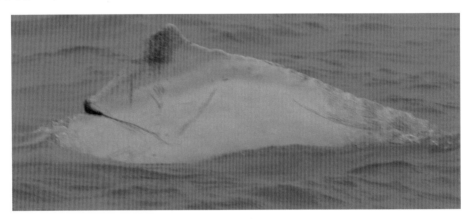

图 7-2　被船只螺旋桨刮伤的中华白海豚

儒艮是国家一级保护动物。对儒艮的威胁主要有人类的捕捞和栖息环境的改变。对儒艮的捕捞包括渔民的生产性捕捉和科研捕捞。近海捕捞严重破坏了儒艮栖息的自然环境，炸鱼、电鱼、毒鱼等行为严重威胁了儒艮的生存，破坏了沿海生态环境。围垦、养殖等海洋和海岸开发，缩小了儒艮等海洋哺乳动物的分布范围，并改变其生境。儒艮的主要饵料来源——海草床面积缩减，质量下降，威胁儒艮的生存。

自 20 世纪 80 年代以来，儒艮数量下降明显；在 20 世纪 90 年代，已很少发现儒艮的踪影。儒艮的生存现状受到国内外野生动物保护界的广泛关注。2000年进行的环北部湾资源调查结果显示，北部湾部分海域仍有儒艮的存在，在海南东方市港门村海域附近发现由五头儒艮组成的小群体。

儒艮的生存不仅受直接或间接捕捉的威胁，更受栖息地消失的威胁。如果栖息地消失，对儒艮本身的所有保护措施都不可能成功。广东企水至广西钦州三娘湾沿岸的栖息地已开始恶化。如果不能及时采取适当的保护措施，北部湾的其他儒艮栖息地也将会在工业化过程中消失。因此，急需对儒艮的栖息地开展深入细致的调查并据此实施周密的保护措施。

文昌鱼对栖息地生态环境要求很高，其面临的主要威胁包括近海污染、滩涂围垦、拦河筑坝和酷渔滥捕等。其中，高集海堤的兴建以及大面积的滩涂围垦，改变了海域的水动力条件，是厦门刘五店海域文昌鱼灭绝的主要原因。

茂名海域文昌鱼的大量分布与海域生态环境质量有直接关系。监测调查结果显示，茂名近海文昌鱼密集分布区放鸡岛附近海域水质优良，主要密集分布区内维持在一类水质，水质环境和底质环境适宜茂名海域文昌鱼的生存与繁殖。但保护区周边陆域工业、旅游业及城市化的发展，保护区相邻水域养殖业、捕捞业的过度开发，给保护区的水质环境造成一定的压力。在茂名海洋功能区划中，放鸡岛所在海域被划为增养殖区、度假旅游区，水质前景不容乐观。

2004—2008 年连续监测的结果表明，适于文昌鱼栖息的生境缩小和破碎化，文昌鱼数量呈减少趋势，文昌鱼分布区和文昌鱼拟建保护区内文昌鱼的资源数量持续衰退，处于不稳定状态。主要原因是随着沿海工业的发展，工程建设和围垦导致栖息地萎缩，旅游活动的增加、海水养殖业的无序发展、养殖污染物的沉降导致沉积物组分改变，陆源污染物的增加以及过度捕捞破坏文昌鱼的栖息环境。

7.4.2　重点产业发展对邻近海域生态环境的累积效应分析

主要重点产业如林纸浆、港口码头与围填海工程、生物化工和石油重化行业等将对海洋生态环境产生污染累积效应。

7.4.2.1　林纸浆项目对海洋生物资源的影响

造纸工业一直是环境污染的重要来源之一。造纸工业造成的有机污染主要表现为两方面：一是有机物在水中微生物的作用下降解为二氧化碳和水，同时消耗水中的氧气，造成水中缺氧性污染，水体中鱼类和藻类等大量死亡，水在厌氧生物的作用下变黑变臭；二是许多有机物具有毒性和在有机体内的富集性，造成水体中生物的急性中毒或长期积累性中毒，如木材抽提物（植物甾醇类、二苯乙烯、惹烯等）、纸浆和造纸过程中形成的异化合物（有机氯化物、多氯二苯并二噁英、呋喃等）。

中国水产科学研究院东海水产研究所利用含 AOX 的造纸废水对人工养殖的黑鲷鱼卵和早期仔鱼进行了毒性实验。结果表明，对于 AOX 漂白废水的毒性，黑鲷鱼卵胚胎阶段比早期仔鱼阶段更为敏感；高浓度 AOX 漂白废水对黑鲷胚胎发育过程中的各项指标均具有十分显著的抑制效应，可以造成仔鱼畸形甚至死亡。

瑞典环保部水产毒物中心对瑞典东部沿海不同采样站鲈鱼体内 7- 乙氧基－异吩唑酮－脱乙基酶（EROD）的分析表明，漂白木浆造纸废水对排放口 $20 \sim 40\ km$ 范围内的鱼类种群均有影响。

由此可见，造纸工业排放的大量有机废水对海洋生物生存和繁衍构成区域性、长期性的严重威胁，其有机物毒性参与受体的生理代谢。鱼胚胎在发育过程中仍在呼吸代谢，而卵膜具有通透性，使有机氯化物进入胚胎，其毒性会干扰胚胎的正常发育，或使孵出的仔鱼畸形，或阻滞鱼卵的孵化从而延长孵出时间，严重的会导致胚胎死亡。

7.4.2.2 港口码头与围填海工程项目对生态环境的影响

港口码头与围填海工程对海洋环境的主要影响为工程产生的悬浮沙以及海床变化。填海造地、护岸与防波堤的爆破挤淤等施工过程不仅增加了水体中悬浮物的浓度，而且改变了当地的海岸形状，进而影响和改变了当地的水动力条件。

工程引起的海床冲淤作用，对海洋生态环境最为显著和直接的影响来自悬浮沙。悬浮沙将导致海水混浊度增大，透明度降低，不利于浮游藻类的繁殖生长，还会影响浮游动物的生长率、摄食率等。悬浮颗粒将直接对海洋生物幼体的发育造成伤害。一般来说，幼体对悬浮物浓度的忍受限度比成体低得多。海水中悬浮物对虾、蟹类的影响较小，但会在许多方面对鱼类产生不同的影响。首先，悬浮微粒过多时，不利于天然饵料的繁殖生长；其次，水中大量存在的悬浮微粒会随鱼的呼吸动作进入其鳃部，损伤鳃组织，隔断气体交换，影响鱼类的存活和生长。

此外，悬浮沙影响海洋的透明度和光合作用，降低海域的初级生产力，对鱼卵、仔鱼、仔虾等产生明显的伤害，造成资源减产，从而影响中华白海豚的食物资源，有可能迫使中华白海豚寻觅新的栖息地。

7.4.2.3 生物化工产业对海洋生态环境的潜在影响分析

生物燃料乙醇是可再生能源的重要组成部分，在替代能源、改善环境、促进农业产业化、促进农业增效、促进农民增收等方面具有重要作用。燃料乙醇、生物柴油产业的生产废水含 COD、悬浮物、氨氮、甲醇、石油类等污染物，会对沿海生态环境产生严重影响。生物化工产业项目营运期对海洋生态环境的潜在影响分析见表 7-10。

表 7-10 生物化工产业项目营运期对海洋生态环境的潜在影响分析

主要影响源	来源	所含污染物	潜在影响
废水	工业废水（废酸、含酸碱废水、含油废水）、厂区生活污水、雨水	COD、悬浮物、石油类、氨氮等	使生物质量低劣、海洋生物多样性降低，危害周边生态敏感区和主要环境保护目标
有毒有害物质泄漏	原料、辅料及副产品	硫酸、磷酸、盐酸、硝酸、甲醇、液氨等	危害海洋水产生物资源

7.4.2.4 石油化工产业对海洋生物质量的累积影响

石油化工产业的废水排放将影响海洋生物和海洋生态系统健康，影响因子主要为石油类、硫化氢、酚及其衍生物、苯乙烯、多环芳烃、氨氮及非挥发性有机污染物。

当今重化工业的基础是由德国和英国建立起来的，是 19 世纪工业革命的派生物。在早期，我国台湾和日本发展石化工业都存在不同程度的环境污染问题。随着人们对环保问题的日益重视，后期我国台湾和新加坡石化工业发展都十分重视环保问题，实行清洁生产和资源的循环利用。重化产业集聚区通过从源头和生产过程中运用环境无害化技术和清洁生产工艺来保护环境，通过对废水和废弃物的统一处理和回收利用，可以形成一体化的清洁生产环境，使重化产业集聚区达到生产与生态的平衡。例如，台塑麦寮工业园区后期实行清洁生产和资源的循环利用，园区的雨水全部得到收集利用，生活污水通过生物处理后成为园区树木的有机肥料，工业废水经过处理后全部进行二次利用。新加坡裕廊化工岛推广污染物集中处理，由专业公司建立集中的废水处理厂，其中环保投资占园区基础设施总投资的 20% ～ 30%，近岸海域环境质量良好。

就我国整体情况来讲，由于建设比较早，国内现有的大多数石油化工企业在技术水平上与国际先进企业差距较大，在管理上与世界先进企业也有差距。因此，石化行业对环境造成污染的风险性仍然存在。

上海石化总厂 1972 年从围海造地起开始建设。该厂的工业废水和生活污水由厂区的三个排放口通过管道排入杭州湾。总厂和各分厂工业废水均经过一级处理后与生活污水混合排到水质净化厂进行二级处理，再经 4 号泵站由 940 m 长的海底管道排入杭州湾。各分厂冷却水、循环用水、中和后的无机废水及雨水，经雨水管道由北向南汇集到随塘河后，由 2 号泵站排入杭州湾。乙烯厂冷却水、化工原油码头压舱水及雨水，由 3 号泵站直接排入杭州湾。根据 1995 年资料，2、3、4 号泵站排放量分别为 2.05×10^6 m³/d、6.1×10^4 m³/d、1.34×10^5 m³/d，热电厂冷却水的排放量为 9.401×10^5 m³/d。上海石化总厂、国家海洋局东海分局、上海市环境监测中心、中国水产科学研究院东海水产研究所、上海环保所于 1982 年、1984—1987 年多次监测调查发现，上海石化工总厂排放的废水对沿岸海域和杭州湾北部海域水质有一定的影响，但尚无严重危害[163]。

然而，根据《2008 年中国海洋环境质量公报》，杭州湾生态监控区生态系统处于不健康状态。水体呈严重富营养化状态，氮磷比失衡，全部水域无机氮含量超过第四类海水水质标准；生物栖息地面积缩减，生物群落结构状况较差，春季浮游动物生物量偏低，平均为 24 mg/m³；鱼卵、仔鱼种类少，密度低，平均密度分别为 0.06 个 / 米³ 和 1.1 尾 / 米³。

张进龙通过对 1993—2002 年杭州湾上海石化沿岸潮间带底栖动物结构的分析，得出如下结论：1993—2002 年，杭州湾上海石化沿岸潮间带底栖动物生态环境受到两次明显的富营养化冲击，海水中 COD 有两次一致的明显上升，引起潮间带底栖动物群落生物多样性指数产生一致的明显下落，在结构上出现各物种个体数量的极度不均匀。1993—2002 年，金山嘴潮间带生态环境受到杭州湾北岸富营养化影响，其底栖动物群落多样性指数下降 0.7 ～ 1.3[164]。金山区海滨浴场潮间带生态环境受杭州湾北岸富营养化、上海石化达标工业废水排放和金山区海滨浴场地形的影响，后二者的影响使其底栖动物群落多样性指数值下降0.3 ～ 2.6。2002—2008 年，该潮间带的底栖动物群落结构呈现一种适应性广、耐污染的结构组成，其生物多样性指数值为 2.00 ～ 3.50。王晓波的研究结果表明，2004—2007 年，杭州湾浮游动物群落年际波动幅度变大，且呈现群落结构变化加剧、稳定性降低的趋势[165]。

国峰等对上海市 12 个陆源入海排污口的污染状况进行了研究[166]。监测中发现，12 个陆源排污口中的 10 个有不同程度的超标排放现象。4 号排污口常规项目各项指标均为正常，但有机物测定结果却显示该排污口含有大量的苯系物；8 号排污口排出大量有毒有机物，同时，该排污口的遗传毒性结果呈阳性；5 号排污口除 COD 超标外，其他常规指标反映出其水质情况比较好，也没有检出有毒有机物，但遗传毒性实验两次鉴定出其污水含有遗传毒性的化学物质。

大亚湾海域为南海石化项目的排污区，根据 1984—1985 年冬季的调查结果，大亚湾采泥底栖生物的平均生物量为 79.79 g/m²。中国科学院南海海洋研究所1992 年的监测结果显示，大亚湾采泥底栖生物的生物量为 68.3 g/m²；2002 年 11月在该海域调查得到的底栖生物的生物量为 237.03 g/m²，栖息密度为 322.5 个/米²；而 2008 年 12 月在该海域调查得到的底栖生物的生物量为 29.62 mg/m²，远低于历史调查水平。这虽然与调查站位不同有关（2008 年 12 月调查站位在大亚湾中部和东部，且有四个调查站位位于湾外，而湾外的底栖生物生物量较低），但也说明南海石化排污对大亚湾海域存在一定的影响。

以上案例表明，北部湾沿海重点产业的发展，尤其是石化行业废水排放，从长期来看，对纳污海域生态系统的影响主要是造成海洋生物的生物量减少或海洋生物的异味（受石油类和酚类的长期影响），排污口附近海域的水体将可能含具有遗传毒性的化学物质。

姜朝军等研究发现，菲律宾蛤仔对石油烃污染的安全阈值为 0.03 ～ 0.05 mg/L，如果水体石油类浓度大于该浓度，菲律宾蛤仔将会出现石油烃异味[167]。因此，在石化行业废水排放口附近海域若出现石油类浓度大于上述阈值的区域，可能导致底栖生物对石油烃的富集，造成生物质量的下降。

7.5 突发性溢油生态风险分析

根据区域内石化产业和原油码头规划布局，以钦州港工业区、铁山港工业区石化项目、洋浦经济开发区、东海岛中科炼化一体化项目、博贺港开发区为例分析区内石化产业发展潜在的突发性溢油生态风险。

7.5.1 溢油风险预测分析

溢油风险预测考虑两种主要风况：一是常年盛行风况；二是风向出现概率较低，但可能对近岸环境保护目标影响较大且溢油后较难控制的不利风况。潮流考虑大潮涨潮和大潮落潮。根据研究海域环境状况和环境生态敏感目标的分布情况，结合已有的环评报告书，本报告选取的溢油事故风险预测组合见表7-11。

7.5.1.1 钦州港工业区

溢油点假设在中国石油广西石化钦州项目配套原油码头，溢油量取100 t。取盛行风向（S、N）和平均风速作为计算风况。

事故发生在涨潮且吹北风时，油膜质心沿岸线朝茅尾海方向漂移。事故发生20 h后，油膜质心到达龙门风景旅游区，此时油膜质心距七十二泾实验区最近，位于实验区西南约1.2 km处。30 h后，油膜质心到达茅尾海近江牡蛎增殖区，进而影响到茅尾海养殖区。36 h后，油膜质心转朝龙门方向漂移。

事故发生在落潮且吹南风时，油膜质心朝西南方向漂移。事故发生约20 h后，油膜质心距麻蓝岛－三娘湾旅游度假区最近，位于该度假区西南约3 km处，此后油膜向下游外海漂移，30 h后向犀牛脚方向漂移。

可见，溢油事故主要影响码头西北向的龙门风景旅游区、七十二泾实验区、茅尾海近江牡蛎增殖区、茅尾海养殖区和码头东南向的麻蓝岛－三娘湾旅游度假区。溢油事故发生后，油膜到上述敏感目标的时间约为20 h，若能采取及时有效的清理措施，可使影响程度明显降低。

表 7–11　溢油事故风险预测组合

溢油点	潮时	风向	计算风速 /（m/s）	环境生态敏感目标
钦州港	涨潮	S	2.9	茅尾海红树林保护区、七十二泾风景区
	落潮	N	3.2	麻蓝岛旅游度假区、三娘湾旅游度假区、中华白海豚密集区
铁山港	涨潮	SW	17	山口红树林自然保护区
	落潮	NW	17	儒艮保护区
洋浦港	涨潮	W	2.9	白蝶贝自然保护区、儋州磷枪石岛珊瑚礁自然保护区
	落潮	W	2.9	峨蔓–公堂沿岸滩涂养殖区
	涨潮	SW、NE	3.9	白蝶贝自然保护区、儋州磷枪石岛珊瑚礁自然保护区
	落潮	SW、NE	3.9	峨蔓–公堂沿岸滩涂养殖区
博贺港	涨潮	NE	3.2	竹洲岛水产养殖保护区
	落潮	SW	2.6	文昌鱼自然保护区、大放鸡岛风景旅游区
湛江湾	涨潮	S	3.4、17	特呈岛海洋生态自然保护区、特呈岛风景旅游区
	落潮	WSW	3.4、17	湛江港湾外
	落潮	SSW	3.4、17	南三岛鲨类自然保护区、南三岛海岛森林公园旅游区
	涨潮	SSE	3.4、17	特呈岛海洋生态自然保护区、特呈岛风景旅游区

7.5.1.2　铁山港工业区石化项目

溢油点假设在铁山港进港主航道，溢油量取 1 000 t。取盛行风向（SW、NW）和最不利风速作为计算风况，最不利风速取最大允许作业风速（七级风，

此处取 17 m/s）。

事故发生在涨潮且吹西南风时，油膜质心朝铁山港东岸方向漂移。事故发生约 4 h 后，油膜质心到达山口红树林自然保护区，5.5 h 后油膜于沙田镇达岸。

事故发生在落潮且吹西北风时，油膜质心朝东南方向漂移。事故发生 1.5 h 后，油膜质心抵达合浦儒艮自然保护区边界。此后油膜随涨潮流朝东北方向漂移，油膜质心影响合浦儒艮自然保护区，7 h 后达方格星虫增殖区，8 h 后于沙田镇达岸。

可见，溢油事故主要影响铁山港东岸的山口红树林自然保护区、合浦儒艮自然保护区、茅尾海养殖区和方格星虫增殖区。溢油事故发生后，油膜到上述敏感目标的时间约为 1.5 h，若能采取及时有效的清理措施，可使影响程度明显降低。

7.5.1.3　洋浦经济开发区

溢油点假设在原油码头前沿，泄漏量取 7 000 t。溢油风险预测考虑三种主要组合方式：一是冬季盛行的偏 NE 风向与大潮涨潮、落潮的组合；二是夏季盛行的偏 SW 风向与大潮涨潮、落潮的组合；三是风向出现概率较低，但可能对近岸环境保护目标影响较大的 W 风向与大潮涨潮、落潮的组合。

最不利的 W 风向、大潮涨潮与落潮发生事故性溢油时，油膜漂移到洋浦海岸。大潮涨潮发生溢油时，约 18 h 于神尖角抵岸；大潮落潮发生溢油时，约 19 h 于兵马角抵岸。

SW 风向、大潮涨潮与落潮发生事故性溢油时，油膜均往琼州海峡漂移。24 h 左右最接近兵马角，约 48 h 接近儋州白蝶贝自然保护区。该过程中，油膜影响范围不断扩大。

NE 风向、大潮涨潮与落潮发生事故性溢油时，油膜均在码头前沿打转，顺风往西南漂移，24 h 左右最接近兵马角。该过程中，油膜影响范围不断扩大。

可见，溢油事故主要影响码头作业区东北面 44 km 的儋州白蝶贝自然保护区。溢油事故发生后，油膜到达保护区的时间约为 48 h，应确保事故发生后 48 h 内采取紧急有效的处理措施。

7.5.1.4　东海岛中科炼化一体化项目

溢油位置假设在原油码头前沿和 30 万吨级原油码头支航道与主航道交接处，对应的泄漏量为 10 t、500 t。分别选取涨潮和落潮时刻发生泄漏事故，并考虑可能对计算域内的敏感目标产生影响的风向作为不利风向进行预测分析,计算风速考虑各风向全年平均风速(3.44 m/s)和最大允许作业风速(七级风,此处取17 m/s)。

——码头前沿原油泄漏。涨潮期,平均风速条件,S、SSW、SW、WSW 风作用下,油膜 5 h 到达特呈岛海洋生态自然保护区与特呈岛风景旅游区;最大允许作业风速条件,S、SSW、SW 风作用下,油膜约 3.5 h 到达特呈岛海洋生态自然保护区。最不利风向为 S 风。落潮期,平均风速条件,S、SSW、SW 风作用下,油膜 5.5 h 到达特呈岛海洋生态自然保护区;最大允许作业风速条件,S、SSW、SW 风作用下,油膜约 3.5 h 到达南三岛海岛森林公园旅游区,且 SW 风情况下还会影响到南三岛鲨类自然保护区。最不利风向为 WSW 风。

——支航道与主航道交接处原油泄漏。涨潮期,平均风速条件,S、SSW、SW、WSW、SSE、SE 风作用下,油膜 4.5 h 到达特呈岛海洋生态自然保护区与特呈岛风景旅游区;最大允许作业风速条件,S、SSW、SW、WSW、SSE 风作用下,油膜约 3 h 到达特呈岛海洋生态自然保护区。最不利风向为 S 与 SSE 风。落潮期,平均风速条件,S、SSW、SW、WSW、W 风作用下,油膜 4.5 h 到达南三岛海岛森林公园旅游区;WNW、NW、NNW、N 风作用下,油膜 4 h 到达龙海天度假旅游区。最大允许作业风速条件,SSW、SW、WSW、W 风作用下,油膜约 3.5 h 到达南三岛海岛森林公园旅游区,且 SW、WSW 风情况下,约 5.5 h 后还会影响到南三岛鲨类自然保护区。

可见,东海岛中科炼化一体化项目溢油事故主要影响特呈岛海洋生态自然保护区、特呈岛风景旅游区、南三岛海岛森林公园旅游区、南三岛鲨类自然保护区和龙海天度假旅游区。溢油事故发生后,油膜到达上述敏感目标的最短时间约 3 h,应即时采取有效的措施以降低影响程度。

7.5.1.5 博贺港开发区

茂名地区季风明显,夏半年盛行西南风,冬半年盛行东北风。强风向为WNW,最大风速为 30 m/s。年平均风速为 2.6 m/s,偏东向平均风速较大,为 3.2 m/s。

溢油位置假设在博贺港原油码头前沿,按 100 t 泄漏量进行预测。分别选取涨潮和落潮时刻发生泄漏事故,并考虑可能对计算域内的敏感目标产生影响的风向作为不利风向进行预测分析,计算风速考虑年平均风速(2.6 m/s)。

涨潮时，东北风作用下发生溢油事故，油膜质心漂移路线呈 S 形。约 50 h 后，油膜边缘进入放鸡岛文昌鱼自然保护区东边界。约 53 h 后，油膜离开保护区，向南移动，受影响的保护区面积约 3.5 km²。

落潮时，西南风作用下发生溢油事故，油膜质心漂移路线呈倒 S 形，油膜往西南方向运动。事故发生 48 h 后，油膜质心距放鸡岛文昌鱼自然保护区东边界约 1.6 km，此后油膜持续向南移动。

可见，博贺港原油码头溢油事故主要影响放鸡岛文昌鱼自然保护区。溢油事故发生 50 h 后，油膜将会进入放鸡岛文昌鱼自然保护区，应采取及时有效的事故应急措施以降低影响程度。

7.5.2　突发性溢油事故对海洋生态环境的影响

溢油是突发性污染事件。油的密度比海水轻，溢油漂浮在水面之上，逐渐扩散成油膜，随着潮流和风漂移。根据有关统计，溢油发生后，经 1～2 d，1/3 的溢油蒸发和沉降，1/3 仍留在海面，还有 1/3 呈乳化状存在于水中尤其是密度跃层之中。溢油对海洋环境尤其是对生态环境影响很大。

石油在海面上形成的油膜使海水中的溶解氧含量下降，另外，石油在氧化和溶解过程中，能导致海水中二氧化碳和有机质浓度升高。在细菌对石油进行分解的过程中，通常氧化 1 kg 石油需要消耗 400 m³ 海水中的溶解氧，消耗了大量的氧气，因此一次大规模的溢油事件能引起大面积海区严重缺氧，使海洋生物大量死亡。死去的海洋生物腐烂后产生的有毒物质还可造成二次污染，形成恶性循环。

另外，石油污染对海洋生物的长期危害更为严重。据报道，在研究海洋食物链有机化合物时发现，石油中各种结构的烃一旦被海洋生物吸收，其性质就会变得相当稳定，并在食物链中循环传递，逐渐积累和浓缩，最终这些长效毒物由经济鱼、贝类等进入人体。例如，曾有人在蛤蜊中发现了相当含量的能引发肿瘤的石油产品；在海洋鱼类、桡足类等中发现了苯并芘这种强烈的致癌物，其含量已达 0.4 mg/kg。石油污染对生物最严重的威胁还在于能从多方面改变海洋生态系统的正常结构。例如，大片油膜漂浮在海面，能降低表层海水的日光辐射量，因而妨碍海洋中浮游藻类的光合作用。而浮游藻类是海洋食物链中的初级生产者，是海洋生态系统的基础，它们的减少势必引起食物链其他环节的生物数量相应减少，从而导致整个海洋生物群落的衰退。

当局部海域受到溢油的强烈污染后，其海面和海底环境要想得到彻底恢复，所花费的时间是不同的。一般地，海面环境恢复得很快，而海底环境的恢复则需要 3 ～ 10 年的时间。近岸水域漏油所带来的最大影响是对海岸带的影响。所有这些都会给生态环境带来极大的危害。

7.5.2.1 对浮游生物的影响

浮游生物对石油污染极为敏感，许多浮游生物会因受溢油危害而惨遭厄运。特别是由于浮游生物缺乏运动能力，加以身体柔弱，多生毛、刺，更易为石油及其他化工产品所附着和污染。据文献报道，一些海洋浮游藻类的石油急性中毒致死浓度范围为 0.1 ～ 10 mg/L，一般为 1.0 mg/L，浮游动物为 0.1 ～ 1.5 mg/L。因此，当原油泄漏事故发生后，评价区内的饵料基础——浮游动、植物受到的损害无疑是十分严重的。另外，一般浮游生物的生命周期仅 5.7 d，在油膜的覆盖和毒性作用下，往往不超过 5 d 即因细胞破裂、分解而死亡。同样，浮游藻类也会在化工品毒性作用和缺氧条件下大量死亡。

7.5.2.2 对底栖生物和潮间带生物的影响

底栖生物生态系统较为脆弱，事故性溢油必然会对底栖生物带来严重的伤害，尤其是对潮间带生物。油膜一旦接触海岸，就很难离开，将导致该海域滩涂生物窒息死亡或中毒死亡，一些固着生活的贝类如牡蛎、贻贝等及甲壳类的虾、蟹将深受其害，一些滩涂鱼类也会因此受害，幸存者也将因有臭味而经济价值降低，或根本不能食用。此外，海涂及沉积物中未经降解的石油又可能回到水中造成二次污染。严重的溢油事故可改变底栖生物的群落结构，而底栖生物的变化又将引起一些底栖鱼类的资源量减少或局部消失。

7.5.2.3 对渔业资源的影响

环北部湾海域是多种经济鱼类的产卵场及仔幼鱼的索饵、生长场所，因此事故性溢油对鱼类产卵场和仔鱼、幼鱼的破坏将是严重的。

不同的油类对鱼类的毒性效应不同。胜利原油对真鲷仔鱼的 96 h 半致死浓度为 1.0 mg/L，燃料油对黑鲷的 96 h 半致死浓度为 2.34 mg/L。评价海区是多种鱼类产卵场和仔鱼、幼鱼的孕育场，事故性溢油一旦发生，在其扩散区内，海水中的石油浓度将大大超过鱼卵、仔鱼的安全浓度（一般安全浓度为 96 h 半致死浓度的 1/10 ），对浮性卵和漂浮的仔鱼造成严重伤害。

因此，采取必须有效措施控制海损和溢油事件的发生。一旦发生溢漏油，应及时采取防治措施，最大限度地减少石油造成的污染损害。

7.6 小结

本章选取三个重点产业发展愿景（国家发展愿景、省区发展愿景、地方发展愿景）与重点产业集聚区生活型污水实际有效处理率（理想情形、不理想情形），形成四组预测情景，以 COD、无机氮、石油类作为预测因子，预测污染物排放对北部湾海域生态环境的影响。主要结论有以下几点：

——在理想情形的较低风险状态，部分重点纳污海域和部分邻近的生态敏感水域受到一定影响。中期，茅尾海、钦州湾、水东湾内海域受到较严重污染，廉州湾、湛江湾、雷州湾内海域水质超标，钦州港工业区、澳内工业区的排污将较明显影响纳污海域附近的自然保护区或敏感水域；远期，钦州湾、茅尾海、水东湾内等纳污海域受到严重污染，廉州湾、雷州湾、湛江湾内海域水质超标，铁山港工业区、钦州港工业区的排污将较明显影响纳污海域附近自然保护区或敏感水域。

——在不理想情形的风险状态下，排污对纳污海域影响较大，对邻近的生态敏感水域产生影响。中期，湛江湾内海域和钦州湾海域受到严重污染，水东湾、澳内近海和东方近岸水质超标，铁山港工业区、钦州港开发区的排污将较明显影响纳污海域附近的自然保护区或敏感水域；远期，茅尾海、湛江湾内海域、廉州湾、水东湾、钦州湾、防城港湾内等纳污海域受到严重污染，澳内近海、铁山港海域亦受到污染，不能满足相应功能区要求，铁山港工业区、钦州港工业区、临港工业区、澳内工业区的排污将较明显影响纳污海域附近的自然保护区或敏感水域。各种方案带来的污染物排放量总体变化不大，情景三低浓度包络范围明显比情景一大。

——北部湾区域现有规划的填海需求为 1.7 万公顷，主要分布于钦州港工业区、铁山港工业区、防城港企沙工业区、茂名博贺港区和东海岛石化产业园区。围填海规划实施后，将直接导致海域面积缩小，海湾纳潮量减少，湾内水交换能力变差，削弱了海水净化纳污能力，使得近岸海域环境容量下降。潮流流场、流向、流速等水动力条件改变，可能导致泥沙淤积、港湾萎缩、航道阻塞。围填海将减少北部湾广西沿岸重要的天然滩涂湿地面积，导致滩涂湿地自然生态系统和景观遭到破坏，引起重要经济鱼、虾、蟹、贝类生息、繁衍场所消失，围填区内所有的潮间带和潮下带底栖生物将被破坏，使原有生物群落结构破坏，生物多样性受到威胁。钦州、防城、北海和湛江等地的发展将毁坏部分红树林生态系统和防护林，沿海滩涂和河口湿地生态系统等重要生态功能区面积减小，局部海域生态功能明显受损。

——根据各分指标的评价结果以及指标体系的综合计算结果，北部湾生态系统的风险综合指数整体处于"较低"和"很低"水平。但在个别沿岸水域，主要是湛江港、钦州湾，风险状况可能面临着向"临界"状态转化的危险。北部湾生态系统的主要负面影响因子为营养水平和生物体重金属含量，但其他指标的正面影响作用较高，生态缓冲容量较大，在整个指标体系中的表现最为突出，因此在系统结构和系统整体应对外界压力时具有较强的响应能力，可最大限度地消除环境恶化对整个生态系统所造成的负面影响。对北部湾生态系统指标体系中各分指标分指数进行叠加运算可见，风险状态综合指数较高的海域基本集中分布在沿岸水域，其中湛江港、北海和钦州湾等海域潜在风险较高。

——根据区域内石化产业和原油码头规划布局，以钦州港工业区、铁山港工业区石化项目、洋浦经济开发区、东海岛中科炼化一体化项目、博贺港开发区为例分析区内石化产业发展潜在的突发性溢油生态风险。结果表明，在各设计工况下，事故溢油受潮流、风力作用，均可能对周边生态敏感区产生较大潜在威胁，油膜对敏感点影响的时间受潮流流速、流向和风力等影响。

第 **8** 章

北部湾经济区重点产业发展调控建议

8.1 基于海岸带环境承载力的产业发展适宜性与调整建议

8.1.1 基于海岸带环境承载力的产业发展适宜性分析

8.1.1.1 环境承载力与重点产业发展的结构存在着一定的地区不适宜性

不适宜新建炼油与乙烯项目的地区：临高金牌港开发区、澄迈老城开发区、北海铁山港工业区等。

不适宜扩建炼油与乙烯项目的地区：湛江临港工业区、茂名河西工业区、北海市区等。属于技术改造升级和可实现明显节能减排的项目除外。

较不适宜发展林木制浆项目的地区：湛江市、钦州市。

8.1.1.2 产业空间布局和规模的适宜性分析与方案调整分析

实施"二翼择优重点，南部聚焦发展，中北部优化控制，中部加强保护"的发展与调控策略。综合海洋环境资源承载能力、海陆生态适宜性和产业发展与环境资源压力分析结果，得出重点产业发展与调控的策略如下：

——二翼择优重点：选择优势产业，重点发展西翼的防城港和钦州、东翼的茂名沿海和湛江东海岛。

——南部聚焦发展：南部重点发展洋浦开发区，集约发展东方化工区，其他集聚区实施有条件、有选择的发展。

——中北部优化控制：对于铁山港工业区，选择发展对海洋生态环境风险影响较小的产业；对于北海高新工业区，选择发展较轻污染型的项目。

——中部加强保护：进一步加强对各类保护区、水产资源保护区和风景名胜区的保护。

8.1.2 适宜发展产业及方案调整要求

归纳北部湾区域的重点产业发展适宜性，对照主要制约因素，得出的规划方案调整要求见表8-1。

表8-1 主要产业集聚区发展适宜性与规划方案调整要求

产业集聚区	产业发展适宜性	主要制约条件和方案调整要求
企沙工业区	适宜发展水污染大和海域生态风险影响一般的产业；适宜发展热电、核电、钢铁、沥青、造船，控制发展火电	填海生态影响
钦州港开发区	适宜发展水污染较大和海域生态风险影响一般的产业；适宜发展炼油、乙烯、火电、氧化铝、粮油加工、燃料乙醇，控制发展纸浆	海水和海域生态风险明显不满足远期方案；将远期180万吨纸浆调至60万吨，中期工业集中排污区调至三墩排污区
北海高新区合浦工业区	适宜发展水污染较小和海域生态风险影响较小的产业；适宜发展电子信息，控制发展燃料乙醇	海水COD容量不能满足中期、远期发展规模，无机氮环境容量不满足远期发展规模；取消中期和远期燃料乙醇100万吨
铁山港开发区	较适宜发展水污染一般和海域生态风险影响小的产业；适宜发展火电、铝型材，控制发展纸浆、精细化工，限制发展炼油和乙烯	海水无机氮容量不满足远期方案，海洋生态风险影响有条件支持中期和远期方案；关闭市区小炼油项目，不新建炼油和乙烯项目
澄迈老城开发区	适宜发展水污染一般和海域生态风险影响较小的产业；控制发展精细化工，限制发展钢铁，禁止发展石化产业	取消规划石油化工项目
临高金牌港开发区	适宜发展水污染小和海域生态风险影响小的产业；控制船舶制造产业岸线利用长度	海域生态有条件满足中期和远期方案；控制岸线利用长度

产业集聚区	产业发展适宜性	主要制约条件和方案调整要求
洋浦开发区	较适宜发展水污染较大和海域生态风险影响较大的产业;适宜发展石化、林浆纸、能源、生物化工,控制发展林浆纸产业,限制发展能源产业	适当控制发展风险大的石化项目
东方化工区	较适合发展水污染较大和海域生态风险影响较大的产业;适宜发展生物化工,控制发展能源产业	
昌江循环经济工业区	适合发展水污染较小和水生态环境风险影响较小的产业;适宜发展能源产业,控制发展燃料乙醇,限制发展重化工、钢铁产业	河流有条件满足中期和远期方案;取消化肥200万吨和燃料乙醇30万吨
东海岛开发区	较适合发展水污染较大和海域生态风险影响一般的产业;适宜发展炼化、适度发展钢铁、热电,控制发展火电	
湛江临港开发区	适合发展水污染和海域生态风险影响较小的产业;适宜发展石化下游产业,限制发展炼油、燃料油	海水无机氮容量不能满足中期和远期方案;远期搬迁中兴500万吨炼油项目至东海岛石化区
茂名河西工业园片区	适合发展水污染小的产业;适宜发展石化下游产业、热电,限制发展炼油	河流氨氮容量不能满足中期和远期方案;调运西区工业区污水向澳内外海排放
茂名乙烯区片区	较适合发展水污染较大和海域生态风险影响较大、用水量较小的产业;适宜发展乙烯下游产业	海水无机氮容量不能满足远期方案,但满足向澳内外海排放方案
茂名博贺新港区	较适合发展水污染较大和海域生态风险影响较大的产业;适宜发展石化、火电,控制发展钢铁产业	

西翼由于具有较大的环境资源优势,基本可以承载防城港和钦州的发展要求,但应取消燃料乙醇项目,适当减少远期钢铁、纸浆发展规模。东翼沿海有条件承载发展要求,茂名应集中河西工业园片区污水和乙烯区片区污水向澳内外海深海排放,远期搬迁湛江中兴炼油项目。中部由于铁山港周边海洋生态环境的承载力

制约，石化产业应立足于对现有石化企业升级改造，适当发展石化中下游和精细化工项目。南部洋浦开发区和东方化工区基本可以承载发展石油化工产业，澄迈应取消石油化工，临高应发展轻污染和对生态影响较小的产业。

8.2 基于海岸带环境承载力的重点产业发展调控方案

8.2.1 基于脆弱生态环境敏感区约束下的港口工业岸线调控建议

适当控制港口和岸线开发规模，依法设置自然保护区，保护典型的海洋生物资源，全面提高北部湾海洋生态环境质量。

北部湾区域沿岸各类自然保护区、水产资源保护区、风景旅游名胜区、水产养殖基地等生态敏感岸线较多，应控制港口岸线发展对这些生态敏感岸线的占用或影响。沿海规划港口利用岸线总长为582.15 km，占海岸线总长的比例约为14%。其中，约13.7%的规划港口岸线占用生态敏感岸线。建议对此部分规划港口岸线做调整或取消，调整后规划港口岸线总长为502 km。建议在避开敏感岸线的前提下，重点开发湛江港、防城港以及洋浦港等港口岸线。

8.2.2 基于海岸带环境承载力的重点产业发展调控方案

按照前述的北部湾区域各地产业发展适宜性与规划方案调整要求汇总和产业发展关键海洋环境资源的优化配置方案，得到基于海岸带环境承载力的重点产业发展方案的调控建议（表8-2），对应的海岸带环境承载力评价结果见表8-3。

表8-2 北部湾区产业集聚区重点产业规划发展调控建议

重点产业集聚区	中期主要方案调整建议	远期主要方案调整建议
企沙工业区	钢铁：1 100万吨； 沥青：500万吨	钢铁：1 600万吨； 沥青：500万吨
钦州港 开发区	炼油：1 100万吨； 乙烯：100万吨； 纸浆：30万吨； 燃料乙醇：40万吨	炼油：2 100万吨； 乙烯：120万吨； 纸浆：30万吨； 燃料乙醇：40万吨

续表

重点产业集聚区	中期主要方案调整建议	远期主要方案调整建议
北海高新区、合浦工业区	取消燃料乙醇产业，重点转型发展电子信息	取消燃料乙醇产业，重点转型发展电子信息
临高金牌港开发区	制糖：13万吨；适当发展船舶制造业，控制岸线利用长度	制糖：13万吨；适当发展船舶制造业，控制岸线利用长度
洋浦开发区	石化：炼油1 200万吨；乙烯：100万吨；林浆纸：纸浆100万吨，造纸160万吨；生物化工：燃料乙醇10万吨，生物柴油30万吨	石化：炼油2 000万吨；乙烯：100万吨；林浆纸：纸浆100万吨，造纸160万吨；生物化工：燃料乙醇20万吨，生物柴油30万吨
东方化工区	石化：精细化工150万吨；生物化工：燃料乙醇10万吨，生物柴油6万吨	石化：精细化工150万吨；生物化工：燃料乙醇10万吨，生物柴油6万吨
东海岛开发区	炼油：1 500万吨；乙烯：100万吨；钢铁：1 000万吨	炼油：2 000万吨；乙烯：200万吨；钢铁：1 000万吨
湛江临港开发区	炼油：500万吨；燃料油：300万吨	炼油：0万吨；燃料油：300万吨
茂名河西工业园	炼油：1 800万吨；下游产品（前提是污水向澳内外海排放）	炼油：2 050万吨；下游产品（调运污水向澳内外海排放）
茂名乙烯区	乙烯：100万吨；下游产品	乙烯：200万吨；下游产品（调运污水向澳内外海排放）
茂名博贺新港区		炼油：1 450万吨

表 8-3　北部湾区海岸带环境承载力评价结果

产业集聚区	适宜岸线资源承载率/%	适宜围填滩涂资源承载率/%	COD可利用容量承载率/%	氨氮可利用容量承载率/%	典型敏感区敏感度/%	开发占禁止开发岸线比例/%	开发占限制开发岸线比例/%	综合环境承载率/%
茂名河西工业园	0.0	0.0	45.6	96.4	0.01	0.00	0.00	53.7
茂名乙烯区	0.0	0.0	45.6	96.4	0.01	0.00	0.00	53.7
茂名博贺新港区	81.4	13.1	18.2	10.4	0.07	0.00	0.00	44.2
东海岛开发区	70.2	56.8	14.4	24.0	0.11	0.00	0.00	50.3
湛江临港开发区	100.0	0.0	84.9	94.6	0.01	0.00	0.00	81.5
北海高新区、合浦工业区	62.3	0.0	94.3	53.6	0.05	0.00	0.00	64.3
铁山港开发区	87.6	69.6	39.6	95.5	0.53	0.00	0.00	99.5
钦州港开发区	76.6	60.9	66.3	99.1	0.26	0.00	0.00	88.8
企沙工业区	100.0	13.1	26.0	38.4	0.07	0.00	0.00	57.7
澄迈老城开发区	100.0	0.0	30.6	38.2	0.13	0.00	0.00	59.8
临高金牌港开发区	70.9	0.0	32.6	21.8	0.47	0.00	0.00	51.6
洋浦开发区	99.3	1.8	50.3	24.4	0.25	0.00	0.00	65.3
昌江循环经济工业区	77.3	0.0	23.5	46.5	0.08	0.00	0.00	48.7
东方化工区	39.9	0.0	57.3	90.3	0.01	0.00	0.00	57.3

8.3　提升海岸带环境承载力的陆源污染改善行动方案

从本区已有或规划的近岸海域排污区来看，主要排污区的设置均符合近岸海域环境功能区划和海洋功能区划，但为了符合产业和城市发展的要求，需要对少部分排污区进行适当调整。

——钦州港开发区工业排污区：远期建议调至三墩排污区。

——东方排污区：因目前中海油码头工程和东方电厂温排水区工程等的阻碍，其稀释扩散的能力和效果受到影响，建议在现有排污混合区的西北方向约1 000 米处设置新的排污区，混合区面积 4 km²，同时取消现有的石化排污混合区。

——洋浦开发区工业排污区：维持洋浦开发区一个集中工业排污区不变，但同时为满足未来洋浦开发区发展的排污要求，建议在不改变四类水功能区面积的基础上，整体向西移动 400 m，同时将四类功能区外围的 500 m 范围作为三类水功能区。

——东海岛东面工业排污区：为了充分利用已经批准的东海岛东面工业排污区，建议在其排污混合区边界外延 1 500 m 左右设置二类过渡区，水质目标按照二类管理。

——茂名澳内海工业排污区：建议中期后排污区中心点向外海东南面外延至8 m 水深处。

实现北部湾沿海水域的污染联防联控，重点监控无机氮、石油类、磷酸盐、COD、苯系物等污染物，继续增大近岸海域常规环境监测站点的密度、数目和监测频次，定期常态化开展表层沉积物、海洋生物体质量和海洋生态的调查监测，建立化工项目的事故应急预防体系。

对水污染负荷大的重点产业集聚区实施严格监控。对石化、造纸（含蔗渣制浆）、燃料乙醇等水污染负荷较大的重点行业集聚区实施严格监控，保证重点行业的清洁生产水平达到国内清洁生产一级水平，要求工业污染物稳定达标排放，对产业集聚区内城市生活污水达标率提出高要求。

由于茂名市小东江段环境容量很小，茂名河西工业园片区即使零排放，水环境也将超载，建议加快实施城市污水排海总管工程，解决茂名河西工业园、生活污水厂排污问题。茂名澳内排污区环境容量较小，建议茂名河西工业园片区和乙烯区的污水于中期开始向澳内外海的深海排放。

提高区域城镇污水处理厂的处理率和收水率，沿海地区优先建设排海工程。北部湾区域中期上马的含处理生活污水的集中污水处理厂要求配备先进的除磷除氮工艺和设备，远期含处理生活污水的所有集中污水处理厂要求配备先进的除磷除氮工艺和设备。沿海优先建设城市污水处理脱氮减排工程和集中工业污水处理与深海排放系统工程，包括县（区）污水处理厂工程，茂名石化区、湛江东海岛开发区、铁山港工业区、钦州港开发区、企沙工业区、洋浦开发区、东方工业区等的污水排海总管工程。

8.4 沿海重点产业发展的对策

8.4.1 转变发展方式的协调行动方案

8.4.1.1 加快结构调整，转变发展方式，提高资源环境效率

一是把技术改造和自主创新作为北部湾区域转变工业发展方式的重要环节；二是把总量控制、淘汰落后、节能减排、产业升级作为北部湾区域工业结构调整的重要举措；三是把推进信息化与工业化融合作为促进北部湾区域重点产业在高起点加快发展的长期任务；四是把培育战略性新兴产业作为北部湾区域抢占国际经济技术竞争制高点的主攻方向。

8.4.1.2 从三个层面上构建北部湾区域循环经济体系

——社会层面：完成"资源—产品—再生资源"闭路循环。从社会层面上，大力发展绿色消费市场和资源回收产业，在整个北部湾区域范围内，完成"资源—产品—再生资源"的闭路循环。

——区域层面：构建产业链。在区域层面上，组织化工生产链，把不同的产业链联结起来，形成资源共享和副产品互换的产业链共生组合，各个产业链的上下游产品和"三废"成为下游产业的原料和能源。

——企业层面：实施清洁生产。企业层面的循环经济实践主要体现在组织企业内物料循环和能量梯级利用，它们是循环经济在微观层次上的基本体现，是实现整个行业走循环经济路线的基础。在企业层面上，鼓励企业采用先进的技术，实施清洁生产，实现资源在企业内部的循环使用。

8.4.1.3 全面加强对环北部湾沿岸重要敏感海洋生态系统的保护

第一，抢救性保护重要生态系统，恢复生态系统功能。全面加强对环北部湾

沿岸重要敏感海洋生态系统的保护，重点保护珊瑚及珊瑚礁生态系统、海岛及海湾生态系统、红树林湿地生态系统等较为典型的海洋生态系统，逐步恢复受损、破碎生态系统的功能，恢复海洋生物资源，全面提高海洋生态环境质量。在资源调查的基础上，对重要的红树林湿地区域，通过建立湿地公园、设立保护站点等方式实施抢救性保护，构筑湛江、北海等粤、桂红树林湿地保护圈，加强湛江湾、三娘湾中华白海豚自然保护区的建设工作。到中期初步建成以国家级自然保护区为龙头、省级自然保护区为骨干、市县级自然保护区为通道的自然保护区网络，自然保护区建设与管理工作继续走在全国的前列。

第二，加大水生生物资源养护力度，保护和恢复北部湾海洋生物资源。北部湾是我国南海北部最为重要的海洋水产种质资源天然宝库，因此，要严格执行休渔制度，严禁破坏海洋生物资源的行为，拯救海洋濒危、珍稀物种。抓紧实施环北部湾水产种质资源保护工程，重点建设北部湾二长棘鲷、茂名文昌鱼、北海方格星虫和马氏珍珠贝、钦州湾茅尾海近江牡蛎、海南西部蓝圆鲹和沙丁鱼等国家级水产种质资源保护区，以保护和恢复海洋生物资源。加快推进现代渔业建设，转变渔业发展方式。大力发展休闲渔业，尤其是海南省，可以借助国际旅游岛建设的东风，高起点编制全省休闲渔业发展规划，分期分批建设集休闲、度假、观光、娱乐于一体的休闲渔业基地，让休闲渔业成为海南渔业经济的新生长点。

8.4.1.4　建立统筹的海洋环境资源管理制度体系

北部湾海洋以及资源补偿应是各级政府的统筹补偿（包括赔偿），不应简单界定为"下游对上游"或"上游对下游"的利益补偿（赔偿）。统筹的海洋生态补偿机制应遵循以下原则。

一是各级政府都应该建立海洋生态补偿的财政专项资金（通过何种途径筹集专项资金可另行制定办法）。

二是中央政府统筹运用生态补偿专项资金负责跨省（区）海域的生态补偿，省级政府负责本省（区）范围内跨市县海域的生态补偿，并以此类推。

三是粤、桂、琼三省（区）各海域应先制定海洋生态保护和建设的功能区规划（跨行政区划的海域功能区规划由各行政区划的上一级政府组织编制）。

四是上级政府的生态补偿资金的补偿对象是经规定程序批准的特定功能区，而不是笼统的"上游地区"，且补偿专项资金主要用于该功能区所在地的生态保护建设和所在地政府的转移支付。

五是建立统筹的海洋资源生态补偿机制，除建立专项补偿资金由上级政府对下级政府的流域功能区实行补偿外，还应包括法规完善、产业协作、对口扶持、劳务合作以及政策倾斜等各个方面机制和制度建设。

8.4.2 沿海重点产业发展的海洋环境管理对策

8.4.2.1 建立最严格的水资源管理制度体系

要不断完善并全面贯彻落实水资源管理的各项法律、法规和政策措施，严格执法监督。围绕北部湾区域的水资源配置、节约和保护，明确水资源开发利用红线，严格实行用水总量控制，明确水功能区限制纳污红线，严格控制入海排污总量，明确用水效率控制红线，坚决遏制用水浪费。

8.4.2.2 建立跨区域的协调机制

建立区域生态环境联合管理机制框架。打破目前以行政区为主的管理体制，建立北部湾区域生态环境协调管理机构，成员包括各行政区省区级领导、办公厅、发改委和生态环境、国土资源、农业农村、水利等相关主管部门。建立联合会议制度，定期就区域内有关生态环境的问题进行磋商。

建立跨区域生态补偿机制。通过完善区域生态效益的经济补偿法律制度，建立财政税收横向转移支付及其保障机制，为区域生态效益的经济补偿提供良好的制度环境。为有效实施区域间的生态补偿机制，应明确区域联合管理办公室具体负责的跨区域生态补偿事宜，实行多层面的协调互动，对区域生态补偿进行协调、管理和监督。协调跨行政区生态补偿项目，制定有关区域生态建设规划及市场规则，并监督执行。

完善区域环境保护协作联动机制。以区域联合管理办公室为主，联合其他部门，加强对北部湾区域生态环境问题的督察，进而加强对跨地区、流域以及产业间生态环境问题的管理。

根据区域水资源分布条件和产业布局，建立跨行政区的供水协调机制，制定应对缺水危机共同行动准则，并实施统一的供水工程规划，实现北部湾区域水资源统一调配。

8.4.2.3 建立陆海统筹的环境管理机制，维持现有良好生态环境

综合考虑陆海资源环境特点，在陆海资源环境生态系统的承载力、社会经济

系统的发展活力和潜力基础上，确定区域社会经济发展的规模及产业结构，维持现有良好生态环境，保证社会经济环境协调可持续发展。

建立陆海产业合作长效机制、利益分享机制和补偿机制，具体包括以下几点：实施陆海联动发展，构建陆海统一规划保障体系（环境资源保护与产业结构及功能统一规划）；设立陆海生态环境资源综合管理机构，协调管理陆海各产业的发展及陆海环境污染的综合治理；坚持错位发展，形成陆海产业特色体系；优化陆海产业结构，打造具有竞争优势的陆海产业集群；建立海岸带综合开发区，推动陆海产业联动发展，构建陆海生态协调、陆海产业结构优化升级的支撑体系。

根据"陆海统筹，以海定陆"的原则，大力加强沿海环境监测体系的建设，健全对海水、沉积物、生物体质量和海洋生态的全面监测能力，强化海陆监测网络和布点，在重要水域和陆域装备先进的环境自动监测设备、数据网络和大型实时监控平台。加强对北部湾区域海洋生态环境问题的督察，强化北部湾区域近海海洋环境监测预警与生态修复建设合作，完善与环保、水利、海事等涉海部门的协作机制，构建陆海联动、海海协同和海河同步监督的大环保合作平台，联合开展湛江港、防城港、洋浦港、钦州湾、海口湾和雷州半岛海域等重点区域的环境整治、海洋灾害防治预警预报、外来物种灾害监测控制与资源生态建设，协同进行海洋环境重大突发性事件应急处置与生态修复。

8.4.2.4 建立高效的资源环境配置机制

第一，密切跟踪国际和国内重点产业发展方向，关注国际和国内环境政策的发展趋势，促进企业进行新材料和新能源的开发。密切跟踪国际和国内重点产业发展方向，如钢铁和石油化工产业发展方向，关注国际和国内环境政策的发展趋势，及时引导钢铁和石油化工企业向高品质、低污染经营和管理模式发展，适时诱导企业开发新材料和新能源，展开多角化经营，从根本上降低资源和环境使用的机会成本。

第二，建立完善政府与市场相结合的水资源配置机制，提高水资源配置效率。加强政府对水资源的管理力度，有效实施水资源总量控制和定额管理；普及推广节水器具，实施清洁生产，合理抑制用水需求；探索建立水权转让制度，提高水资源配置效率；逐步形成合理的水价机制和水价体系，提高水资源利用效率；开发利用雨水、再生水和海水等非常规水资源，增加供水量，提高供水保障率。

第三，公平分配环境资源和环境容量，促进其他产业协调发展，致力于将重点产业本土化，提高区域建设用地和产业聚集区土地利用效率。政府在分配诸如土地资源、水资源、能源资源和环境资源时，应尽可能地考虑社会公平性，以不阻碍相关产业的发展为原则。区域土地资源压力较大，为确保区域建设用地总量满足经济发展的建设用地需求，建设用地利用效率指标（单位面积建设用地GDP）在中期和远期分别达到每平方千米 1.8 亿元和 2.2 亿元。建议在土地集约利用、提高土地利用效率的原则下扩大产业聚集区的产业规模，优先发展技术含量高、经济社会效益好、集约用水平高的产业，促进产业聚集区产业升级并形成产业链，避免盲目扩张占用土地。

第四，实施入海污染物总量控制，开展污染综合防治措施，全面降低重点产业发展及城镇化进程快速发展带来的污染物排放量，特别是城市生活污水的排放量。在北部湾区域推行近岸海域污染物排放总量控制制度，在广东和海南开展污水直排口和入海河流的环境监测，完善近岸海域生态环境监测。重点产业发展会促进城镇化进程加速发展，城市生活污水排放问题不可小视。从珠三角的现状来看，城市人口的集聚造成的城市排污及农业非点源污染的比例超过了产业所带来的环境影响。城镇的建设、生活排污及农业面源污染应得到相应的控制，产业、农业、生活三者统筹兼顾，共同减排，全面实现北部湾区域的水污染物达标排放。

第五，加大环保基础设施的资金投入与建设，加快规划和建设城镇生活污水和生活垃圾处理设施，提高污水、垃圾处理率。北部湾区域应力争做到一个县市（区）一个污水处理厂，完善污水处理、垃圾处理费征收政策，建立健全治污设施正常运营保障机制。另外，政府在建设用于发展重点产业基础设施（如道路、交通、通信设施）和服务时，应尽可能兼顾其他产业的需要，使这些基础设施和服务能够最大限度地发挥作用，以降低重点产业发展的机会成本。

第六，适当控制港口和岸线的开发规模。区域生态敏感岸线较多，应控制港口岸线发展对其占用或影响。沿海规划港口利用岸线中有约 13.7% 占用生态敏感岸线中的禁止开发岸线，以及旅游岸线、增殖区岸线等限制开发岸线，建议调整或取消此部分规划港口岸线，调整后港口岸线不超过 502 km。建议在避开生态敏感岸线的前提下，重点开发湛江港、防城港、洋浦港等港口岸线。

8.4.2.5 建立有效的生态保护、生态补偿管理制度

认真落实国家相关奖励或优惠政策，从国家、区域、省、市多层面制定相应的生态保护、生态补偿监督管理制度和具体的实施方案，并尽可能多地争取国家财政和金融部门的大力支持，借"四方之力""八方之财"开展生态环境保护。

第一，制定详细的生态补偿办法，加强生态效益评估制度。制定包含补偿范围、内容、标准、方式等可操作性强的政策或法规，并以此为依据，明晰产权，维护所有者和经营者的合法权益。通过海洋生态与渔业资源调查研究，拟定海洋生态资源损害范围、赔偿补偿对象与标准，着重赔偿围填海、水下爆炸与倾废区等造成的损害，明确海洋生态损害赔偿补偿体系、程序、主体和资金使用管理，探索建立海洋生态与渔业资源损害赔偿补偿机制，加大对因进行工程建设、排放污染物、倾倒废弃物以及污染事故造成渔业资源、海洋生态严重损害的赔偿力度，增强海洋生态环境建设的资金基础和经费保障。

第二，完善生态补偿监督管理制度。生态补偿监督管理机制的构成主要包括生态补偿资金和物资日常筹集制度、生态补偿资金和物资使用管理制度、生态补偿自治区以下资金转移支付制度、生态补偿金融支持管理制度、生态补偿对象履行补偿考评验收制度、生态补偿政府购买管理制度、生态补偿项目后续管理制度、生态补偿公众参与制度、生态补偿救济制度等。这些制度从不同的角度和层面体现和发挥着不同的功能，共同构成生态补偿机制的强大保障。

8.4.3 环境准入与控制机制

北部湾区域所在区域生态资源、旅游资源均极为丰富，生态系统多样性、敏感性高，而海南国际旅游岛规划将获批为国家战略，使北部湾环境面临着社会经济发展带来的巨大压力。在发展过程中应以环境友好、海陆统筹、技术管理先进、节能减排为指导原则。现有的企业要做到革新技术、以新带老，积极进行产业结构的调整和技术改造。同时，区域规划和产业规划应有机结合。在海洋生态方面，建议从以下几点考虑环境准入。

8.4.3.1 符合国家重点产业专项规划和产业政策

入驻北部湾区域的重点产业应符合国家重点产业相关的专项规划和产业政策，如石化产业应符合《炼油工业中长期发展专项规划》《乙烯工业中长期发展专项规划》，钢铁产业应符合《钢铁产业发展政策》《焦化行业准入条件》。同时，各重点产业应满足国家和地方对产业结构调整的要求，严禁淘汰类和限制类企业或设备进入。

8.4.3.2 国内领先的生产工艺、装备及管理水平是重点产业准入的基本要求

北部湾经济重点产业的建设处于起步阶段，为和谐发展、从源头避免生态环境的破坏，采用国内领先的生产工艺、装备及管理水平是准入的基本要求。同时，应尽力追赶国际先进水平。

8.4.3.3 优先发展循环经济和实施清洁生产

北部湾区域各产业集聚区的污水防治应通过清污分流、污污分流、分类处理、循环利用等措施，达到降低新鲜水消耗、减少外排废水的目的。各产业应全面推进循环经济建设，延伸产业链，要构建产业内的循环经济，形成城市和区域层面上的循环经济体系。在高耗能、高污染的行业中推行强制清洁生产审核制度，原有企业的资源利用与污染治理整体必须达到国内清洁生产先进水平，新上项目整体必须达到国际清洁生产先进水平。同时，制定出完善而又可行的促进企业实施清洁生产的奖惩措施，开展企业内部的物流、能流的梯级利用，实现污染物排放的最小量化。

8.4.3.4 提高资源环境利用效率，力求远期达到国际先进水平

北部湾区域可以通过以下七个原则的实施，提高资源环境利用效率：降低产品与服务的原料消耗强度，降低产品与服务的能量消耗强度，抑制毒性物质的扩散，增进原料的可回收性，将可再生资源的使用最大化，提高产品的耐久性，增进商品的服务强度。

根据北部湾区域重点产业发展提出的环保目标和环保底线，重点产业资源环境效率应达到清洁生产一级标准，石化、钢铁、林浆纸、能源等产业资源环境效率应达到国际先进水平。主要资源环境效率准入指标详见表 8-4 ～ 8-6。

表 8-4　北部湾区域石化产业资源环境效率准入指标

准入指标	石油炼制业 2015 年参考值	石油炼制业 2020 年参考值
每吨标油/原油综合能耗	≤85 kg	≤80 kg； 国际先进（清洁生产标准，一级）
每吨原油用水量	≤1.2 m³	≤1.0 m³； 国际先进（清洁生产标准，一级）
每吨原油COD排放量	≤0.3 kg	≤0.2 kg； 国际先进（清洁生产标准，一级）
每吨原油石油类排放量	≤0.03 kg	≤0.025 kg； 国际先进（清洁生产标准，一级）

表 8-5　北部湾区域钢铁产业资源环境效率准入指标

准入指标	2015 年参考值	2020 年参考值
每吨产品综合能耗	630 kg标准煤	560 kg标准煤
每吨钢新鲜水耗量	长流程钢铁：≤3.0 m³	长流程钢铁：≤2.0 m³； 国际先进（清洁生产标准，一级）
每吨钢COD排放量	长流程钢铁：≤0.5 kg	长流程钢铁：≤0.2 kg
生产水循环利用率	≥93% （长流程钢铁联合企业）	≥95% （长流程钢铁联合企业）

表 8-6　北部湾区域林浆纸产业资源环境效率准入指标

准入指标	2015 年参考值	2020 年参考值
每吨产品综合能耗	本色木浆：≤450 kg标准煤； 漂白木浆：≤550 kg标准煤	本色木浆：≤400 kg标准煤； 漂白木浆：≤500 kg标准煤
每吨产品取水量	本色木浆：≤45 m³； 漂白木浆：≤70 m³	本色木浆：≤35 m³； 漂白木浆：≤50 m³
每吨产品废水产生量	本色木浆：≤40 m³； 漂白木浆：≤60 m³	本色木浆：≤30 m³； 漂白木浆：≤45 m³

准入指标	2015 年参考值	2020 年参考值
每吨产品COD产生量	本色木浆：≤50 kg； 漂白木浆：≤70 kg； 造纸：≤9.0 kg	本色木浆：≤35 kg； 漂白木浆：≤55 kg； 造纸：≤6.0 kg
每吨产品AOX产生量	漂白木浆：≤2.0 kg	漂白木浆：≤1.0 kg
水重复利用率	本色木浆：≥85%； 漂白木浆：≥82%	本色木浆：≥90%； 漂白木浆：≥85%

8.4.3.5 协调好北部湾区域海南片区与海南国际旅游岛规划的关系

本区南部重点开发洋浦开发区，集约发展东方化工区，基于国际旅游岛的规划，除高要求的清洁生产外，还应在海域环境容量的基础上设定污染物总量指标、环境达标指标来控制整个海南片区的环境质量。

8.4.3.6 统筹协调并重点加强陆源污染控制与海域生态保护

坚持"陆海统筹"和"以海定陆"原则，新上项目至少达到国家清洁生产一级水平，石油化工、钢铁等重点行业的大型项目力争采用国际最先进的工艺技术和污染防治措施。建立和实施新上项目排污总量审批制度，将入海污染物总量控制目标与新上项目审批结合起来，切实做到以近岸海域环境承载力为依据确定工业项目规模和布局。

统筹考虑陆地经济发展、产业布局、近岸海域环境保护要求以及重要生态系统的分布，遵循"以海定陆"的开发和保护原则，即以近岸海域的生态功能和环境保护要求来约束和指导沿海工业和开发区的布局和发展定位，协调岸线开发与环境保护的关系，促进沿海循环经济产业带和生态开发区的建设，力争陆域开发与海洋保护实现双赢。

8.4.3.7 加强环境风险预警和应急能力建设

对沿海重点产业环境风险的防范贯穿于各级相关规划中，园区规划应充分考虑到产业发展可能带来的人口集聚效应。以石油、化工等重点高危行业为切入点，建立环境风险防范技术政策、标准、工程建设规范工作，建立全面监控体系，加大相邻地区信息共享力度，尝试建设区域联合检查制度。根据先进地区石化产业环境管理经验以及经济带城市发展特征，要求石化产业基地外延 5 km 范围内不得新建集中居住区，不能有自然保护区、风景名胜区等环境敏感保护目标。北部湾区域在高标准工程安全环保设计和严格管理基础上，近期完成北部湾区域石油、化工、冶金园区及码头等的环境风险预警和联防联控应急设施与能力建设，制定和建立园区、区域应急预案，加强环境应急专家队伍建设，强化常规风险控制和管理系统、风险事故预警系统、事故缓冲系统和应急处理系统的建设，建立区域环境保险体系下的应急装备与物资的互助体系。

8.5　小结

根据前文海岸带环境承载力分析与评价结果，结合沿海重点产业发展规划情况，从布局、结构和规模对北部湾经济区的重点产业发展规划提出了调控建议，为北部湾经济区重点产业发展战略环境评价真正融入决策源头提供有效途径。具体的调控建议包括以下几点：

——调控方向。二翼择优，重点发展西翼的防城港和钦州，东翼的茂名沿海和湛江东海岛；南部聚焦，重点发展洋浦开发区，集约发展东方化工区，其他集聚区实施控制性发展；中部的北海东面至雷州半岛西侧、海口西面实施控制性保护。

——优化布局。钦州、茂名重点发展石化产业，湛江和洋浦适度发展石化产业，湛江临港工业区、茂名石化西区、北海铁山港开发区、临高金牌港开发区、澄迈老城开发区等不适宜新扩建石化项目。重点发展湛江东海岛钢铁基地，适度发展防城港钢铁工业。重点发展北海铁山港、洋浦港，适度发展钦州、湛江的林浆纸制浆基地。重点开发湛江港、防城港以及洋浦港等港口。

——控制规模。炼油和乙烯分别由规划的 12 800 万吨和 723 万吨调整为 9 200 万吨和 620 万吨，钢铁由规划的 7 600 万吨调整为 2 600 万吨，纸浆由规划的 650 万吨调整为 350 万吨，燃料乙醇由规划的 151 万吨调整为 100 万吨，港口利用岸线长度由 582.2 km 调整为 502 km。

第**9**章

主要结论与展望

9.1 主要结论

基于海岸带环境承载力评价来判断海岸带环境系统能否承载沿海经济快速发展带来的环境压力是沿海地区可持续发展首要关注的问题，也是战略环境评价技术方法研究的重点。本书以海岸带环境系统为研究对象，以 DPCSIR 模型为框架，遵循生态优先保护、陆海统筹、科学性与可操作性、综合性与代表性的原则，构建海岸带环境承载力指标体系，并提出指标量化和评价的思路与方法。在此基础上，以北部湾经济区沿海重点产业发展战略为评价对象，构建反映区位生态环境特征的北部湾经济区海岸带环境承载力评价体系，并以海岸带环境承载力为约束，围绕重点产业的结构、布局和规模，提出北部湾经济区重点产业优化发展的调控建议。通过该实证研究，进一步阐明本书构建的海岸带环境承载力指标体系与评价方法用于沿海产业优化的方法，同时，提出的调控建议为北部湾沿海地区的政府决策提供科学依据。

主要研究成果与结论如下。

第一，提出脆弱生态环境敏感性指标，将海岸带生态服务能力纳入承载力指标体系。研究探讨了海岸带环境承载力的概念和特征，并将海岸带生态服务能力纳入承载力指标体系组成中，提出以脆弱海岸带生态系统 / 生境作为生态服务能力的表征载体，具体用"脆弱生态环境敏感性指标"表述，其下一层状态指标具体包括典型生态敏感区脆弱度、禁止开发岸线长度、限制开发岸线长度、禁止围填滩涂面积、限制围填滩涂面积等，从而更全面和较准确地反映海岸带环境承载状态。

第二，构建海岸带环境承载力指标体系。运用 DPCSIR 概念模型，构建了面向产业发展战略的海岸带环境承载力指标体系，包括资源供给能力、环境纳污能力和生态服务能力三大子系统，驱动力、压力、承载力、状态、响应五类目标层，涉及产业、人口、经济、岸线、滩涂、主要水污染物、典型生态敏感区等七大要素指标层。本书构建的指标层能较好地反映未来产业发展的增长变量和海岸带环境系统关键限制因素的定量或半定量关系。

第三，提出海岸带生态服务能力指标半定量化方法，提出可反映出潜在生态风险的海岸带环境承载力评价方法。从生态系统环境敏感性角度，提出脆弱生态环境敏感性指标的半定量化方法。所提出的表示海岸带生态服务能力的脆弱生态环境敏感性指标是半定量指标，其量值没有直接反映生态服务能力的价值，而是指示海岸带环境承载力潜在的风险变化，因而本书结合承载率评价法、状态空间法，提出新的海岸带环境承载力评价方法：以单要素的资源供给能力承载率、环境纳污能力承载率为分向量参与向量模计算，把脆弱生态环境敏感性指标作为向量模系数考虑，使海岸带环境承载力更符合实际地反映出潜在的生态风险。

第四，采用所构建的海岸带环境承载力指标体系与评价方法，进行北部湾经济区产业发展战略环评的海岸带环境承载力研究，对区域大尺度战略环评中海岸带环境承载力的定量评价进行了较好的探索和实践。研究结论主要有以下几点：

——北部湾海岸带资源环境优势明显，海域环境质量与海洋生态现状良好，排海营养物质的环境容量、密集分布的保护区域典型生物物种生境等生态敏感性是制约沿海集聚区重点产业发展的关键因素。

——在国家宏观政策的支持下，北部湾区域未来将成为我国沿海新的增长极，各城市的发展定位透视出强烈的重化工业发展趋向，石化、钢铁、林浆纸（含造纸）、能源、生物化工等产业成为未来十年内大力发展的重点产业。沿海产业集聚园区是区内发展的主要承载空间，但产业规划存在一定的雷同，远期（2020年）区域将形成约 1.28 亿吨原油、8 000 万吨钢铁、760 万吨纸浆、1 067 万吨造纸、5 200 万千瓦时电力等规模。其中，炼油、乙烯、钢铁、纸浆、能源等分别比 2007 年扩张 4.7 倍、7.0 倍、28 倍、5.0 倍、6.3 倍以上。伴随着重点产业的大规模发展，区域海洋水环境压力均较现状大幅增加，岸线资源、滩涂资源和典型生态系统等均面临前所未有的压力。

——为较好地反映北部湾经济区排污可能造成的累积影响，构建了环北部湾海域排污区三维环境容量计算模型，以满足排污环境功能区边界和外围高环境功能区水质目标要求为限制条件，同时考虑现状河流和面源等污染物的背景贡献，同步模拟出全部排污区水域功能区控制边界增值浓度，再叠加各纳污海域的背景浓度，据此计算出沿海主要排污区的 COD 和氨氮环境容量。

——海岸带环境承载力分析结果表明，茂名博贺新港区、洋浦开发区、企沙工业区的适应性很高，钦州港开发区、东方化工区、东海岛开发区（石化、钢铁区）的适应性较高，铁山港开发区、澄迈老城开发区的适应性一般，除临高金牌港开发区适应性低外，其余地区的适应性较低。

——海岸带环境承载力评价结果表明，远期情景三发展战略实施的三个主要限制因素为沿海生态保护和旅游资源的制约较大，主要排污区海域氨氮超载明显，海域累积环境风险影响较大。其中，茂名河西工业园、茂名乙烯区、湛江临港开发区、北海高新区、合浦工业区、钦州港开发区的海岸带环境承载力状态已超载，必须采取相应的响应措施。

第五，提出以海岸带环境承载力为约束的北部湾经济区产业优化发展建议。基于海岸带环境承载力评价结果，提出本区重点产业优化发展的调控建议，主要包括"二翼择优发展，南部聚焦发展，中北部优化控制，中部加强保护"的调控方向，并在布局和规模上给出指导意见。研究成果将为北部湾沿海地区的政府决策提供科学依据。

9.2 主要创新点

第一，将海岸带生态服务能力纳入承载力指标体系组成中，并提出以脆弱海岸带生态系统 / 生境作为生态服务能力的表征载体，具体用"脆弱生态环境敏感性指标"表述，其下一层状态指标具体包括典型生态敏感区脆弱性、禁止开发岸线长度、限制开发岸线长度、禁止围填滩涂面积、限制围填滩涂面积等，从而更全面和较准确地反映海岸带环境承载状态。

第二，以往的承载力指标体系往往是对历史或现状的承载力状态分析，很少能描述未来经济发展增长与环境系统限制因素的量化关系。本书运用 DPCSIR 概念模型，构建了面向产业发展战略的海岸带环境承载力指标体系，包括资源供给能力、环境纳污能力和生态服务能力三大子系统，驱动力、压力、承载力、状态、响应五类目标层，涉及产业、人口、经济、岸线、滩涂、主要水污染物、典型生态敏感区等七大要素指标层，各个指标可较好地体现出与产业发展的增长变量的定量关系。

第三，从生态系统环境敏感性角度，提出脆弱生态环境敏感性指标的半定量化方法，通过指标层对产业发展规划的压力响应实现半定量评价生态服务能力的变化；基于脆弱生态环境敏感性指标的半定量特征，提出新的海岸带环境承载力综合评价方法，即仅以资源供给能力承载率、环境纳污能力承载率作为分向量参与向量模计算，把脆弱生态环境敏感性指标作为向量模系数考虑，使海岸带环境承载力更符合实际地反映出潜在的生态风险。

第四，采用所构建的海岸带环境承载力指标体系与评价方法，进行北部湾经济区产业发展战略环境评价的海岸带环境承载力研究，预测分析海岸带环境承载力未来状态，并以海岸带环境承载力为约束，提出北部湾经济区重点产业优化发展的调控建议。该实证研究对区域大尺度的战略环境评价技术方法进行了较好的实践和探索。

第五，构建环北部湾海域排污区三维环境容量计算模型，提出容量计算应以满足排污环境功能区边界和外围高环境功能区水质目标要求为限制条件，同时考虑现状河流和面源等污染物的背景贡献。该模型可以较好地量化北部湾经济区沿海产业发展对近岸海域环境的长期、累积影响。

9.3 展望

第一，受研究资料与时间限制，本书对海岸带环境承载力的研究侧重于海岸带特有的资源环境要素，主要包括滩涂、岸线、海水、海岸带典型生物及重要生境。今后可以进一步扩展到广义的海岸带资源环境要素如海洋资源、水资源、土地资源、大气环境等，使海岸带环境承载力指标体系更全面地表达出海岸带的资源环境特征。

第二，不同产业发展对不同典型生态系统的影响方式和影响程度差别很大，而本书对大尺度的生态系统、物种的分布和活动范围调查研究不够完善，因此对重点产业发展的脆弱生态环境敏感性指标仅能做到半定量化，缺乏不同规模条件下的定量分析预测，在一定程度上影响承载力评价结果的准确性。在今后的研究中，应逐步完善脆弱生态环境敏感性指标的组成，并找出指标对压力较合理的响应方式，使指标的量化方法能更好地表示与产业发展规模的关联。

第三，受研究条件所限，未能开展海岸带环境承载力重要方面——潜在生态风险表征的深入研究。今后的研究迫切需要结合生态学、管理学等跨学科研究方法，同时充分引入地理信息系统和遥感方法手段，全面分析潜在的生态风险，并提供更直观的结果表达，真正起到决策的作用。

第四，纳污海域可利用环境容量是海岸带环境承载力的重要组成部分，然而目前我国对纳污海域环境容量总量控制研究尚处于探索阶段，环境容量计算模型较少考虑外界源如面源、大气沉降源等的未来输入变化，且模型模拟大多仅考虑物理的输移扩散作用，较少考虑污染物在环境系统中的生化过程。因此，今后研究需探索外界源变化的影响因素及其量化的表达方式，从而将外界源纳入模型输入条件中。同时，需在模型中增加生态模块，并探索生态模拟参数的确定方法，进一步改善环境容量计算模型。

278

附 录 北部湾经济区近岸海域环境功能区划摘录

附表 1 广西西片区近岸海域环境功能区划

序号	代码	环境功能区名称	隶属地区	环境功能区位置	面积 /km²	主导使用功能	水质目标
1	A01 I	合浦儒艮国家级自然保护区	北海市	沙田港至英罗港南部海域	350	儒艮保护区	一类
2	A02 I	山口红树林生态自然保护区	北海市	沙田丹兜海与英罗港湾内	40	红树林生态保护区	一类
3	A04 I	涠洲岛—斜阳岛海洋自然保护区	北海市	涠洲岛、斜阳岛海域	30	珊瑚礁保护区	一类
4	A06 I	广西北仑河口海洋国家级自然保护区	防城港市	北仑河口至珍珠港	30	海洋自然保护区	一类
5	B02 II	榄子根盐业区	北海市	铁山港东岸	10.2	盐业	二类
6	B03 II	海水养殖区	北海市	沙田、白沙、山口		对虾养殖	二类
7	B08 I	竹林盐业区	北海市	竹林东西村	11.2	渔业	一类
8	B09 II	银滩旅游度假区	北海市	侨港至西村港	15	海水浴场、旅游度假	二类
9	B11 I	北部湾二长棘鲷鲷幼鱼和幼虾保护区	广西	21°05′N以北，连接涠洲岛南部至广东海康县流沙港以西20 m等深线以内海域		二长棘鲷幼鱼和幼虾保护	一类
10	B12 II	海水养殖区	北海市、钦州市	高德、廉州、党江、沙岗、西场	130	江蓠、文蛤、牡蛎养殖	二类
11	B13 II	海产品增殖区	钦州市	大风江口	76	牡蛎、文蛤养殖	二类
12	B14 II	急水门海滨浴场	钦州市	犀牛脚盐田南部海域		海水浴场、养殖	二类
13	B15 II	犀牛脚盐业区	钦州市	犀牛脚镇	7.95	盐业	二类

续表

序号	代码	环境功能区名称	隶属地区	环境功能区位置	面积/km²	主导使用功能	水质目标
14	B17 II	海产品增殖区	钦州市、防城港市	茅尾海海域	33	牡蛎、青蟹、石斑鱼、鲳鱼增殖	二类
15	B19 II	企沙盐业区	防城港市	企沙镇港汊	9.07	盐业	二类
16	B21 II	月亮湾海水浴场	防城港市	江山半岛东北部		海水浴场、养殖	二类
17	B22 II	大平坡海水浴场	防城港市	江山半岛中部东面海域		海水浴场、养殖	二类
18	B24 II	海产品增殖区	防城港市	珍珠港内侧	10	珍珠、海参养殖	一类
19	B25 II	金滩海水浴场风景区	防城港市	东兴万尾南部海域		浴场、旅游、养殖	二类
20	B26 II	江平盐业区	防城港市	江平镇珍珠港西北	5.37	盐业	二类
21	C01 II	涠洲岛风景区	北海市	涠洲岛		海滨旅游	二类
22	C02 II	冠头岭海滨风景区	北海市	冠头岭		海滨旅游	二类
23	C03 II	麻蓝头风景旅游区	钦州市	麻蓝头岛及周围海域		旅游、养殖	二类
24	C04 II	龙门七十二泾风景区	钦州市	龙门群岛		海滨旅游	二类
25	C05 II	天堂滩风景旅游区	防城港市	企沙半岛南部		旅游、养殖	二类
26	D01 III	沙田港	北海市	铁山港东岸	0.003	港口	三类

续表

序号	代码	环境功能区名称	隶属地区	环境功能区位置	面积/km²	主导使用功能	水质目标
27	D03Ⅳ	公馆港	北海市	铁山港北部顶端		港口	四类
28	D04Ⅲ	石头埠港	北海市	铁山港西岸出口口处		港口	三类
29	D05Ⅳ	闸口港	北海市	铁山港西北部顶端		港口	四类
30	D06Ⅲ	营盘港	北海市	铁山港湾口西南	0.02	港口	三类
31	D07Ⅲ	怀港港口区	北海市	怀港镇	0.72	港口	三类
32	D09Ⅲ	南渔港	北海市	北海市西南	0.29	渔港	三类
33	D11Ⅲ	北海港疏浚泥倾倒区	北海市	北海港西面10 km海域	12	倾废	三类
34	D12Ⅲ	南湾港	北海市	涠洲岛南湾	0.26	港口	三类
35	D13Ⅲ	油气资源开发区	北海市	涠洲岛西南海区	45.87	油气资源开发	三类
36	D14Ⅲ	大风江港	北海市、钦州市	大风江出海口		港口	三类
37	D15Ⅲ	犀牛脚港	钦州市	犀牛脚岸西段	0.02	港口	三类
38	D16Ⅲ	钦州市综合排污区	钦州市	钦州湾西航道	2	排污	三类
39	D19Ⅲ	钦州港疏浚泥倾倒区	钦州市	待定		倾废	三类
40	D20Ⅲ	龙门港	钦州市	茅尾海、钦州湾"瓶颈"处		港口	三类
41	D21Ⅳ	沙井港	钦州市	钦江入海口处	0.05	港口	四类

续表

序号	代码	环境功能区名称	隶属地区	环境功能区位置	面积/km²	主导使用功能	水质目标
42	D22Ⅲ	茅岭港	防城港市	茅岭江入海口处		港口	三类
43	D23Ⅲ	企沙港	防城港市	企沙半岛南部	0.013	港口	三类
44	D27Ⅲ	防城港疏浚泥倾倒区	防城港市	港口区西南20 km	12	倾废	三类
45	D28Ⅲ	竹山港	防城港市	东兴竹山附近		港口	三类
46	D29Ⅲ	北仑河口港口区	防城港市	东兴市		港口	三类
47	GX006BⅡ	营盘沿海海水养殖区	北海市	营盘、福成沿岸滩涂从西村港东岸至北海港、铁山港作业区西面海域边界的缓冲区以西5 m等深线以内的海域（扣除海底管线区）	146	方格星虫、珍珠等海产品养殖	二类
48	GX005CⅢ	金鼓江口工业用海区	钦州市	大番坡半岛沿岸和金鼓江出口附近浅海海域	10.2	工业用海	三类
49	GX001BⅡ	英罗港养殖区	北海市	沙田至英罗港（扣除红树林、儒艮保护区海域）	45	方格星虫、贝类等海产品增养殖	二类
50	GX002DⅣ	北海港铁山港作业区	北海市	铁山港西岸从北面规划边界白沙头港至黄稍、铁山港规划边界对应的港口区域，长25 km，规划建设后的作业岸线外延1 km（周围设1 000 m水质过渡带）	30	港口、通航	四类
51	GX003CⅢ	铁山港排污区1	北海市	109°33'42"E，21°29'30"N，109°33'42"E，21°31'15"N，109°36'15"E，21°31'15"N，109°36'15"E，21°29'30"N围成的区域（周围设1 000 m水质过渡带）	15	排污	三类

续表

序号	代码	环境功能区名称	隶属地区	环境功能区位置	面积/km²	主导使用功能	水质目标
52	GX004C Ⅲ	铁山港排污区2	北海市	以109°33′00″E、21°27′00″N为中心，向东、南、西、北各延伸1 km（周围设1 000 m水质过渡带）	4	排污	三类
53	GX030D Ⅲ	铁山港航道（东西两条）	北海市	铁山港东南海域，目前处于天然航道附近，每条长20 km，宽500 m	20	通航	三类
54	GX031D Ⅲ	铁山港检疫锚地	北海市	中心坐标为109°34′35″E、21°23′55″N，10 m等深线附近	12	锚地	三类
55	GX008D Ⅳ	北海港	北海市	东起外沙内港、西至冠头岭油码头岸线9 km，向外1 km海域和外沙内港0.5 km²（区域周围200 m设三类水质过渡带）	9.5	港口、运输	四类
56	GX010C Ⅲ	地角排污区	北海市	地角内港西出海口至北海港石埠岭峡港区范围内的10 m等深线以内海域（周围设1 000 m水质过渡带）	15	排污	三类
57	GX032D Ⅲ	北海港航道	北海市	北海市银海区冠头岭西南海域，经人工疏浚建成北海港深水航道，长18 km，宽500 m，3.5万吨级货轮乘潮进出港	9	通航	三类
58	GX033D Ⅲ	北海港停泊装卸锚地	北海市	坐标：109°04′14″E、20°29′14″N，109°04′14″E、21°29′32″N、109°05′45″E、21°29′43″N，109°00′49″E、21°29′59″N	1.5	锚地、埠头	三类

续表

序号	代码	环境功能区名称	隶属地区	环境功能区位置	面积/km²	主导使用功能	水质目标
59	GX034DⅢ	北海港检疫锚地	北海市	中心坐标为109°00′12″E、21°21′20″N，边长2.5 km的正方形海域	6.25	检疫锚地	三类
60	GX047DⅣ	涠洲岛油码头港口区	北海市	涠洲岛西岸梓桐木村至后背塘村沿岸，109°05′E、21°04′N附近海域（周围设800 m水质过渡带）	10.69	港口、管道运输	四类
61	GX048DⅣ	涠洲岛油码头配套航道及栈桥区	北海市	油码配套航道宽1 km，栈桥长2.8 km，栈桥区海域宽1 km（周围设500 m水质过渡带）	3.0	港口、管道运输	四类
62	GX049CⅢ	涠洲岛—北海海底管线区	北海市	位于北海市南部的涠洲岛与北海市之间海域，海底输油管线及两侧共1 km，区域周围设500 m水质过渡带	3.0	工程用海	三类
63	GX018DⅣ	钦州港	钦州市	勒沟—果子山—鹰岭—鸡头丁—一带深水岸线（以规划为准）以及观音堂至樟木岭功能待定区、大榄坪工业港预留区港口岸线以外1 km海域（周围设1 000 m水质过渡带）	47	港口运输	四类
64	GX035DⅣ	钦州油码头港口区	钦州市	犀牛脚镇以西、三墩岛以南10 km，108°39′E、21°32′N附近海域（周围800 m设水质过渡带）	4	通航、管道运输	四类
65	GX036DⅣ	钦州油码头配套航道及栈桥区	钦州市	油码配套航道宽1 km，栈桥区海域宽1 km（两边设500 m水质过渡带）	待定	通航、管道运输	四类

续表

序号	代码	环境功能区名称	隶属地区	环境功能区位置	面积/km²	主导使用功能	水质目标
66	GX037DⅢ	钦州港东航道	钦州市	钦州湾外湾东部水道经人工疏浚建成深水航道，长34 km，宽500 m，远期10万~15万吨级货轮乘潮进港主航道	17	通航	三类
67	GX038DⅢ	钦州港西航道	钦州市	钦州湾外湾西部水道经人工疏浚建成深水航道，长25 km，宽500 m，远期万吨级货轮单向乘潮进港航道	12.5	通航	三类
68	GX039DⅢ	钦州港1号锚地	钦州市	坐标为108°35′00″E～108°37′29.7″E，21°23′05.2″N～21°25′26.6″N	7.0	锚地	三类
69	GX040DⅢ	钦州港临时锚地	钦州市	中心坐标为108°30′51″E，21°29′28″N	6	锚地	三类
70	GX026DⅣ	防城港	防城港市	渔万岛周围现有码头岸线4.5 km，规划港口岸线14.5 km（位置以规划为准），港口岸线以外1 km海域（周围设1 000 m水质过渡带）	18	港口	四类
71	GX046CⅢ	防城港工业用海区	防城港市	防城港市西湾北风脑以北及东湾港口区政府所在地以北海域	13	工业用海	三类
72	GX041CⅢ	防城港工业城镇预留区、暗埠口江功能待定区、深水泊位预留区	防城港市	108°21′E、21°30′N，108°25.5′E、21°30′N以北，108°22.8′E、21°36.6′N以东至陆域围成的区域	43	港口、工业用水、开发建设	三类

续表

序号	代码	环境功能区名称	隶属地区	环境功能区位置	面积/km²	主导使用功能	水质目标
73	GX024CⅢ	企沙工业排污区	防城港市	108°24′04″E、21°30′26″N周围海域（周围设1 000 m水质过渡带）	8	排污	三类
74	GX042DⅢ	暗埠口江航道	防城港市	防城港湾东湾水道，长13 km，宽300 m	3.9	通航	三类
75	GX043DⅢ	防城港航道	防城港市港口区	防城港西湾深水道南延伸至湾口三牙石，经人工疏浚建成长11 km，宽1 400 m的5万～15万吨级货轮进港航道	15.4	通航	三类
76	GX044DⅢ	防城港口外锚地	防城港市港口区	防城港湾口门外中部地区，共有四处。0号：以中心坐标108°21′13″E、21°27′56″N为圆心，半径1 km，为0号引航检疫锚地。1号：0号以北，10个锚位，每个锚位半径450 m。2号：6号灯浮东北方，4个锚位，每个锚位半径300 m。超大船舶锚地：中心坐标为108°22′40″E、21°23′36″N，半径2.7 km	28	锚地	三类
77	GX045CⅢ	江山半岛南面工业区	防城港市	江山半岛南部，东北109°18.9′E、21°32.2′N，东南109°16′E、21°27′N，西南109°11′E、21°27′N，西北109°13′E、21°33.8′N周成的海域	50	工业用水、开发建设、排污	三类
78	GX006CⅡ	江山半岛度假旅游区	防城港市	江山半岛北部东侧海域	13	旅游、浴场	二类

续表

序号	代码	环境功能区名称	隶属地区	环境功能区位置	面积/km²	主导使用功能	水质目标
79	GX023BⅡ	珍珠港港湾养殖区	防城港市	珍珠港南部海域（扣除广西北仑河口国家级海洋自然保护区海域）	10	珍珠、海参养殖	二类
80	GX074CⅢ	红沙工业用海区	防城港市	企沙东岸海域，揽槌村至埠头岭岸线26km向外2km的区域	40	工业用海	三类
81	GX075CⅣ	红沙工业排污区	防城港市	中心坐标108°34′29″E，21°37′38″N，混合区为半径1km的区域，边界外设500m水质过渡带	3.14	工业、城市排污	四类
82	GX076BⅡ	防城揽埠江口养殖区	防城港市	从企沙东岸海域，揽埠江口的揽槌村至企沙镇白沙红村的岸线向外1km的海域	30	牡蛎、青蟹、对虾、石斑鱼养殖、增殖	二类

附表 2 广东片区湛江市近岸海域环境功能区划

序号	代码	功能区名称	位置	面积/km²	功能区类别	主导功能	水质目标	长度/km	宽度/km
G01	GDG01BⅡ	海沙坡二类区	茂名市界至王村港镇海沙坡	10.2	二	度假旅游、保留	二类	3.8	2
G02	GDG02DⅢ	王村港四类区	海沙坡至覃巴镇调德	9.3	四	港口、渔港和渔业设施基地建设	三类	5.5	1.7
G03	GDG03BⅡ	王村港二类区	G02功能区外	6.4	二	预留	二类	4.4	1.5
G04	GDG04BⅡ	吉兆二类区	调德至覃流村	19.4	二	人工鱼礁、休闲渔业、度假旅游、游艇停泊	二类	7.6	2.6

续表

序号	代码	功能区名称	位置	面积/km²	主导功能	功能区类别	水质目标	长度/km	宽度/km
G05	GDG05CⅢ	博茂三类区	覃流村至上塘	27.7	港口、航道、渔港和渔业设施基地建设、跨海桥梁、风景旅游、保留	三	三类	12.0	2.3
G06	GDG06BⅡ	博茂二类区	G05功能区外	23.6	预留	二	三类	9.9	2.4
G07	GDG07BⅡ	吴阳二类区	上塘村至沙角旋村	40.9	养殖、度假旅游、生物物种自然保护	二	三类	11.1	3.7
G08	GDG08BⅡ	南三河二类区	沙角旋、南三林场分三场至安铺、被迳头村	49.7	航道、渔港和渔业设施基地建设、海岸防护工程、预留、保留	二	三类	29.4	1.7
G09	GDG09CⅢ	湛江港三类区	除南三河及特呈岛北岸外，南三镇沙头至东简湛江港湾（除去G11、G13、G10、G12功能区）	145.4	港口、锚地、渔港和渔业设施基地建设、人工鱼礁、风景旅游、游艇停泊、一般工业用水、海底管线、跨海桥梁、海岸防护工程、海洋和海岸自然生态保护、预留	三	三类	53.1	2.7
G10	GDG10DⅢ	麻斜港四类区	安铺至麻东	3.7	港口	四	三类	6.8	0.5
G11	GDG11DⅢ	湛江港四类区	后洋至东简镇崩塘	66.3	港口、锚地、风景旅游、一般工业用水、围海造地、预留	四	三类	40.7	1.6
G12	GDG12DⅢ	南三镇四类区	沙腰至地聚	9.1	港口、渔港和渔业设施基地建设、预留	四	三类	5.9	1.5

续表

序号	代码	功能区名称	位置	面积/km²	主导功能	功能区类别	水质目标	长度/km	宽度/km
G13	GDG13BⅡ	特呈岛二类区	特呈岛周围	4.7	养殖、休闲渔业	二	二类	6.6	0.7
G14	GDG14BⅡ	南三岛—龙海天二类区	沙腰至东南码头、来皇至谭井	176.8	度假旅游、风景旅游、海岸防护工程、养殖、增殖、海底管线	二	二类	34.6	5.1
G15	GDG15CⅢ	东海岛东三类区	东海岛后塘东海面	9.7	工业	三	三类	3.3	2.9
G16	GDG16AⅠ	硇洲岛一类区	谭井至竹彩	25.6	风景旅游、度假旅游、科学研究试验	一	一类	15.1	1.7
G17	GDG17CⅢ	东海—淡水三类区	东南码头至硇洲岛淡水轮渡区	16.1	港口、航道、渔港和渔业设施基地建设	三	三类	5.4	3.0
G18	GDG18BⅡ	东南—竹彩二类区	东南码头至硇洲岛淡水轮渡区竹彩至龙安	63.4	科学研究试验、养殖	二	二类	20.4	3.1
G19	GDG19CⅢ	东海岛南岸三类区	龙安红旗盐场	59.8	渔港和渔业设施基地建设、工业	三	三类	26.4	2.3
G20	GDG20BⅡ	东海岛南岸二类区	G19功能区外	30.3	增殖	二	二类	26.0	1.2
G21	GDG21BⅡ	通明海二类区	西湾至卡品以里	41.1	红树林、养殖、预留	二	三类	17.9	2.3
G22	GDG22DⅢ	通明港四类区	西湾至卡品以外、红旗盐场至北营	29.1	港口、跨海桥梁、预留	四	三类	8.8	3.3
G23	GDG23DⅡ	通明港二类区	西湾至卡品以外、红旗盐场至北营外	8.6	增殖	二	二类	5.6	1.5

续表

序号	代码	功能区名称	位置	面积 /km²	主导功能	功能区类别	水质目标	长度 /km	宽度 /km
G24	GDG24BⅡ	南渡河口二类区	北营至沙节	52.7	红树林、渔港和渔业设施基地建设	二	二类	13.5	3.9
G25	GDG25DⅢ	东里港四类区	沙节至东寮	18.4	港口	四	三类	11.4	1.6
G26	GDG26BⅡ	东里二类区	沙节至东寮外	22.3	增殖	二	二类	12.6	1.8
G27	GDG27BⅡ	白岭二类区	东寮至寿山岭	29.5	养殖	二	二类	10.4	2.8
G28	GDG28BⅡ	新寮二类区	寿山岭至北塘	129.6	红树林、航道、渔港和渔业设施基地建设、养殖	二	二类	21.0	6.2
G29	GDG29BⅡ	外罗二类区	北塘至芝麻园	114.1	航道、渔港和渔业设施基地建设、养殖、增殖、潮流能、其他工程用海	二	二类	36.6	3.1
G30	GDG30BⅡ	罗斗沙二类区	罗斗沙外围1 km	14.6	风景旅游	二	二类	7.8	1.9
G31	GDG31DⅢ	博隆港四类区	芝麻园至青安	25.4	港口、锚地、海岸防护工程、保留	四	三类	13.6	1.9
G32	GDG32BⅡ	博隆港二类区	芝麻园至青安外	24.0	保留	二	二类	13.4	1.8
G33	GDG33BⅡ	白沙湾二类区	青安至红坎	20.7	风景旅游	二	二类	5.7	3.6
G34	GDG34DⅢ	海安四类区	红坎至南山	40.5	港口、锚地、渔港和渔业设施基地建设、度假旅游、排污、预留	四	三类	15.9	2.6

北部湾经济区海岸带环境承载力研究

续表

序号	代码	功能区名称	位置	面积/km²	主导功能	功能区类别	水质目标	长度/km	宽度/km
G35	GDG35B II	海安二类区	红坎至南山外	34.3	航道	二	二类	16.7	2.1
G36	GDG36B II	南山二类区	南山至华丰营	49.7	度假旅游、渔港	二	二类	9.0	5.5
G37	GDG37B II	角尾二类区	华丰营至上寮	98.2	盐田	二	二类	11.2	8.8
G38	GDG38A I	徐闻珊瑚礁保护区	上寮至水尾	208.0	珊瑚礁保护、渔港、人工鱼礁、风景旅游、盐田	一	一类	26.0	8.0
G39	GDG39D III	流沙港四类区	下官至英岭	66.9	港口、渔港和渔业设施基地建设、海洋和海岸自然生态保护、保留港和渔业设施基地建设、海洋和海岸自然生态保护、保留	四	三类	20.7	3.2
G40	GDC40B II	流沙二类区	下官至英岭，水尾至那澳港	93.0	养殖、航道、海洋和海岸自然生态保护	二	二类	9.2	10.1
G41	GDC41C III	港彩三类区	那澳港至港彩	6.9	工业	三	三类	4.2	1.7
G42	GDG42B II	港彩二类区	那澳港至港彩外	8.4	增殖	二	二类	4.6	1.8
G43	GDC43B II	乌石二类区	港彩至盐庭	46.4	人工鱼礁、渔港和渔业设施基地建设、风景旅游、度假旅游	二	二类	13.5	3.4
G44	GDC44A I	雷州白蝶贝保护区	谭朗至田园	434.9	生物物种自然保护、保留	一	一类	23.4	18.6

续表

序号	代码	功能区名称	位置	面积/km²	主导功能	功能区类别	水质目标	长度/km	宽度/km
G45	GDC45B Ⅱ	雷州西二类区	徐黄至北草	223.5	航道、渔港和渔业设施基地建设、养殖、增殖、度假旅游、海洋和海岸自然生态保护、预留、保留	二	二类	40.6	5.5
G46	GDC46B Ⅱ	遂溪西二类区	北草至路塘	234.2	航道、渔港和渔业设施基地建设、养殖、增殖、度假旅游、预留	二	二类	41.2	5.7
G47	GDC47A Ⅰ	遂溪中国鲎保护区	路塘至旧庙	14.8	生物物种自然保护	一	一类	45.9	0.3
G48	GDC48B Ⅱ	南洪二类区	旧庙至南洪	3.5	养殖	二	二类	3.0	1.2
G49	GDC49D Ⅲ	杨柑四类区	南洪至东边塘	16.8	港口、渔港、海岸防护工程、排污	四	三类	12.5	1.3
G50	GDC50B Ⅱ	北潭二类区	南洪至东边塘外、东边塘至北草	17.5	养殖、锚地、渔港和渔业设施基地建设	二	二类	9.8	1.8
G51	GDC51C Ⅲ	营仔三类区	北塘至沙仔头	11.6	渔港和渔业设施基地建设、盐差能、跨海桥梁、海洋和海岸自然生态保护、预留	三	三类	8.7	1.3
G52	GDC52B Ⅱ	营仔二类区	北塘至沙仔头至高井	25.4	养殖、盐差能	二	二类	9.3	2.7
G53	GDC53D Ⅲ	龙头沙四类区	高井至独田	4.5	港口	四	三类	4.8	0.9

续表

序号	代码	功能区名称	位置	面积/km²	主导功能	功能区类别	水质目标	长度/km	宽度/km
G54	GDG54BⅡ	龙头沙二类区	高井至独田外	7.2	航道	二	二类	5.9	1.2
G55	GDG55BⅡ	高桥二类区	独田至广西省合浦界	16.0	红树林	二	二类	11.7	1.4
G99	GDG99AⅠ	湛江近岸海域环境保护保留用地	茂名电白省界至广西合浦界范围内的未划区近岸海域	6 048.5	航道、增殖、度假旅游、海洋和海岸自然生态保护、预留、保留	一	一类	337.9	16.0

附表 3　广东片区茂名市近岸海域环境功能区划

序号	标识号	功能区名称	范围	平均宽度/km	长度/km	主要功能	水质目标
1	1301A	鸡打港盐业区	山后村至山兜仔	2.8	6.1	盐业、生态保护	二类
2	1301B	莲头岭—爵山综合功能区	山兜仔至莲头岭	2.8	11	港口、工业、排污	三类
3	1302	莲头港口开发区	莲头岭至博贺湾口外东侧	5	4	港口、工业	三类
4	1303	放鸡岛风景游览、生态保护区	放鸡岛周围岸段			风景旅游、生态保护	二类

续表

序号	标识号	功能区名称	范围	平均宽度/km	长度/km	主要功能	水质目标
5	1304A	北山岭港区西区开发区	博贺湾口至白蕉岭	1.5	13	港口、工业、不具排污功能	三类
6	1304B	博贺湾养殖盐业区	白蕉岭至盐井头	1.5	20	养殖业、盐业	二类
7	1305	博贺港中作业区	盐井头至博美	2	6	港口	三类
8	1307	龙头山海滨旅游区	新沟村至水东湾口东侧	4	6	海洋生态保护	二类
9	1308	水东湾养殖、盐业区	水东湾口至寨头河口	3	12	养殖、盐业	二类
10	1309	水东港开发区	寨头河口至割门湾口	2	14	港口、工业	三类
11	1310	虎头山海滨旅游区	水东湾口至晏镜岭村	2	6	海水浴场、旅游	二类
12	1311	澳内工业排污区	晏镜岭至吴川市界	5	5	工业排污混合区	三类
13	1303	放鸡岛风景游览、生态功能区	放鸡岛周围岸段			风景旅游、生态保护	二类

附表 4　海南片区近岸海域环境功能区划

序号	代码	环境功能区名称	环境功能区位置	面积/km²	主导功能	水质目标	备注
1	A01 II	东寨港红树林自然保护区	海口市三江、演丰、演海一带	33.37	红树林保护	二类	兼养殖，以滩涂养殖为主
2	A11 II	儋州东场自然保护区	儋州市东场村沿岸	6.96	红树林保护	二类	
3	A12 I	儋州磷枪石岛珊瑚礁自然保护区	儋州市磷枪石岛（大铲礁）沿岸	1.31	珊瑚礁保护	一类	
4	A13 I	儋州白蝶贝自然保护区	洋浦地区周围海域	299.00	白蝶贝保护	一类	
5	A14 II	儋州新英红树林自然保护区	儋州市新英湾沿岸	1.15	红树林保护	二类	
6	A15A II	临高彩桥红树林自然保护区	临高县彩桥沿岸一带	3.50	红树林保护	二类	
7	A16A I	临高县临高角自然保护区	临高县临高角一带	34.67	珊瑚礁保护	一类	
8	A17A I	临高县珊瑚礁自然保护区	临高县沿海	324.00	珊瑚礁保护	一类	
9	A18A I	临高白蝶贝自然保护区	临高县海头神确村至红石岛25 m等深线内	343.00	白蝶贝保护	一类	
10	A21A I	海头港增殖区	昌江县海头港至儋州市观音角沿岸海域	48.00	渔业	一类	
11	B01 II	莺歌海食盐工业用水区	乐东县南端莺歌海食盐场	38.00	盐业	二类	
12	B02 II	东方食盐工业用水区	东方市墩头至面前海、通天河口至感城角	42.00	盐业	二类	

续表

序号	代码	环境功能区名称	环境功能区位置	面积/km²	主导功能	水质目标	备注
13	B13Ⅱ	莺歌海养殖区	乐东黎族自治县莺歌海求雨村至新村一带	15.52	渔业	二类	盐田兼养殖
14	B14Ⅱ	望楼角养殖区	乐东黎族自治县望楼港内湾和上港港内湾	3.32	渔业	二类	
15	B15Ⅱ	东方北部养殖区	东方市北黎河口至昌江黎族自治县昌化镇沿岸海域	30.00	渔业	二类	
16	B16Ⅱ	新英湾养殖区	洋浦地区北门江和春江人新英湾内湾	38.00	渔业	二类	
17	B17Ⅱ	头咀港养殖区	临高县头咀港内湾东村、墩吉村至儋州市顿积港顿积村	11.04	渔业	二类	
18	B18Ⅱ	秀英滨海娱乐区	海口市西郊秀英湾包括假日海滩、白沙门浴场	5.50	浴场、娱乐	二类	
19	B26Ⅱ	临高角旅游开发区	临高县坡附近	1.00	旅游、浴场、娱乐	二类	
20	C01Ⅱ	桥头、金牌工业用水区	临高县金牌至澄迈县桥头镇桥东海域	40.00	工业用水	二类	其中可再设排污混合区，混合区边界水质须达到二类
21	C02Ⅱ	洋浦工业用水区	洋浦地区兵马角至洋浦鼻沿岸海域	51.00	工业用水	二类	同上
22	C03Ⅱ	八所工业用水区	东方市八所港往南至高排沿岸海域	30.00	工业用水	二类	同上

续表

序号	代码	环境功能区名称	环境功能区位置	面积/km²	主导功能	水质目标	备注
23	D01Ⅳ	海口港区	海口市新港、秀英港、后海港、马村港、东水港		港口	四类	海口、秀英港池按四类水质控制，其他港区按三类水质控制
24	D12Ⅲ	昌化港区	昌江黎族自治县昌化江入海处		港口	三类	
25	D13Ⅲ	海头港区	儋州市海头镇		港口	三类	
26	D14Ⅲ	洋浦港区	洋浦半岛南端海岸	6.00	港口	三类	
27	D15Ⅲ	八所港区	东方市八所港、八所渔港和鱼鳞洲以南的预留港口区		港口	三类	
28	D16Ⅲ	新盈港区	临高县后水湾东部新盈镇沿岸		港口	三类	
29	D17Ⅲ	金牌港区	临高县马袅西侧幺屿西南500 m处金牌港区		港口	三类	
30	D18Ⅳ	海口倾废区	海口市，以110°14'00"E、20°06'30"N为中心，以0.5 n mile为半径的范围内	2.70	排污	四类	边界水质控制为二类
31	D21Ⅳ	八所倾废区	东方市，以108°34'00"E、19°03'00"N为中心，以0.5 n mile为半径的范围内	2.70	排污	四类	同上

续表

序号	代码	环境功能区名称	环境功能区位置	面积/km²	主导功能	水质目标	备注
32	D22Ⅳ	洋浦倾废区	洋浦，以108°58′00″E、19°45′00″N为中心，以0.5 n mile为半径的范围内	2.70	排污	四类	同上
33	D23Ⅳ	马村倾废区	澄迈县，以110°01′00″E、20°00′45″N为中心，以0.5 n mile为半径的范围内	2.70	排污	四类	同上
34	D24Ⅳ	海口海域排污混合区	海口市新海海域、白沙门海域	2.50	排污	四类	其中排污中心2 km²边界水质按三类水质控制，3 km²边界水质须达到二类
35	D26Ⅳ	八所排污混合区	东方市八所港以南，距罗带河口0.8 km	3.00	排污	四类	同上
36	D27Ⅳ	洋浦排污混合区	洋浦西侧黑岩至广统新基岸段	3.00	排污	四类	同上
37	D19Ⅲ	神头港口区	洋浦海域	24.81	港口	三类	四类环境功能区，按三类水质标准
38		昌江核电温排水混合区	昌江黎族自治县新港至海尾公巴石段	0.25	排污	三类	不执行海水水质标准
39		昌江工业用水区	昌江黎族自治县核电温排水混合区外围海域	8.79	工业用水	三类	三类环境功能区，按二类水质控制（水温除外）
40		昌江港口码头区	昌江黎族自治县核电项目附近海域	0.34	港口	三类	

参考文献

［1］Crossland C J，Kremer H H，Lindeboom H J，et al. Coastal fluxes in the Anthropocene[M]. Berlin：Springer，2005.

［2］Lakshmi A，Rajagopalan R. Socio-economic implications of coastal zone degradation and their mitigation：a case study from coastal villages in India[J]. Ocean & Coastal Management，2000，43（8/9）：749-762.

［3］钟兆站. 中国海岸带自然灾害与环境评估 [J]. 地理科学进展，1997，16（1）：44-50.

［4］关道明，战秀文. 我国沿海水域赤潮灾害及其防治对策 [J]. 海洋环境科学，2003，22（2）：60-63.

［5］杨子赓. 海洋地质学 [M]. 青岛：青岛出版社，2000.

［6］张永战，朱大奎，海岸带全球变化研究的关键地区 [J]. 海洋通报，1997（3）：71-82.

［7］Salomons W. European catchments：catchment changes and their impact on the coast[R]. Amsterdam：Institute for environmental studies，Vrije Universiteit，2004：61-64.

［8］Sun J，Tao J H. Relation matrix of water exchange for sea bays and its application[J]. China Ocean Engineering，2006，20（4）：529-544.

［9］Chen J Y，Chen S L. Estuarine and coastal challenges in China[J]. Chinese Journal of Oceanology and Limnology，2002，20（2）：174-181.

［10］孙金水，Wing-Hong W O，王伟，等. 深圳湾海域氮磷营养盐变化及富营养化特征 [J]. 北京大学学报（自然科学版），2010，46（6）：960-964.

［11］刘瑀，马龙，李颖，等. 海岸带生态系统及其主要研究内容 [J]. 海洋环境科学，2008，27（5）：520-522.

［12］蔡程瑛. 海岸带综合管理的原动力：东亚海域海岸带可持续发展的实践应用 [M]. 周秋麟，温泉，杨圣云，等译. 北京：海洋出版社，2010.

［13］刘岩，张珞平，洪华生 . 以海岸带可持续发展为目标的战略环境评价 [J]. 中国环境科学，2001，21（1）：45-48.

［14］周国民 . 海岸带与全球变化的关系 [J]. 地球信息，1997（2）：65-66.

［15］Bianchi T S，Allison M A. Large-river delta-front estuaries as natural "recorders"of global environmental change[J]. Proceedings of the National Academy of Sciences，2009，106（20）：8085-8092.

［16］马莎 . 美国海岸带管理法评析 [J]. 公民与法（法学版），2013（6）：59-61.

［17］国家海洋局海域管理司 . 国外海洋管理法规选编 [M]. 北京：海洋出版社，2001.

［18］晏维龙，袁平红 . 海岸带和海岸带经济的厘定及相关概念的辨析 [J]. 世界经济与政治论坛，2011（1）：82-93.

［19］克拉克 J R. 海岸带管理手册 [M]. 北京：海洋出版社，2000.

［20］刘康，霍军 . 海岸带承载力影响因素与评估指标体系初探 [J]. 中国海洋大学学报（社会科学版），2008（4）：8-11.

［21］Ketchum B H. The water's edge：critical problems of the coastal zone [D]. Cambridge，MA：MIT Press，1972.

［22］高健，林捷敏，杨斌 . 我国海岸带经济管理领域的研究方向与进展 [J]. 上海海洋大学学报，2012，21（5）：848-855.

［23］俞树彪 . 海洋公共伦理研究 [M]. 北京：海洋出版社，2009.

［24］Word Resources Institute. Ecosystems and human well-being：a framework for assessment[M]. Washington DC：Island Press，2003.

［25］Harvey N，Caton B. Coastal management in Australia[M]. Melbourne，Australia：Oxford University Press，2003.

［26］Carey D I. Development based on carrying capacity：a strategy for environmental protection[J]. Global Environmental Change，1993，3（2）：140-148.

［27］谢高地，曹淑艳，鲁春霞，等 . 中国生态资源承载力研究 [M]. 北京：科学出版社，2011.

［28］Seidl I，Tisdell C A. Carrying capacity reconsidered：from Malthus' population theory to cultural carrying capacity[J]. Ecological Economics，1999，31（3）：395-408.

［29］汪诚文，刘仁志，曹淑艳 . 环境承载力理论研究及其实践 [M]. 北京：中国环境科学出版社，2011.

［30］王学军 . 地理环境人口承载潜力及其区际差异 [J]. 地理科学，1992，12（4）：322-328.

［31］Guhathakurta S. Integrated land use and environmental models：a survey of current applications and research[M]. Berlin：Springer，2003.

［32］冯尚友，刘国全 . 水资源持续利用的框架 [J]. 水科学进展，1997（4）：301-307.

［33］张鑫，蔡焕杰 . 区域生态需水量与水资源调控模式研究综述 [J]. 西北农林科技大学学报（自然科学版），2001，29（S）：84-88.

［34］曹建廷，李原园，周智伟 . 水资源承载力的内涵与计算思路 [J]. 中国水利，2006（18）：19-21.

［35］朱一中，夏军，谈戈 . 关于水资源承载力理论与方法的研究 [J]. 地理科学进展，2002，21（2）：181-188.

［36］徐强 . 区域矿产资源承载能力分析几个问题的探讨 [J]. 自然资源学报，1996，2（11）：135-141.

［37］Corporate Author. Environmental capacity：an approach to marine pollution prevention[J]. GESAMP Reports & Studies，1986（30）：49.

［38］周密，王华东，张义生 . 环境容量 [M]. 长春：东北师范大学出版社，1988.

［39］张永良，刘培哲 . 水环境容量综合手册 [M]. 北京：清华大学出版社，1991.

［40］方国华，于凤存，曹永潇 . 中国水环境容量研究概述 [J]. 安徽农业科学，2007，35（27）：76-79.

［41］王晓伟，赵骞，赵仕兰 . 海洋环境容量及入海污染物总量控制研究进展 [J]. 海洋环境科学，2012，31（5）：765-769.

［42］Bishop A B，Fullerton H H，Crawford A B，et al. Carrying capacity in regional environmental management[J]. Conservation in Practice，1974，1（1）：17-24.

［43］Schneider D M，Godschalk D R，Axler N. The carrying capacity concept as a planning tool[M]. Chicago：American Planning Association，1978：338.

［44］IUCN，UNEP，WWF. Caring for the earth：a stategy for sustainable living[M].

Swithland：IUCN，1991.

［45］Chou L M. Defining and applying the concept of ecological carrying capacity to coastal management：report of a PEMSEA workshop[R]. East Asian Seas Congress Putrajaya，Malaysia，2003.

［46］Rees W E. Revisiting carrying capacity：area-based indicators of sustainability[J]. Population and Environment，1996，17（3）：192-215.

［47］Lane M. The carrying capacity imperative：assessing regional carrying capacity methodologies for sustainable land-use planning[J]. Land Use Policy，2010，27（4）：1038-1045.

［48］许联芳，杨勋林，王克林，等 . 生态承载力研究进展 [J]. 生态环境，2006（5）：1112-1116.

［49］曾维华，王华东，薛纪渝，等 . 环境承载力理论及其在湄洲湾污染控制规划中的应用 [J]. 中国环境科学，1998，18（S1）：70-73.

［50］唐剑武，郭怀成，叶文虎 . 环境承载力及其在环境规划中的初步应用 [J]. 中国环境科学，1997（1）：6-9.

［51］毛汉英，余丹林 . 区域承载力定量研究方法探讨 [J]. 地球科学进展，2001（4）：549-555.

［52］海热提·涂尔逊，杨志峰，王华东 . 试论城市环境及其容载力 [J]. 中国环境科学，1998，18（S1）：23-29.

［53］李新琪，海热提·涂尔逊 . 区域环境容载力理论及其评价指标体系初步研究 [J]. 干旱区地理，2000，23（4）：364-370.

［54］李晓文，肖笃宁，胡远满 . 辽河三角洲滨海湿地景观规划各预案对指示物种生态承载力的影响 [J]. 生态学报，2001，21（5）：709-715.

［55］程水英 . 矿区生态承载力研究进展 [J]. 矿业研究与开发，2009，29（3）：89-92.

［56］王宁，刘平，黄锡欢 . 生态承载力研究进展 [J]. 中国农学通报，2004，20（6）：278-281.

［57］杨贤智，李景锟，廖延梅 . 环境管理学 [M]. 北京：高等教育出版社，1990.

［58］王中根，夏军 . 区域生态环境承载力的量化方法研究 [J]. 长江职工大学学报，1999，16（4）：9-12.

［59］刘东霞，张兵兵，卢欣石．草地生态承载力研究进展及展望 [J]. 中国草地学报，2007，29（1）：91-97.

［60］夏军，王中根，左其亭．生态环境承载力的一种量化方法研究——以海河流域为例 [J]. 自然资源学报，2004，19（6）：796-794.

［61］高吉喜．可持续发展理论探索——生态承载力理论、方法和应用 [M]. 北京：中国环境科学出版社，2001.

［62］张传国，方创琳，全华．干旱区绿洲承载力研究的全新审视与展望 [J]. 资源科学，2002，24（2）：42-47.

［63］付会．海洋生态承载力研究 [D]. 青岛：中国海洋大学，2009.

［64］Meadows D H，Randers J，Meadows D L，et al. The limits to growth：a report for the Club of Rome's project on the predicament of mankind[M]. New York：Universe Books，1972.

［65］Slesser M. Enhancement of carrying capacity option ECCO[M]. London：The Resource Use Institute，1990.

［66］Rees W E，Wackernagel M，Testemale P. Our ecological footprint：reducing human impact on the earth[M]. Gabriola Island：New Society Publishers，1996：56-76.

［67］王书华，毛汉英，王忠静．生态足迹研究的国内外近期进展 [J]. 自然资源学报，2002，17（6）：776-782.

［68］高鹭，张宏业．生态承载力的国内外研究进展 [J]. 中国人口·资源与环境，2007，17（2）：19-26.

［69］狄乾斌，韩增林，刘锴．海域承载力研究的若干问题 [J]. 地理与地理信息科学，2004（5）：50-53.

［70］狄乾斌，韩增林．海域承载力的定量化探讨——以辽宁海域为例 [J]. 海洋通报，2005，24（1）：47-55.

［71］苗丽娟，王玉广，张永华，等．海洋生态环境承载力评价指标体系研究 [J]. 海洋环境科学，2006，35（3）：75-77.

［72］刘容子，吴姗姗．环渤海地区海洋资源对经济发展的承载力研究 [M]. 北京：科学出版社，2009.

［73］崔凤军，杨永慎．泰山旅游环境承载力及其时空分异特征与利用强度研究 [J].

地理研究，1997，16（4）：47-55.

［74］李健，钟永德，王祖良，等 . 国内生态旅游环境承载力研究进展 [J]. 生态学杂志，2006，25（9）：1141-1146.

［75］刘玉娟，刘邵权，刘斌涛 . 汶川地震重灾区雅安市资源环境承载力 [J]. 长江流域资源与环境，2010，19（5）：554-559.

［76］田成川 . 构建我国环境承载力评价制度的建议 [J]. 宏观经济管理，2006（6）：39-41.

［77］刘仁志，汪诚文，郝吉明，等 . 环境承载力量化模型研究 [J]，应用基础与工程科学学报，2009，17（1）：49-61.

［78］汤晓雷，刘年丰，李贝，等 . 单因子超载的综合环境承载力计算方法研究 [J]，环境科学与技术，2007，30（4）：70-71，90-91.

［79］彭再德，杨凯，王云 . 区域环境承载力研究方法初探 [J]. 中国环境科学，1996，16（1）：6-10.

［80］洪阳，叶文虎 . 可持续环境承载力的度量及其应用 [J]. 中国人口・资源与环境，1998，8（3）：54-58.

［81］陈乐天，王开运，邹春静，等 . 上海市崇明岛区生态承载力的空间分异 [J]. 生态学杂志，2009，2（4）：734-739.

［82］郭怀成，戴永立，王丹，等 . 城市水资源政策实施效果的定量化评估 [J]. 地理研究，2004，23（6）：745-752.

［83］杨巧宁，孙希华，张婧，等 . 济南市水资源承载力系统动力学模拟研究 [J]. 水利经济，2010，28（2）：16-20，40-41.

［84］郭怀成，Huang G H，邹锐，等 . 流域环境系统不确定性多目标规划方法及应用研究——洱海流域环境系统规划 [J]. 中国环境科学，1999，19（1）：33-37.

［85］曾维华，杨月梅 . 环境承载力不确定性多目标优化模型及其应用——以北京市通州区区域战略环境影响评价为例 [J]. 中国环境科学，2008，28（5）：667-672.

［86］熊永柱，张美英 . 海岸带环境承载力概念模型初探 [J]. 资源与产业，2008，10（4）：30-31，131-132.

［87］王忠蕾，张训华，许淑梅，等 . 海岸带地区环境承载能力评价研究综述 [J]. 海洋地质动态，2010，26（8）：28-34.

［88］刘康，霍军. 海岸带承载力影响因素与评估指标体系初探 [J]. 中国海洋大学学报（社会科学版），2008（4）：8-11.

［89］吴婧，张一心，杨颖. 中国战略环境评价实施进展 [J]. 生态经济，2011（9）：24-29.

［90］曾维华，王华东，薛纪渝. 人口、资源与环境协调发展关键问题之一——环境承载力研究 [J]. 中国人口·资源与环境，1991，1（2）：33-37.

［91］刘仁志，汪诚文，郝吉明，等. 环境承载力量化模型研究 [J]，应用基础与工程科学学报，2009，17（1）：49-61.

［92］陈旭东，徐明德，赵海生. 基于 DPCSIR 模型的工业园区水资源承载力研究 [J]. 环境科学与管理，2012，37（2）：144-147.

［93］Therivel R，Wilson E，Heaney D，et al. Stragic environmental assessment[M]. Earthscan，1992：19-20，143-158.

［94］Sadler B，Verheem R. Strategic environmental assessment—status，challenges and future directions[M]. Amsterdam：Ministry of Housing，Spatial Planning and the Environment of the Netherlands，1996.

［95］Riki T. Strategic environmental assessment in action[M]. London：Earthscan Publications，2004.

［96］李天威，周卫峰，谢慧，等. 规划环境影响评价管理若干问题探析 [A]// 国家环境保护总局. 第二届环境影响评价国际论坛论文集 [C]. 北京：中国环境科学出版社，2008：18-23.

［97］包存宽，陆雍森，尚金城，等. 规划环境影响评价方法及实例 [M]. 北京：科学出版社，2004.

［98］关卉，王金生，徐凌，等. 战略环境评价技术方法与应用实践 [J]. 生态环境学报，2009，18（3）：1161-1168.

［99］纪灵，王荣纯，刘昌文. 海岸带综合管理中的海洋污染监测及其在决策中的应用 [J]. 海洋通报，2001，20（5）：54-59.

［100］张永战，王颖. 面向 21 世纪的海岸海洋科学 [J]. 南京大学学报（自然科学），2000，36（6）：702-711.

［101］薛雄志，张丽玉，方秦华. 海岸带综合管理效果评价方法的研究进展 [J]. 海

洋开发与管理，2004（1）：32-34，50.

［102］赵怡本.三都澳海岸带区域资源开发利用与经济发展研究 [D]. 福州：福建师范大学，2004.

［103］张聪义.厦门海岸带资源与管理战略 [J].台湾海峡，1998，17（2）：228-234.

［104］吴维登，张长宽.竞争优势与江苏省海岸带资源开发 [J].水利经济，2007，25（3）：23-25.

［105］黄鹄，戴志军，胡自宁，等.广西海岸环境脆弱性研究 [M].北京：海洋出版社，2005：15-20.

［106］杨荫凯.地球系统科学现行研究的最佳切入点——试论海岸带研究框架的创立 [J].地理科学进展，1998，17（1）：73-79.

［107］方秦华.基于生态系统管理理论的海岸带战略环境评价研究 [D].厦门：厦门大学，2006.

［108］王焕松.辽东湾海岸带生态环境压力评价与效应研究 [D].北京：中国环境科学研究院，2010.

［109］Tallis H，Kareiva P，Marvier M，et al. An ecosystem services framework to support both practical conservation and economic development[J]. Proceedings of the National Academy of Sciences of the United States of America，2008，105（28）：9457-9464.

［110］McCool S F，Lime D W. Tourism carrying capacity：tempting fantasy or usefulreality[J]. Journal of Sustainable Tourism，2001，9（5）：372-388.

［111］Daily G C. Nature's services：societal dependence on natural ecosystems[M]. Washington DC：Island Press，1997.

［112］Costanza R，d'Arge R，de Groot R，et al. The value of the world's ecosystem services and natural capital[M]. Nature，1997，387（6630）：253-260.

［113］Millennium Ecosystem Assessment. Econsystems and human well-being：a framework for assessment[M]. Chicago：Island Press，2003.

［114］Norgaard R B. Finding hope in the millennium ecosystem assessment[J]. Conservation Biology，2008，22（4）：862-869.

［115］Costanza R. Ecosystem services：multiple classification systems are needed[J]. Biological Conservation，2008，141（2）：350-352.

［116］彭本荣.海岸带生态系统服务价值评估及其在海岸带管理中的应用研究 [D].厦门：厦门大学，2005.

［117］邓宗成.沿海地区海洋生态环境承载力定量化研究——以青岛市为例 [J].海洋环境科学，2009，28（4）：438-459.

［118］谭映宇，张平，刘容子，等.渤海内主要海湾资源和生态环境承载力比较研究 [J].中国人口·资源与环境，2012，22（12）：7-12.

［119］叶属峰，等.长江三角洲海岸带区域综合承载力评估与决策：理论与实践 [M].北京：海洋出版社，2012.

［120］胡永宏，贺思辉.综合评价方法 [M].北京：科学出版社，2000.

［121］李健.海岸带可持续发展理论及其评价研究 [D].大连：大连理工大学，2005.

［122］潘东旭，冯本超.徐州市区域承载力实证研究 [J].中国矿业大学学报，2003，32（5）：596-600.

［123］高彦春，刘昌明.区域水资源开发利用的阈值分析 [J].水利学报，1997（8）：73-79.

［124］李靖，周孝德，吴文娟.层次分析法在水环境承载力评价中的应用 [J].水利科技与经济，2008，14（11）：866-869.

［125］蒋晓辉，黄强，惠泱河，等.陕西关中地区水环境承载力研究 [J].环境科学学报，2001，21（3）：312-317.

［126］冉圣宏，薛纪渝，王华东.区域环境承载力在北海市城市可持续发展研究中的应用 [J].中国环境科学，1998，18（S1）：83-87.

［127］陈传美，郑垂勇，马彩霞.郑州市土地承载力系统动力学研究 [J].河海大学学报，1999，27（1）：53-56.

［128］王俭，李雪亮，李法云，等.基于系统动力学的辽宁省水环境承载力模拟与预测 [J].应用生态学报，2009，20（9）：2223-2240.

［129］宋巍巍，余云军，杨剑，等.基于生态敏感性岸线的北部湾经济区沿海港口规划岸线的开发规模控制 [J].中国环境科学，2013，33（S1）：131-136.

［130］国家环境保护局，国家海洋局.海水水质标准：GB 3097—1997[S].北京：中国标准出版社，1998.

［131］Cadée G C. Primary production of the Guyana Coast[J]. Netherlands Journal of

Sea Research，1975，9（1）：126-143.

［132］环境保护部．近岸海域环境监测规范：HJ 442—2008[S]．北京：中国环境科学出版社，2009.

［133］王修林，李克强，石晓勇．胶州湾主要化学污染物海洋环境容量 [M]．北京：科学出版社，2006.

［134］Tang D G，Warnken K W，Santschi P H. Distribution and partitioning of trace metals (Cd，Cu，Ni，Pb，Zn) in Galveston Bay waters [J]. Marine Chemistry，2002，78（5）：29-45.

［135］马德毅．海洋沉积物的污染指示作用和监测方法 [J]．海洋通报，1993，12（5）：89-96.

［136］Hakanson L. An ecological risk index for aquatic pollution control：a sedimentological approach [J]. Water Research，1980，14（8）：975-1001.

［137］陈静生，王忠，刘玉机．水体金属污染潜在危害应用沉积学方法评价 [J]．环境科技，1989，9（1）：16-25.

［138］廉雪琼．广西近岸海域沉积物中重金属污染评价 [J]．海洋环境科学，2002，21（3）：39-42.

［139］赵一阳，鄢明才．中国浅海沉积物地球化学 [M]．北京：科学出版社，1994.

［140］刘成，王兆印，何耘，等．环渤海诸河口潜在生态风险评价 [J]．环境科学研究，2002，15（5）：33-37.

［141］马德毅，王菊英．中国主要河口沉积物污染及潜在生态风险评价 [J]．中国环境科学，2003，23（5）：521-525.

［142］国家海洋局 908 专项办公室．海岛海岸带卫星遥感调查技术规程 [M]．北京：海洋出版社，2005.

［143］徐敏，韩保新，龙颖贤．钦州湾海域氮磷营养盐近 30 年变化规律及其来源分析 [J]．环境工程技术学报，2012，2（3）：253-258.

［144］Shen Z L. Historical changes in nutrient structure and its influences on phytoplankton composition in Jiaozhou Bay[J]. Estuarine，Coastal and Shelf Science，2001，52（2）：211-214.

［145］孙晓霞，孙松，赵增霞，等．胶州湾营养盐浓度与结构的长期变化 [J]．海洋

与湖沼，2011，42（5）：662-669.

［146］沈志良．渤海湾及其东部水域的水化学要素 [J]. 海洋科学集刊，1999，41：51-59.

［147］孙金水，Wal Onyx W H，王伟，等．深圳湾海域氮磷营养盐变化及富营养化特征 [J]. 北京大学学报（自然科学版），2010，46（6）：960-964.

［148］周淑青，沈志良，李峥，等．长江口最大浑浊带及邻近水域营养盐的分布特征 [J]. 海洋科学，2007，31（6）：34-42.

［149］王芳，晏维金．长江输送颗粒态磷的生物可利用性及其环境地球化学意义 [J]. 环境科学学报，2004，24（3）：418-412.

［150］温伟英，华南地区亚热带水体无机氮组合差异的研究 [J]. 热带海洋，1991，10（4）：44-48.

［151］彭刚，黄卫平．发展经济学教程 [M]. 北京：中国人民大学出版社，2007.

［152］郭怀成，尚金城，张天柱．环境规划学 [M]. 北京：高等教育出版社，2001.

［153］刘昌明，陈志恺．中国水资源现状评价和供需发展趋势分析 [M]. 北京：中国水利水电出版社，2001.

［154］张永良，刘培哲．水环境容量综合手册 [M]. 北京：清华大学出版社，1991.

［155］中国环境规划院．全国水环境容量核定技术指南 [M]. 北京：中国环境规划院，2003.

［156］郭森．海域排污口污染物最大允许排放量 [D]. 北京：中国环境科学研究院，2006.

［157］Blumberg A F. A primer for ECOMSED（Version 1.3）[M]. America：Hydro Qual，Inc，2002.

［158］韩桂军．海洋数据同化方法研究 [R]. 北京：中国科学院大气物理研究所，2004.

［159］Mike By DHI 2008，Mike 3 Flow Mode FM User Guide[Z/OL]. http：//www.mikepoweredbydhi.com/download/product-documentation.

［160］Mike By DHI 2008，Mike 3 Transport Model User Guide[Z/OL]. http：//www.mikepoweredbydhi.com/download/product-documentation.

［161］安达六郎．赤潮生物和赤潮实态 [J]. 水产土木，1937，9（1）：31-36.

［162］王艳，方展强，周海云，等．北部湾海域江豚体内重金属含量及分布 [J]. 海

洋环境科学，2008（1）：65-68.

［163］吕淑萍，《上海环境保护志》编纂委员会 . 上海环境保护志 [M]. 上海：上海社会科学院出版社，1998.

［164］张进龙 . 杭州湾上海石化沿岸潮间带生态环境分析 [J]. 海洋湖沼通报，2008（1）：74-79.

［165］王晓波，魏永杰，秦铭俐，等 . 杭州湾生态监控区浮游动物多样性变化趋势研究 [J]. 海洋环境科学，2008，27（A01）：67-71.

［166］国峰，张勇，刘材材 . 上海市陆源入海排污口污染物分析与评价研究 [J]. 中国环境监测，2007（4）：95-98.

［167］姜朝军，乔庆林，蔡友琼，等 . 菲律宾蛤仔对石油烃的污染动力学和阈值研究 [J]. 海洋渔业，2006（4）：52-58.